北京理工大学"双一流"建设精品出版工程

Introduction to Smart Materials

智能材料概论

主编◎刘海鹏　金　磊　高世桥　牛少华

北京理工大学出版社
BEIJING INSTITUTE OF TECHNOLOGY PRESS

图书在版编目（CIP）数据

智能材料概论／刘海鹏等主编. —北京：北京理工大学出版社，2021.1（2024.8 重印）

ISBN 978 – 7 – 5682 – 9382 – 2

Ⅰ.①智… Ⅱ.①刘… Ⅲ.①智能材料－概论 Ⅳ.①TB381

中国版本图书馆 CIP 数据核字（2020）第 259441 号

责任编辑：王玲玲　　　　**文案编辑**：王玲玲
责任校对：周瑞红　　　　**责任印制**：李志强

出版发行 / 北京理工大学出版社有限责任公司
社　　址 / 北京市丰台区四合庄路 6 号
邮　　编 / 100070
电　　话 / (010) 68944439（学术售后服务热线）
网　　址 / http://www.bitpress.com.cn

版 印 次 / 2024 年 8 月第 1 版第 8 次印刷
印　　刷 / 廊坊市印艺阁数字科技有限公司
开　　本 / 787 mm×1092 mm　1/16
印　　张 / 12.5
字　　数 / 269 千字
定　　价 / 42.00 元

图书出现印装质量问题，请拨打售后服务热线，负责调换

前 言

材料是人类生活的物质基础，是生产力的标志，更是人类社会进步的里程碑。人类文明的发展史，就是一部利用材料、制造材料和创造材料的历史。人类对材料认识和利用的能力，决定了社会形态和人类生活质量，所以人类从没中断过对材料的追求，以让材料具有更优异的性质或新的功能来满足人类社会发展中层出不穷的新需要。

人类社会的漫漫征程伴随着对自然界认识水平的不断深入，人类总是把自然作为工程的灵感，去探究和寻找新的材料，以促进人类社会的进步与发展。随着科学技术，特别是航空航天和军事技术的飞速发展，对材料的要求也越来越高。人们发现，传统材料一旦制成成品，就不可能在其使用过程中对其性能实施动态监控；并且传统材料只能被动地受环境的影响，不能针对环境的变化做出适当的反应。针对这些不足，从 20 世纪中叶开始，人们就一直在追求和探索一种更高级的材料系统和结构——智能材料，使它具有感知、激励、控制和智能等生命体所具备的功能。智能材料最基本的特征是能"感觉"出周围环境的某种变化，并能针对这种变化做出相应的改变。智能材料已经成为未来材料的宠儿。而智能材料结构也已经给人类生产生活中的各类工程结构带来重大的挑战，已引起世界发达国家和许多发展中国家的极大重视，被列为优先发展的研究领域和优先培育的 21 世纪高新技术产业之一。对智能材料结构理论、技术、方法、应用方面的探索，是工程科学技术的新学科增长点。

本书以多种典型智能材料的基本概念和典型应用为主线，将基本理论与工程应用紧密结合，从材料与智能、材料与仿生、典型的智能材料、智能材料与器件的应用、智能材料结构等方面循序渐进地介绍了典型智能材料的基本概念、性能特征、历史发展和工程应用等。

智能材料概论作为本科生的选修课程已连续开设多年，已经引起同学们的广泛关注和极大兴趣。随着科学技术的发展，智能材料的应用领域不断扩大，发展速度也越来越快，本书很难面面俱到。因此，本书不足之处在所难免，敬请读者不吝赐教和批评指正。

作者撰写本书参考了大量的文献，同时也查阅了很多互联网上的资料，除书中所列的以外，还包括其他大量文献。在此对所有文献的作者表示衷心的感谢。本书可作为力学、材料或机械类本科专业和相近的军工与航空航天类本科专业的选修课教材，也可作为从事功能材料、微电子、结构健康监测等相关领域科研工作者的参考书。

目　录
CONTENTS

第 1 章

绪　　论

1.1　材料的发展历史

材料是人类用于制造有用的物品、器件、构件、机器等具有某种特性的物质实体，是人类生活和生产的基础，是人类认识自然和改造自然的工具。其中包括天然生成和人工合成的材料，如土、石、钢、铁、铜、铝、陶瓷、半导体、超导体、煤炭、磁石、光导纤维、塑料、橡胶等，以及由它们组合而成的复合材料。但并不是所有物质都可称为材料，如燃料、化工原料、工业化学品、食物和药品等，一般都不算作材料。

人类社会的发展历程就是以材料为主要标志的。历史上，材料被视为人类社会进步的里程碑。可以这样说，人类一出现，就开始使用材料。材料的历史与人类史一样久远。人类文明时代的划分，也是以材料为主要标志的。100 万年以前，原始人以石头作为工具，称为旧石器时代。1 万年以前，人类对石器进行加工，使之成为器皿和精致的工具，从而进入新石器时代。新石器时代后期，出现了利用黏土烧制的陶器。人类在寻找石器过程中认识了矿石，并在烧陶生产中发展了冶铜术，开创了冶金技术。公元前 5000 年，人类进入青铜器时代。公元前 1200 年，人类开始使用铸铁，从而进入铁器时代。随着技术的进步，又发展了钢的制造技术。18 世纪，钢铁工业的发展，成为产业革命的重要内容和物质基础。19 世纪中叶，现代平炉和转炉炼钢技术的出现，使人类真正进入钢铁时代。

20 世纪初塑料的问世不仅给人们的生活带来了诸多方便，也极大地推动了工业的发展。在人类近代史中，恐怕鲜有物质如塑料一般，能如此深入、彻底地融入大众生活的每个环节中。大到飞机、汽车、轮船，小到吸管、油漆、包装盒，其中都少不了塑料的身影。如果没有塑料，我们的生活将发生翻天覆地的变化：洗脸时，没有了轻便的塑料脸盆；早餐时，昨天买的面包已过期变质，没有塑料袋的密封包装，面包只能现做现卖……虽然它在 2002 年由于对生态环境造成的污染极其严重而被英国《卫报》评为"人类最糟糕的发明"，但是不可否认的是，它改变了 20 世纪的物质文明，推动了人类社会进步。由此可见，材料的发展对人类社会的影响意义重大。作为人类现代文明社会使用的三大材料，金属、无机非金属、有机合成材料（包括高分子材料）为推动人类社会进步和人民生活水平的提高奠定了坚实的物质基础。因此，材料也成为人类进化的标志之一。任何工程技术都离不开材料的设计和制造工艺，一种新材料的出现，必将支持和促进当时文明的发展和技术的进步。

在人类进入知识经济的新时代，材料、能源和信息并列为现代科学技术的三大支柱，其作用和意义尤为重要。现代社会，材料已成为国民经济建设、国防建设和人民生活的重要组成部分。

从人类的出现到 21 世纪的今天，人类的文明程度不断提高，材料和材料科学也在不断发展。在人类文明的进程中，材料大致经历了以下五个发展阶段。

1. 使用纯天然材料的初级阶段

在远古时代，人类只能使用天然材料（如兽皮、甲骨、羽毛、树木、草叶、石块、泥土等），相当于人们通常所说的旧石器时代。这一阶段，人类所能利用的材料都是纯天然的，在这一阶段的后期，虽然人类文明的程度有了很大进步，在制造器物方面有了种种技巧，但是都只是纯天然材料的简单加工。

2. 单纯利用火制造材料的阶段

这一阶段横跨人们通常所说的新石器时代、铜器时代和铁器时代，也就是距今约 10 000 年前到 20 世纪初的一个漫长的时期，并且延续至今，它们分别以人类的三大人造材料为象征，即陶、铜和铁。这一阶段主要是人类利用火来对天然材料进行煅烧、冶炼和加工的时代。例如，人类用天然的矿土烧制陶器、砖瓦和陶瓷，以后又制出玻璃、水泥，以及从各种天然矿石中提炼铜、铁等金属材料。

3. 利用物理与化学原理合成材料的阶段

20 世纪初，随着物理学和化学等科学的发展及各种检测技术的出现，人类一方面从化学角度出发，开始研究材料的化学组成、化学键、结构及合成方法；另一方面从物理学角度出发，开始研究材料的物性，即以凝聚态物理、晶体物理和固体物理等作为基础来说明材料组成、结构及性能间的关系，并研究材料制备和使用材料的有关工艺性问题。由于物理和化学等科学理论在材料技术中的应用，从而出现了材料科学。在此基础上，人类开始了人工合成材料的新阶段。这一阶段以合成高分子材料的出现为开端，一直延续到现在，并且仍将继续下去。时至今日，高分子材料（合成树脂、合成橡胶、合成纤维）已与钢铁、水泥、木材一起构成现代文明社会中的四大基础材料，更成为信息、能源、工业、农业、交通运输乃至航空航天和海洋开发等国民经济各重要领域不可或缺的材料，渗透到人类衣食住行的方方面面。除合成高分子材料以外，人类也合成了一系列的合金材料和无机非金属材料，超导材料、半导体材料、光纤材料等都是这一阶段的杰出代表。

从这一阶段开始，人们不再单纯地采用天然矿石和原料，经过简单的煅烧或冶炼来制造材料，而是利用一系列物理与化学原理及现象来创造新的材料。并且根据需要，人们在对以往材料组成、结构及性能间关系的研究基础上进行材料设计。使用的原料本身有可能是天然原料，也有可能是合成原料；材料合成及制造方法更是多种多样。

4. 材料的复合化阶段

20 世纪 50 年代，金属陶瓷的出现标志着复合材料时代的到来。随后又出现了玻璃钢、铝塑薄膜、梯度功能材料及最近出现的抗菌材料的热潮，它们都是复合材料的典型实例，都是为了适应高新技术的发展及人类文明程度的提高而产生的。到这时，人类已经可以利用新的物理、化学方法，根据实际需要设计独特性能的材料。现代复合材料最根本的思想不是使两种材料的性能变成 3 加 3 等于 6，而是想办法使它们变成 3 乘以 3 等于 9，乃至更大。严格来说，复合材料并不限于两类材料的复合。只要是由两种不同的相组成的材料，都可以称为复合材料。

5. 材料的智能化阶段

自然界中的材料都具有自适应、自诊断和自修复的功能。如所有的动物或植物都能在没有受到绝对破坏的情况下进行自诊断和自修复。人工材料目前还不能做到这一点。但是近三四十年研制出的一些材料已经具备了其中的部分功能。这就是目前最吸引人们注意的智能材料，如形状记忆合金、光致变色玻璃等。尽管近十余年来，智能材料的研究取得了重大进展，但是离理想智能材料的目标还相距甚远，并且严格来讲，目前研制成功的智能材料还只是一种智能结构。

材料是人类一切生产和生活的物质基础，人类对材料的认识和利用的能力，决定了社会形态和人类的生活质量，所以人类从没中断过追求更好的材料。科技的创新与发展能够让材料具有更优异的性质或者新功能来满足社会发展中层出不穷的新需求。20 世纪之前，材料的进步大量依靠人们的经验、技巧和积累。这个过程之所以如此缓慢，原因在于人们还没能够对材料在科学上有深刻的认识和理解，因而也缺乏对材料发展的科学指导。

在未来，材料发展的总趋势主要集中在高性能化、多功能化、复合化、智能化等方面。

材料的高性能化是指使材料具有显著的超越常规材料的性能，在力、热、光、电、磁等物理场作用下具有较高的物理、化学或技术特性，如材料的强度、硬度、耐磨性、耐腐蚀性、导热性能、导电介电特性、磁学性能及光学性能等方面。

材料的多功能化是指材料具有优良的电学、磁学、光学、热学、声学、力学、化学、生物医学等两种或两种以上的功能，具有特殊的物理、化学、生物学效应，能完成功能相互转化。

材料的复合化是指由两种或两种以上不同性质的材料，通过物理或化学的方法，在宏观上组成具有新性能的材料。各种材料在性能上互相取长补短，产生协同效应，使复合材料的综合性能优于原组成材料而满足各种不同的要求。

材料的智能化是指能够有效地利用材料自身的感知功能获取信息，并且能对获取的信息进行处理，进而做出适时的响应。材料因此具备了感知能力、记忆和思维能力、学习能力和自适应能力及行为决策能力。材料的智能化必将为人类改造世界的能力带来巨大的突破。

目前世界上传统材料已有几十万种，而新材料的品种正以每年大约 5% 的速度增长。世界上现有 800 多万种人工合成的化合物，并且在以每年 25 万种的速度递增。各种新材料的出现，促成了人类社会的每一个新时代。性能不断提高、来源越来越广泛、能满足人类生活和社会日益增长需要的新材料，将会以更快的速度、更高的质量和性能来获得发展。我们有理由相信，在人类科技将会取得辉煌进步的 21 世纪，一系列高性能、有广泛用途的新材料，将会层出不穷地出现，渗透到人们生活的每一个角落、每一个领域。

1.2 智能材料的概念与范畴

独角仙是一种不同寻常的昆虫，它是世界上最强壮的动物。它通常生存于南美洲的热带雨林环境中。目前这种神秘的昆虫仍保留着许多不解之谜，它的外壳强度很大，能够搬动自己体重850倍的物体，如图1.1所示。

图1.1 外壳颜色会发生变化的独角仙

独角仙更加神秘之处在于，它的外壳颜色可以随着外界空气湿度的变化而变化，外壳颜色会随着湿度增加由绿色变成黑色。另外，死亡独角仙的外壳样本干燥后，还可以显示随空气湿度变化的变色状况，科学家们一直对于它的外壳变色功能感兴趣。来自比利时纳米尔大学的研究人员采用最新的扫描电子显微镜成像技术研究独角仙外壳颜色变化特性，并用分光光度计分析外壳结构如何与光线发生交互影响。在光线照射干扰条件下，独角仙外壳会显示绿色，当水渗透外壳的多孔层时，会摧毁光线干扰状况，导致外壳变成黑色。研究人员在实验室中采用干燥的独角仙外壳标本进行测试。负责此项研究的纳米尔大学研究员玛丽·拉萨特说："独角仙所呈现的外壳结构特征将成为未来一种'智能材料'的重要特性，科学家可以依据这种特征研制作为湿度探测器的新型材料，它可用于在食品加工厂监控湿气指数。"这项研究已发表在2008年的《新物理学杂志》上。

智能材料的构想源自仿生，目标是获得具有类似生物材料的结构及功能的"活体材料"系统。智能材料还没有统一的定义。大体来说，智能材料就是指具有感知环境（包括内环境和外环境）刺激，对之进行分析、处理、判断，并采取一定的措施进行适度响应的智能特征的材料。其行为与生命体的智能反应类似。换言之，所谓的智能材料，就是要有感知环境（包括内环境和外环境）刺激的功能，能根据不断变化的外部环境和条件及时地自动调整自身的状态和行为的材料。智能材料需具备以下内涵。

①具有感知功能，能够检测并且可以识别外界（或者内部）的刺激，如电、光、热、应力、应变、化学、核辐射等；

②具有驱动功能，能够响应外界变化；

③能够按照设定的方式选择和控制响应；

④反应比较灵敏、及时和恰当；

⑤当外部刺激消除后，能够迅速恢复到原始状态。

因此，智能材料应具备感知、驱动和控制这三个基本要素。由于现有的单一均质材料通常难以具备多功能的智能特性，因此智能材料往往由两种或两种以上的材料复合，构成一个智能材料系统。这就使得智能材料的设计、制造、加工和性能结构特征均涉及材料学的最前沿领域，使智能材料代表了材料科学的最活跃方面和最先进的发展方向。

在现实生活中，就有很多应用智能材料的例子：某些太阳镜的镜片当中含有智能材料，这种智能材料能感知周围的光，并能够对光的强弱进行判断，当光强时，它就变暗，当光弱时，它就会变得透明。这样的例子还有很多，如智能压电地板、智能缓冲材料、柔性可折叠手机等。

智能材料的独特结构决定了其基本特征，主要表现在其拥有不同寻常的功能和能力。因此，智能材料或由智能材料组成的结构应具有或部分具有如下的智能功能和生命特征。

1. 传感功能

传感功能是指能够感知外界或自身所处的环境条件，如负载、应力、应变、振动、热、光、电、磁、化学、核辐射等的强度及其变化。

例如，机敏陶瓷能够感知环境的变化，并通过反馈系统做出相应的反应。利用机敏陶瓷制成的飞行器和潜水器的智能蒙皮，可以降低飞行器和潜水器高速运动时的噪声，防止发生紊流，提高运行速度，减少红外辐射，达到隐身的目的。

2. 反馈功能

反馈功能是指可以通过传感网络，对系统输入与输出信息进行对比，并将其结果提供给控制系统。

3. 信息识别与积累功能

信息识别与积累功能是指能够识别传感网络得到的各类信息并将其积累起来。

4. 响应功能

响应功能是指能够根据外界环境和内部条件变化，适时、动态地做出相应的反应，并采取必要行动。

5. 自诊断功能

自诊断功能是指能通过分析比较系统目前的状况与过去的情况，对诸如系统故障与判断失误等问题进行自诊断并予以校正。

例如，将智能材料融合到混凝土中，可使混凝土构件具有自诊断、自增强、自调节和自愈合的功能。

6. 自修复功能

自修复功能是指能通过自繁殖、自生长、原位复合等再生机制，来修补某些局部损伤或破坏。

7. 自调节功能

自调节功能是指对不断变化的外部环境和条件，能及时地自动调整自身结构和功能，并相应地改变自己的状态和行为，从而使材料系统始终以一种优化方式对外界变化做出恰如其分的响应。

例如，当飞机在飞行中遇到涡流或猛烈的逆风时，机翼中的智能材料能迅速变形，并带动机翼改变形状，从而消除涡流或逆风的影响，使飞机仍能平稳地飞行。

1.3 智能材料的分类与特点

智能材料是继天然材料、人造材料、精细材料之后的第四代功能材料。智能材料是将普通材料的各种功能与情报系统在宏观、介观和微观水平上进行系统化、层次化控制的融合材料，是现代高技术新材料发展的重要方向之一。它将支撑未来高技术的发展，使传统意义下的功能材料和结构材料之间的界线逐渐消失，实现结构功能化、功能多样化。科学家预言，智能材料的研制和大规模应用将导致材料科学发展的重大革命。智能材料科学涉及材料学、力学、化学、物理学、电子学、计算机、生命科学等很多学科，且因为现在可用于智能材料的材料种类不断扩大，所以智能材料的分类也只能是粗浅的，分类方法也有多种。

若按智能材料的功能特性，智能材料可分为对外界或内部的刺激强度，如应力、应变及物理、化学、光、热、电、磁、辐射等作用具有感知功能的材料，这种材料又被称为感知材料和能对外界环境条件或内部状态变化做出响应或驱动的材料。感知材料主要有形状记忆合金、压电、光导纤维、电（磁）流变体和电（磁）致伸缩材料等。

若按智能材料的来源，智能材料可以分为金属系智能材料、无机非金属系智能材料和高分子系智能材料。金属系智能材料，主要指形状记忆合金（SMA），是一类重要执行材料，可用其控制振动和结构变形。无机非金属系智能材料主要在压电陶瓷、电致伸缩陶瓷、电（磁）流变体、光致变色和电致变色材料等方面发展较快。高分子系智能材料，由于是人工合成，品种多、范围广，所形成的智能材料也极其广泛，作为智能材料的刺激响应性高分子凝胶的研究和开发非常活跃，其次还有形状记忆高分子、智能凝胶、智能高分子黏合剂、压电高分子、智能型药物控制释放体系、智能高分子膜材等。

若从智能材料的自感知、自判断和自执行角度出发，智能材料可分为自感知（传感器）智能材料、自执行（驱动器）智能材料、自判断（信息处理器）智能材料3种。自感知（传感器）智能材料包括压电体、电阻应变丝、光导纤维等；自执行（驱动器）智能材料包括与传感器用压电体材料相同的压电体、伸缩性陶瓷、形状记忆合金、电（磁）流变体等。

若按智能材料的智能特性，智能材料可分为可以改变材料特性（如力学、光学、电学、机械等）的智能材料、可以改变材料组分与结构的智能材料、可以监测自身健康状况的智能材料、可以自我调节的智能生物材料（如人造器官、药物释放系统等）、可以改变材料功能的智能材料等。

若按智能材料模拟生物行为的模式，智能材料可分为智能传感材料、智能驱动材料、智能修复材料及智能控制材料等。

1.4　智能材料的构成

一般来说，智能材料由基体材料、敏感材料、驱动材料和信息处理器四部分构成。

1. 基体材料

基体材料担负着承载的任务，一般宜选用轻质材料。高分子材料由于其质量小、耐腐蚀，尤其具有黏弹性的非线性特征而成为首选。其次也可选用金属材料，以强度较高的轻质有色合金为主。

2. 敏感材料

敏感材料担负着传感的任务，其主要作用是感知压力、应力、温度、电磁场、pH（酸碱度）等环境的变化。常用敏感材料有形状记忆材料、压电材料、光纤材料、磁致伸缩材料、电致变色材料、电流变体、磁流变体和液晶材料等。

3. 驱动材料

驱动材料因为在一定条件下可产生较大的应变和应力，所以担负着响应和控制的任务。常用有效驱动材料有形状记忆材料、压电材料、刺激响应性高分子凝胶、电（磁）流变体和电（磁）致伸缩材料等。可以看出，这些材料既是驱动材料，又是敏感材料，显然起到了身兼两职的作用，这也是智能材料设计时可采用的一种思路。

4. 信息处理器

信息处理器的主要作用是处理传感器输出的信号，是智能材料核心部分。

1.5　智能材料的发展趋势

21 世纪是信息化、智能化的时代。智能化是现代人类文明发展的趋势，要实现智能化，智能材料是不可缺少的重要环节。智能材料将是材料科学发展的一个重要方向，也是材料科学发展的必然。在未来，智能材料必将发展为智能材料结构与系统，将传感元件、驱动元件及有关的信号处理和控制电路集成在智能材料结构中，通过电、磁、热、光、机、化等各种手段的激励和控制，不仅具有承受载荷的能力，而且对信息具有识别、分析、处理及控制等多种功能，能进行自诊断、自适应、自学习、自修复。智能材料会像计算机芯片那样引起人们的重视，对它的关注和研究会推动诸多方面的技术进步，开拓新的学科领域并引起材料与结构设计思想的重大变革。这是当前工程学科发展的国际前沿，将给工程材料与结构的发展带来一场革命。

智能材料的出现将使人类文明进入一个新的高度。对智能材料的研究开发孕育着许多新的理论和技术，其研究成果必将在工农业生产、航空航天、航海、能源、交通、建筑、医学、国防军事等各方面起到非常重要的作用，将对 21 世纪的科学技术和国民经济的发展起到巨大的推动作用。

第 2 章
智能材料与仿生

2.1　仿生学概述

智能材料的构想来源于仿生（模仿大自然中生物的一些独特功能来制造人类使用的工具，如模仿蜻蜓制造飞机等），它的目标就是研制出一种具有类似于生物各种功能的"活"的材料。

人类进化只有500多万年的历史，而地球上生命进化已经历了约35亿年。人类很早就认识到生物具有许多超出人类自身的功能和特性。人类的智慧不仅体现在观察和认识生物界上，而且体现在运用人类所独有的思维和设计能力模仿生物，通过创造性的劳动增加自己的本领。通过对生物的结构、形态、功能和行为等进行研究，人类从自然界中获得了解决问题的智慧和灵感。模仿生物构造和功能的各种发明与尝试，可以认为是人类仿生学的先驱，也是仿生学（bionics）的萌芽。

仿生学就是模仿生物系统的原理来建造技术系统，或者使人造技术系统具有生物系统特征或类似特征的科学。仿生学借助生物的结构和功能原理，来研制新的机械和新技术，或解决机械技术的难题。仿生学的思想建立在自然进化和共同进化的基础上。仿生学主要是观察、研究和模拟自然界生物各种各样的特殊本领，包括生物本身结构、原理、行为、各种器官功能、体内的物理和化学过程、能量的供给、记忆与传递等，从而为科学技术中利用这些原理提供新的设计思想、工作原理和系统架构。

2.2　工程技术中的仿生

仿生学的问世为人类开辟了独特的技术发展道路，它大大开阔了人们的眼界，显示了极强的生命力。从生物学的角度来说，仿生学属于"应用生物学"的一个分支；从工程技术方面来看，仿生学通过对生物系统的研究，为设计和建造新的技术设备提供了新原理、新方法和新途径。仿生学的光荣使命就是为人类提供最可靠、最灵活、最高效、最经济的接近于生物系统的技术系统，为人类造福。

生物体和机器之间确实有很明显的相似之处，这些相似之处可以表现在对生物体研究的不同水平上。由简单的单细胞到复杂的器官系统（如神经系统），都存在各种调节和自动控制的生理过程。可以把生物体看成一种具有特殊能力的机器，和其他机器的不同就在于生物体还有适应外界环境和自我繁殖的能力。也可以把生物体比作一个自动化的工厂，它的各项功能都遵循着力学的定律；它的各种结构协调地进行工作；它能对一定的信号和刺激做出定量的反应，并且能像自动控制一样，借助专门的反馈联系组织，以自我控制的方式进行自我调节。例如，我们身体内恒定的体温、正常的血压、正常的血糖浓度等都是肌体内复杂的自控制系统进行调节的结果。控制论的产生和发展，为生物系统与技术系统的连接架起了桥梁，使许多工程人员自觉地向生物系统去寻求新的设计思想和原理。

最开始人类不自觉从自然界得到启发进行各种发明创造，后来随着生产的需要和科学技术的发展，人类认识到生物系统是开辟新技术的主要途径之一，自觉地把生物界作为各种技术思想、设计原理和创造发明的源泉。自 20 世纪 50 年代以来，人类用化学、物理学、数学及技术模型对生物系统进行深入的研究，参照自然界各类生物的本领和特殊性质，模仿它们的外形和某种特性，由此产生灵感设计出外形奇特又具有独特功能的各种产品。仿生学的目的就是分析生物过程和结构，以及把分析成果用于未来的设计。例如，人造卫星在太空中由于位置的不断变化可引起温度骤然变化，有时温差可高达两三百摄氏度，严重影响许多仪器的正常工作。科学家们受蝴蝶身上的鳞片会随阳光的照射方向而自动变换角度，从而调节体温的启发，将人造卫星的控温系统制成了叶片正反两面辐射、散热能力相差很大的百叶窗样式，在每扇窗的转动位置安装一对温度敏感的金属丝，随温度变化可调节窗的开合，从而保持人造卫星内部温度的恒定，解决了航天事业中的一大难题。

仿生学属于生物科学与技术科学之间的边缘学科。它涉及材料学、生物学、生物物理学、生物化学、物理学、控制论、工程学等学科领域。仿生技术通过把各种生物系统所具有的功能原理和作用机理作为生物模型进行研究，最后实现新的技术设计并制造出更好的新型仪器、机械等。在促进人类生产和生活不断进步的工程技术中，就有很多的仿生技术，如飞机、潜艇、声呐等现代工程技术产品都具有仿生概念。

工程技术中的仿生主要包括力学仿生、信息仿生、控制仿生、拟态仿生、化学仿生和整体仿生。

2.2.1　力学仿生

力学仿生是研究并模仿生物体大体结构与精细结构的静力学性质，以及生物体各组成部分在体内相对运动和生物体在环境中运动的动力学性质。力学仿生研究最多的是植物的茎、叶及动物体形、肌肉、骨骼的结构力学原理，以及动物的飞行、游泳、血液循环系统的流体力学原理。

力学仿生包括对生物体的外形、结构及特定力学功能等的模仿。

1. 外形的模仿

科学家们仔细研究了鲸的外形，发现是一种极为理想的流线型，而流线型在水中受到的阻力是最小的。后来工程师们设计船体就是模仿了鲸鱼的体形，大大提高了轮船航行的速度。

鱼儿在水中可以来去自由，人们就模仿鱼类的形体造船，以木桨仿鳍。相传早在大禹时期，我国古代劳动人民观察鱼在水中用尾巴的摇摆而游动、转弯，他们就在船尾上架置木桨。通过反复的观察、模仿和实践，逐渐改成橹和舵，增加了船的动力，掌握了使船转弯的手段。这样，即使在波涛滚滚的江河中，人们也能让船只航行自如。18世纪著名的安妮女王复仇号帆船就是仿照鳕鱼和鲶鱼的流线型外形建造的，如图2.1所示；各国海军的潜水艇和鱼雷等也都模仿海豚的外形进行设计和建造，如图2.2所示。

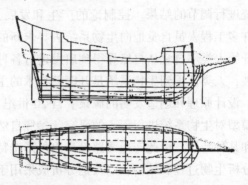

图2.1　安妮女王复仇号帆船

2. 结构的模仿

科学家们模仿鲸的胸鳍给船装上船鳍，通过操纵机构转动船鳍，使水流在船鳍上产生作用力，形成减摇力矩，从而减小了船体在海浪作用下的横向摇摆，如图2.3所示。人们模仿海豚和鲨鱼皮肤的沟槽结构制成新型的船体外壳，把人工海豚皮包敷在船艇外壳上，可减少航行湍流，提高航速。

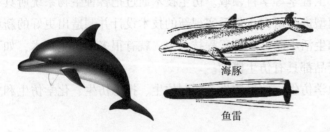
海豚

鱼雷

船鳍　　船鳍

图2.2　鱼雷模仿海豚的外形　　　　图2.3　船鳍结构模仿鲸的胸鳍

当代核潜艇若在冰下发射导弹，则必须破冰上浮，这就碰到了力学上的难题。潜艇专家从鲸鱼每隔10 min必须破冰呼吸一次中得到启迪，在潜艇顶部突起的指挥台和上层建筑方面，加强了材料的强度，并对外形做了仿鲸背处理，如图2.4所示，可使潜艇顺利冲破冰层，解决了潜艇冰下发射导弹的难题。

3. 建筑结构的力学仿生

生物界的各种蛋壳、贝壳、乌龟壳、海螺壳及人的头盖骨等都是一种曲度均匀、质地轻巧的薄壳结构。这种薄壳结构的表面虽然很薄，但非常耐压。人们利用这种薄壳结构在外力作用下，内力都沿着整个表面扩散和分布的力学特征，设计建造了很多举世闻名的大跨度壳体建筑，如中国的国家大剧院、澳大利亚的悉尼歌剧院等。

从几何形态上看，蛋壳的厚跨比可达1:120，以极少的材料创造了宽阔的空间。从受力

图 2.4　潜艇顶部指挥台围壳模仿鲸背

方面来看，实验证明，当鸡蛋均匀受力时，它可以承受 34.1 kN（相当于本身重力 600 多倍的压力）而不被破坏。蛋壳能有如此大的承受力，与它特有的蛋形曲线和科学的结构分不开。它的三层具有不同弹性模量的显微结构构成了一个天然的预应力结构体系，从而形成了一个科学的传力路径，很好地将力分散到外部，有效地避免了应力集中。因此，无论是从结构的传力路径还是从结构自身的刚度分析，蛋壳的这种结构形式对于建筑的设计和建造都有着很好的启迪作用。

中国国家大剧院就是利用弹性力学知识仿照蛋壳结构来设计建造的，如图 2.5 所示。壳体的应力与其边缘相切，一根根沿切向布置的杆件保证了壳体应力的短捷路径传递和壳体的稳定性。大剧院屋顶边缘肋条断面随着负荷的增加而向支撑方向增大，同时使薄壳得到加强而不会变形。

澳大利亚悉尼歌剧院的贝壳形屋顶举世闻名，它的外观为三组巨大的壳片，这不只是为了美观，它还因这种贝壳一样的曲面拱形薄壳结构而具有非常好的抗压性能，如图 2.6 所示。

图 2.5　仿照蛋壳结构的国家大剧院　　　图 2.6　悉尼歌剧院的曲面拱形薄壳结构

人们仿照鸟类骨骼结实轻便的特点，设计研发了仿鸟类骨骼"仿生鞋"，使用更少的材料实现更坚实的支撑性，如图 2.7 所示。人们还从翠鸟细长的喙部得到灵感，设计出更加符合空气动力学特性的新型子弹头高速列车，不仅解决了噪声难题，还降低了列车的耗电量，提高了速度，如图 2.8 所示。

蜂巢由一个个排列整齐的六棱柱形小蜂窝组成，每个小蜂窝的底部由 3 个相同的菱形组成，这些结构与近代数学家精确计算出来的角度完全相同，是最节省材料的结构，且容量大、极坚固，令许多专家赞叹不止。人们仿其构造用各种材料制成蜂巢式夹层结构板，强度大、质量小、不易传导声和热，是建筑及制造航天飞机、宇宙飞船、人造卫星等的理想材料。

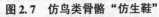

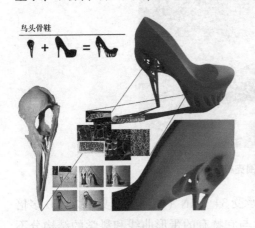

图2.7 仿鸟类骨骼"仿生鞋" 　　　　图2.8 新型子弹头高速列车

4. 力学功能的模仿

鱼的沉浮系统是通过鱼鳔实现的。鱼鳔不受肌肉的控制，而是依靠分泌氧气进入鳔内或是重新吸收鳔内一部分氧气来调节鱼鳔中气体含量，促使鱼体自由沉浮。潜水艇的自由沉浮就是潜艇设计师受到鱼鳔的启发和帮助。潜艇要起浮时，将压缩空气通入水舱排出海水，艇内海水质量减小后，潜艇就可以上浮；需要下潜时，将水舱灌满海水，艇身质量增加可使它潜入水中。

长颈鹿之所以能将血液通过长长的颈输送到头部，是由于长颈鹿的血压很高。长颈鹿血管周围的肌肉非常发达，能压缩血管，控制血流量；同时，长颈鹿腿部及全身的皮肤和筋膜绷得很紧，利于下肢的血液向上回流。科学家由此受到启示，在训练航天员时，设置一种特殊器械，让航天员利用这种器械每天锻炼几小时，以防止航天员血管周围肌肉退化；在宇宙飞船升空时，科学家根据长颈鹿利用紧绷的皮肤可控制血管压力的原理，研制了飞行服——"抗荷服"。抗荷服上安有充气装置，随着飞船速度的增高，抗荷服可以充入一定量的气体，从而对血管产生一定的压力，使航天员的血压保持正常。同时，航天员腹部以下部位是套在抽去空气的密封装置中，可以减小航天员腿部的血压，利于身体上部的血液向下肢输送。

5. 飞行器与仿生

鸟儿展翅可在空中自由飞翔。据《韩非子》记载，鲁班用竹木做鸟，"成而飞之，三日不下"。然而人们更希望仿制鸟儿的双翅使自己也飞翔在空中。从达·芬奇仿照大型鸟类设计的飞机手稿，到雷特兄弟的轻质飞机，现在人们通过研究鸟类等飞行生物进行飞行器设计，已经取得了很大的成功。人们从飞行生物身上学会了飞翔。

飞机的飞行行为与飞鸟的体形和翅膀在滑进飞行时极为相似，现代先进的飞机能够模仿昆虫在空中做各种动作。许多飞行器外形上的改进都能从飞行生物上找到依据。例如，人们从大型鸟类翅膀最外端上翘的羽毛上找到灵感，提出翼梢小翼的结构形式，可以降低机翼剪短尖涡造成的诱导阻力，提高飞行效率。

蜻蜓通过翅膀振动可产生不同于周围大气的局部不稳定气流，并利用气流产生的涡流来使自己上升。蜻蜓能在很小的推力下翱翔，不但可向前飞行，还能向后和左右两侧飞行，其向前飞行速度可达 72 km/h。此外，蜻蜓的飞行行为简单，仅靠两对翅膀不停地拍打。科学家据此结构研制成功了直升机。飞机在高速飞行时，常会引起剧烈振动，甚至有时会折断机翼而引起飞机失事。蜻蜓依靠加重的翅膀在高速飞行时安然无恙，于是人们效仿蜻蜓在飞机的两翼加上了平衡重锤，解决了因高速飞行而引起振动这个令人棘手的问题，如图 2.9所示。

加厚区或配重

翅痣

图 2.9　模仿蜻蜓翅痣的大型飞机两翼配重

苍蝇的特别之处在于它的快速飞行技术，这使得它很难被人类抓住。即使在它的后面，也很难接近它。昆虫学家研究发现，苍蝇的后翅退化成一对平衡棒。当它飞行时，平衡棒以一定的频率进行机械振动，可以调节翅膀的运动方向，是保持苍蝇身体平衡的导航仪。科学家据此原理研制成一代新型导航仪——振动陀螺仪，大大改进了飞机的飞行性能，可使飞机自动停止危险的滚翻飞行，在机体强烈倾斜时，还能自动恢复平衡，即使是飞机在最复杂的急转弯时，也万无一失。

2.2.2　信息仿生

信息仿生研究的是生物体与外界环境、生物个体之间、生物体内部各部分之间的信息接收、存储、处理与利用的机理，以及将其移植于技术系统之中的方法，并运用生物系统的模型最终制成类似于生物系统的计算系统、信息接收和处理系统。

1. 青蛙与电子蛙眼

青蛙的眼睛非常独特，在迅速飞动的各种昆虫中，青蛙可立即识别出它最喜欢吃的苍蝇和飞蛾，而对其他飞动的东西或静止不动的景物都毫无反应。人们按照蛙眼的这种视觉原理，研制成功一种电子蛙眼。这种电子蛙眼能像真的蛙眼那样，准确无误地识别出特定形状的动态物体。把电子蛙眼装入雷达系统后，雷达抗干扰能力大大提高。这种雷达系统能快速而准确地识别出特定形状的飞机、舰船和导弹等。特别是能够区别真假导弹，防止以假乱真。这种电子蛙眼还可以广泛应用在机场及交通要道上。在机场，它能监视飞机的起飞与降落，若发现飞机将要发生碰撞，能及时发出警报。在交通要道，它能指挥车辆的行驶，防止车辆碰撞事故的发生。

2. 水母耳与电子耳

"燕子低飞行将雨，蝉鸣雨中天放晴。"生物的行为与天气的变化有一定关系。沿海渔民都知道，生活在沿岸的鱼和水母成批地游向大海，就预示着风暴即将来临。水母是一种古老的腔肠动物，它有预测风暴的本能。水母对由空气和波浪摩擦而产生的次声波（风暴来临的前奏曲）非常敏感。水母耳朵的共振腔里长着一个细柄，柄上有个小球，球内有块小小的听石，当风暴前的次声波冲击水母耳中的听石时，听石就刺激球壁上的神经感受器，于是水母就"听"到了正在来临的风暴的"隆隆"声。仿生学家仿照水母耳朵的结构和功能，设计了水母耳风暴预测仪，能提前 15 h 对风暴做出预报，对航海和渔业的安全都有重要意义。

3. 昆虫的复眼

苍蝇的复眼包含 4 000 个可独立成像的单眼，能看清几乎 360°范围内的物体。在蝇眼的启示下，人们制成了由 1 329 块小透镜组成的一次可拍 1 329 张高分辨率照片的蝇眼照相机，在军事、医学、航空、航天上被广泛应用。蜜蜂复眼的每个单眼中相邻地排列着对偏振光方向十分敏感的偏振片，可利用太阳准确定位。科学家据此原理研制成功了偏振光导航仪，被广泛用于航海事业中。人们还模仿象鼻虫复眼的视觉特性，制成了飞机对地速度指示器，这种仪器也可以用来测量导弹攻击目标时的相对速度。

4. 回声定位

某些动物如蝙蝠、海豚等能通过口腔或鼻腔把从喉部产生的超声波发射出去，利用折返回来的声波来定向，这种空间定向的方法称为回声定位。雷达就是人们模仿动物的回声定位原理设计出来的。还有探测潜艇和鱼群的声呐系统、现代汽车常用的倒车雷达、盲人用的探路仪等，都是根据回声定位原理设计制造的。

5. 生物计算机

人的大脑是目前世界上最完美、最小巧的"信息处理机"，深入研究大脑思维与记忆的生理过程及其算法，研究神经细胞的工作机理，就将有可能利用大脑的工作原理和模拟元件去创造性能优异的仿生计算机和自动控制装置。眼、耳、鼻、舌、身等是人和动物的感觉器官，它们是机体从外界获取各种信息的接收器和信息的预加工系统。它们为人们改善技术系统的信息输入和传送装置，设计新型的探测、跟踪和计算机系统，提供了许多有益的启示。

2.2.3　控制仿生

人和动物体内存在着许多结构小巧、功能完善、精确可靠的自动控制系统（如人体的体温基本恒定在 37 ℃），以保证新陈代谢的正常进行、对内外环境的适应及整个机体的协调统一。研究生物机体控制系统的结构与功能原理，并用这些原理去改进现有的或建造新型的自动控制系统，就是控制仿生学的研究内容。当前研究较多的是体内稳态、反馈调节、肢体运动控制、动物的定向与导航、生态系统的涨落及人－机合作。

1. 蛇的红外探测

响尾蛇的眼睛和鼻孔之间有一种被称为热眼的颊窝器官，对周围温度变化极为敏感，这种器官上分布着很多与响尾蛇的大脑紧密相连的热敏感神经纤维。它能快速捕捉红外线信号并传递给大脑，大脑发出相应的"命令"，引导响尾蛇去猎取食物。人们根据蛇的红外线感知原理，发明了一系列红外成像设备，这些设备能探测物体表面辐射的不为人眼所见的红外线，从而判断出物体表面的温度场分布，已经被广泛应用于军事、安防等特殊领域中。

2. 夜蛾的反雷达技术

夜蛾类昆虫的体内有个特殊的结构，位于胸部与腹部之间的凹陷处，是十分灵敏的听觉器官，称为鼓膜器。鼓膜器的表面有一层极薄的表膜，它与内侧的感觉器相连。同时，在内部还有许多空腔，可使传来的振动加强。感觉器内的两个听觉细胞可使传入振动变为电信号，传入中枢神经并进入脑。夜蛾的这套感知系统可以感知蝙蝠发出的微弱超声波信号，并能查明蝙蝠的距离和飞行特征的变化。一旦蝙蝠发现了夜蛾，它发出超声波的频率就会突然升高，以便把目标保持在探索范围内。这时夜蛾也"听到"了频率突然升高的蝙蝠叫声，趁着蝙蝠离自己不远，便从容不迫地逃走了。科学家们根据夜蛾的反超声定位器的原理，研制出一些特殊的装置。科学家模仿夜蛾的反雷达装置，在军用飞机和舰船上安装雷达监测器和干扰系统，可以随时发现敌方雷达发出的电波和准确的频率，然后放出巨大能量的干扰电波，使对方雷达系统产生混乱，无法发现己方的准确位置。在现代化的战斗机上都有一层吸附雷达电波的涂层，不容易被敌方雷达所发现。目前，各国的军事科学家正在加紧对夜蛾的反声呐战术的仿效和改造，力争提高电子防御作战能力，创造出"电子干扰迷惑机"，施放各种频率的电磁波进行欺骗和干扰，使对方电子设备失去定位能力和迷失方向。在农业上利用蝙蝠超声发声器，将模拟蝙蝠发出的声音播放到农田中，驱赶夜蛾类农业害虫，效果极好。

3. 动物的天然导航

鸟类的千里迁徙，鱼类的万里洄游，不管路程有多远、时间有多长，它们从不迷失方向。科学家们经过研究，发现一些动物利用日月星辰辨别和指引方向，也有些动物利用海流、海水成分、地磁场和重力场等进行导航。动物的天然导航为研制通信设备和新型导航仪器提供了很多有益的思路和参考。

2.2.4　拟态仿生

生物界普遍存在着拟态。拟态是指一种生物在形态行为等特征上模仿另一种生物的现象，这是生物在自然界的长期演化中形成的特殊行为。拟态是生物体对环境适应的一种方式，它是指动物的体色与环境色泽相似，或没有抗敌害能力的动物长得像有"本领"的动物而"以假乱真"，以躲避天敌或成功捕食。将拟态原理应用于工程技术就叫拟态仿生，在军事中应用广泛。

自然界中的拟态现象非常普遍。例如，斑眼蝴蝶的翅膀上长有圆圆的黑斑点，当它的两只翅膀张开时，逼真地形成一张猫头鹰的脸，鸟见到它们不但不敢捕食，反而被吓得掉头逃跑。迷彩服就是利用拟态仿生原理设计制成的，它是一种利用不同的颜色条块，使士兵形体能融入藏身之处的特殊军服。迷彩服在战场上的广泛应用，极大地增强了部队行动的隐蔽性，减少了人员伤亡。随着现代侦察技术和新材料技术的发展，伪装迷彩作战服又有了新的发展。人们从变色龙能够自动变色来保护自己得到启发，发明了一种由光敏变色物质处理的布料，也有将光色染料染在一般织物上，然后用上述布料和织物制作了伪装效果更好的

"变色龙"伪装服。这种"变色龙"伪装服能随周围环境的光色变化而自动改变颜色，使穿着者在任何环境中都不会暴露自己。现在的坦克装甲车辆及战斗机等军事装备的设计针对丛林、沙漠及城市地区和抗扰夜视器材等特殊要求也有专用的迷彩涂装，能够适应多种环境背景下的隐蔽需求。

2.2.5　化学仿生

化学仿生研究和模拟的是生物体中的各类化学反应，包括生物体中酶的催化作用、生物膜的选择性和通透性、生物结构的能量转化、生物发光、生物发电等。

1. 人工嗅觉

狗的嗅觉极其灵敏，狗的嗅觉神经和脑神经直接相连，嗅觉神经密布于鼻腔，其嗅觉的灵敏度超过人的 1 200 倍。狗的鼻道长而大，能辨别空气中多种微细气味。人们模仿狗的嗅觉原理，研制出了电子鼻（人工嗅觉传感器），电子鼻是利用气体传感器阵列的响应图案来识别气味的电子系统，它可以在几小时、几天甚至数月的时间内连续、实时地监测特定位置的气味状况。

2. 人工味觉

人类的味觉细胞能将外界的化学刺激变换为电信号。甜味：甜味物质被羟基吸附，使膜电阻增大；咸味：咸味物质使脂质膜在水溶液中的电位发生变化；酸味：酸味物质与脂质膜的亲水基团结合；苦味：苦味物质被脂质膜的疏水部分侵入，使离子渗透性降低。仿照人类的味觉细胞的味觉功能，人们研制了味觉传感器：在作为电极的聚丙烯酸酯板上贴 8 种脂质膜，并用 8 根银导线引出。用多通道电极和参比电极便可测定此电极与各脂质膜间的电位。味物质与脂质膜作用后，会改变电位，所测数据由计算机储存，并进行必要的处理和分析。这种味觉传感器对五味响应的标准误差约为 1%，可以完全用于对酒类及咖啡等的分析。

3. 仿生物膜

自然界生物体的大部分功能被各种生物膜所控制，生物膜不但有很高的选择性和透过量，也能进行各种催化反应和转换功能。生物体就是通过生物膜与周围环境进行有选择的物质交换而维持生命活动。人工膜就是人们根据生物膜结构和功能特点研制的。人工膜已用于疾病的治疗，如人工肾中的"血液透析膜"。人们正在研究对物质具有优良识别能力的人造膜，使模仿生物膜机能的人造内脏器官应用于医疗诊断。

2.2.6　整体仿生

整体仿生是指基于整体性的类比、模仿和模型化的思维对生物的整个形态进行比较完整的模仿，是比较常见的仿生方法。

人们以生物体整体为设计灵感，根据生物体的结构和功能特点，从整体上模仿各类生物体，研制出很多仿生机器人，如仿生鸟、仿生鱼、仿生企鹅、仿生袋鼠、仿生水母等，这些仿生机器人在娱乐、医疗、公共安全、环境监测、太空探索、国防军事等领域的应用都非常广泛。

2.3　生物材料与仿生材料

早在地球上出现人类之前，各种生物已在大自然中生活了亿万年，在它们为生存而斗争的长期进化中，获得了与大自然相适应的能力。生物界中的各种生物都具有许多卓越的本领。如体内的生物合成、能量转换、信息的接收和传递、对外界的识别、导航、定向计算和综合等，显示出许多机器所不可比拟的优越之处。生物的小巧、灵敏、快速、高效、可靠和抗干扰性实在令人惊叹不已。几十亿年的进化历程使得自然界生物体某些部位巧夺天工，具有特殊性质，给人研究仿生材料以启迪。

自然界中的生物体在长期的自然选择与进化过程中，其组成材料的组织结构与性能得到了持续优化与提高，从而利用简单的矿物与有机质等原材料很好地满足了复杂的力学与功能需求，使得生物体达到了对其生存环境的最佳适应。大自然是人类的良师。自然界存在的天然生物材料有着人工材料无可比拟的优越性能。天然生物材料是经过亿万年的自然选择与进化，在细胞调制下形成的，其基本组成单元很平常，但材料的微观结构很复杂，具有空间上的分级结构，通常是两相或多相的复合材料，表现出人工合成材料无法比拟的性能。天然生物材料的优异性能可为人造材料的优化设计，特别是高性能仿生材料的发展提供有益的启示。

生物系统的准确与精巧使人们可以从生物体那里获得启示并设法解开自然界这一隐藏着的秘密——简单的"原材料"经活的有机体合成后，其性能可远远优于利用当今高技术生产出的高级人工合成物——仿生材料。仿生材料就是受生物启发或者模拟生物的各种特性而开发的材料。对仿生材料的研究就是要研究生物物质的结构和功能，并以某种生物的特点进行材料的设计与制造，包括模仿天然生物材料的成分和结构、模仿生物体中形成材料的过程和加工制备，以及模仿生物体系统的特定功能。仿生材料（特别是生物医用仿生材料）与常用工业材料的最大区别是在生理环境下使用，具有生物相容性。一些植入人体的仿生材料，应具有足够的力学性能，不能发生脆性破裂、疲劳断裂及腐蚀破坏等，即应具有力学相容性。例如，甲壳虫可以将糖及蛋白质转化成质轻但强度很高的坚硬外壳；蜘蛛吐出的水溶蛋白质在常温下竟变成不可溶的丝，并且比防弹背心材料还要坚韧；鲍鱼（石决明）及人们通常认为用途不大、极简单的物质如海水中的白垩（碳化钙）结晶形成的贝壳，其强度两倍于高级陶瓷。此外，自然界中还有许许多多具有神奇功能的普通物质，如锋利的鼠牙可以咬透金属罐头盒、胡桃木及椰子壳可以抵抗开裂、犀角可以自动愈合、贻贝的超黏度分泌液可以将自己牢固地贴在海底等。目前，人们已经对自然界中的很多天然生物材料在结构、力学性能、功能等方面进行了细致的研究和分析，从中获得启示，研制和发明了很多和天然生物材料的性能相近的仿生材料。

2.3.1　植物叶子表面的自清洁性能与仿生纳米材料

荷叶效应：荷叶效应主要是指荷叶表面具有超疏水及自洁的特性。由于荷叶具有疏水、不吸水的表面，落在叶面上的雨水会因表面张力的作用而形成水珠，换言之，水与叶面的接触角会大于150°，只要叶面稍微倾斜，水珠就会滚离叶面。因此，即使经过一场倾盆大雨，荷叶的表面也总是能保持干燥；此外，滚动的水珠会顺便把一些灰尘污泥的颗粒一起带走，达到自我洁净的效果，这就是荷花总是能一尘不染的原因，如图 2.10 所示。这种效应目前被广泛地应用于各种自清洁表面和防雾材料的设计。

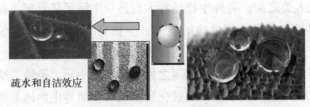

疏水和自洁效应

图 2.10　荷叶的自洁效应

在超高分辨率显微镜下可以清晰看到，荷叶表面有许多微米结构的乳突，乳突的平均大小约为 10 μm，平均间距约为 12 μm。而每个乳突由许多直径为 200 nm 左右的纳米结构分支组成。在荷叶叶面上布满着一个挨一个隆起的"小山包"，它上面长满绒毛，在"山包"顶又长出一个馒头状的"碉堡"凸顶，如图 2.11 所示。因此，荷叶的表面结构是一种微纳复合多尺度的微观结构。这种微米结构与纳米结构相结合的阶层结构是引起荷叶表面超疏水的根本原因。在"山包"间的凹陷部分充满着空气，这样就紧贴叶面形成一层极薄、只有纳米级厚的空气层。这就使得在尺寸上远大于这种结构的灰尘、雨水等降落在叶面上后，由于微、纳米结构并存，大量空气储存在这些微小的凹凸之间，雨点在自身的表面张力作用下形成球状，水球在滚动中吸附灰尘，并滚出叶面。另外，在荷叶的下一层表面同样可以发现纳米结构，它可以有效地阻止荷叶的下层被润湿。

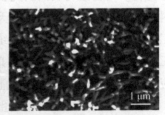

图 2.11　荷叶的微米 – 纳米的分级复合结构

水稻叶表面也存在类似于荷叶表面微/纳米结合的阶层结构，如图 2.12 所示。但在水稻叶表面，乳突沿平行于叶边缘的方向排列有序，而沿着垂直方向呈无序的任意排列，水滴在这两个方向的滚动角也不相同，其中沿平行方向为 3°～5°，垂直方向为 9°～15°。

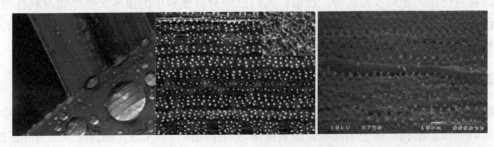

图 2.12　类水稻叶表面碳纳米管薄膜

科学家们模拟荷叶和水稻叶的超疏水表面，通过纳米涂层等方法发明了纳米自清洁的防水拒油衣料、涂料和屋瓦等表面超疏水结构，如图 2.13 和图 2.14 所示，可使其时刻保持干净。

图 2.13　单一微米或纳米结构示意图

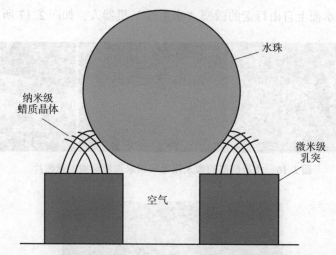

图 2.14　微米－纳米的分级复合结构示意图

2.3.2　昆虫翅膀表面的自清洁性

蝴蝶翅膀由微米尺寸的鳞片交叠覆盖，每一个鳞片上分布有排列整齐的纳米条带结构，每个条带由倾斜的周期性片层堆积而成，如图 2.15 所示。

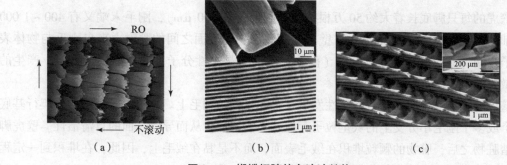

图 2.15　蝴蝶翅膀的自清洁结构

蝴蝶以身体为中心轴向外发散方向（RO 方向）倾斜，水滴或灰尘易滚动；反向倾斜，水滴或灰尘不能滚离；垂直于 RO 的两个方向，水滴或灰尘不易滚离。

2.3.3 在水面行走的昆虫——水黾

水黾的腿能排开 300 倍于其身体体积的水量，它的一条腿能在水面上支撑起 15 倍于身体的重量，它在水面上每秒钟可滑行 100 倍于身体长度的距离。水黾稳定的水上运动特性源于特殊的微/纳米结构和油脂的协同效应。

水黾的腿部有数千根沿同一方向排列的多层微米尺寸的刚毛（直径 3 μm），刚毛表面形成螺旋状的纳米沟槽结构，如图 2.16 所示。水黾就是利用其腿部特殊的微纳米结构，将空气有效地吸附在这些同一取向的微米刚毛和螺旋状纳米沟槽的缝隙内，在其表面形成一层稳定的气膜，阻碍了水滴的浸润，宏观上表现出水黾腿的超疏水特性。人们模仿水黾足部的特殊结构研制了能在水面上自由行走的微型"水上漂"机器人，如图 2.17 所示。

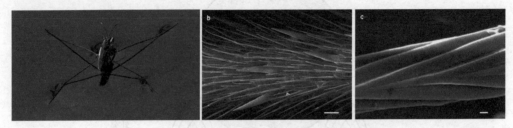

图 2.16 水黾腿部的微米刚毛与纳米沟槽结构电镜照片

图 2.17 模仿水黾"水上漂"功夫的机器人

2.3.4 在墙壁和玻璃上自由行走的动物——壁虎

壁虎的每只脚底长着大约 50 万根极细的刚毛（长 100 μm），刚毛末端又有 400～1 000 根更细小的分支，如图 2.18 所示。壁虎的脚底与物体表面之间的黏附力来自刚毛与物体表面分子之间的范德瓦尔斯力的累积（范德瓦尔斯力是中性分子彼此距离很接近时，产生的一种微弱的电磁引力）。

壁虎的脚抗灰尘能力的自清洁性发生在整齐排列的刚毛上。黏附力所吸引的在爬行基底与单个或多个刚毛小分支上的灰尘粒子存在着不均匀性，从而导致表面的自清洁性。壁虎脚在踩踏脏物之后，脏物的颗粒堆积在绒毛表面，而不是黏在绒毛上，因此，在堆积到一定程度之后，脏物颗粒在重力的作用下就会脱落。

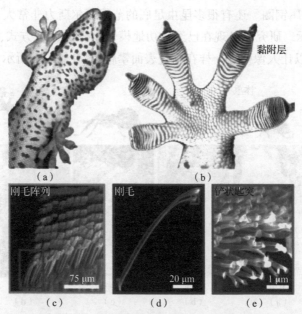

图 2.18　壁虎脚部的微米级刚毛阵列结构

仿生壁虎脚利用结构可控的直立型碳纳米管阵列制成（图 2.19）。4 mm² 的碳纳米管阵列自吸附在垂直玻璃表面上，可悬挂一瓶约 650 g 的瓶装可乐饮料；自吸附在垂直的砂纸表

图 2.19　仿壁虎脚的碳纳米管阵列自吸附结构

面上，可悬挂一个金属钢圈。还有很多昆虫足底的范德瓦尔斯力非常大，如甲虫、苍蝇、蜘蛛等，如图2.20所示。研究人员现在已经成功地模仿壁虎的设计方式，制造出特殊的"壁虎攀爬装置"，其可以让人像壁虎一样在垂直表面攀爬，如图2.21所示。

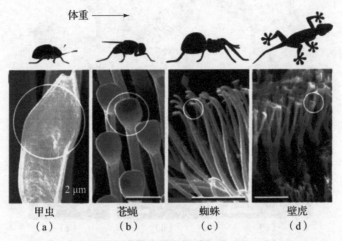

图2.20 昆虫足底的范德瓦尔斯力

图2.21 仿壁虎脚垂直攀爬装置

受壁虎脚部微米－纳米分级结构的启发，科学家们构造出了一些含有类似结构的表面，如图2.22所示，可以认为是新结构形式的"黏结剂"，有的甚至可以在水环境中发挥作用。

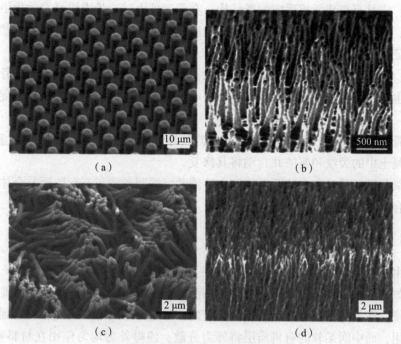

图 2.22 仿壁虎脚的新型黏结结构

2.4 材料仿生与智能材料

从生物学角度看，人类能够对外界做出主动性反应是因为人体具有收集、分析外界信息并做出适当反应的能力。收集信息需要"神经元"（如触觉神经、视觉神经等），分析信息需要"大脑"，对信息做出适当反应需要"肌肉"；"神经元""大脑"及"肌肉"相互之间的信息传递则需要"神经网络"。因此，与人类相类似，具有仿生功能的智能材料和由它所构成的结构或系统应具备以下四个要素：①含有附着的、埋入的或内在的传感器，它是智能材料的"神经元"，用于感知外界变化并收集外界信息。②含有中央处理器，它是智能材料和结构的"大脑"，用它对传感器所收集到的外界信息进行分析、处理并发出适当的、适时的动作指令。③有附着的、埋入的或内在的执行器，它是智能材料的"肌肉"，其作用是根据中央处理器发出的反应指令进行相应的动作，因而也称之为动作器。④拥有通信网络，它是智能材料和结构的"神经网络"，担负着传感器、执行器与中央处理器相互间的信息传输任务。

细胞是生物体的基础，而细胞本身就是具有传感、处理和执行三种功能的融合材料，故可作为智能材料的蓝本。

以下是几种材料仿生的范例。

2.4.1 骨

骨是一种复杂的功能材料，可为从事智能材料研制的材料科学工作者提供思路。

自修复：它具有与环境相适应的微结构，在受到外力时，骨内组元自动地沿外力方向定位或重定位，并通过改变其质量对外力做出响应，能抵抗微型骨折及修复和重塑过程中产生的应力，保证骨骼的自身稳定功能。

自愈合：孩童骨折后会出现骨自愈合现象：新骨在变形凹面处形成，而老骨从变形凸处去除，以产生一个相对竖直的结构单元。外加电场能促进体内生理液的流动，促进骨的生长和愈合。

人们从骨的特殊性能出发，设计研发了类似骨性能的仿生材料。如"自愈合"纤维，它可感知混凝土中的裂纹和腐蚀并自动将其修复。

利用氢氧化钙悬浮液和含胶原的磷酸水溶液共沉淀制备磷灰石和胶原复合体，进而静压成型制备复合材料，其力学性能类似于人骨。

2.4.2 贝壳

贝壳是由许多层状的碳酸钙（陶瓷材料层）和壳聚糖等有机质层（高分子材料层）堆积而成的，如图 2.23 所示，这种堆积使得贝壳结合了陶瓷和高分子的优点：硬且坚韧。陶瓷易碎但很硬，高分子软却很坚韧，当贝壳受到外界应力作用时，陶瓷材料起到了支撑、抵抗外力的作用，而中间柔软的有机质层将外力分散，使得外力均匀作用在材料整体。这样，陶瓷就不会因为一点受力而破裂。

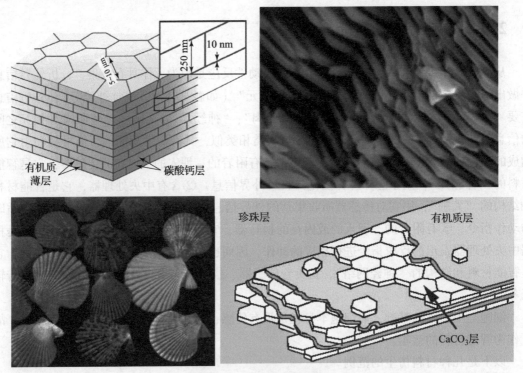

图 2.23　贝壳的层状结构

人们从贝壳的层状结构受到启发，开发研制了不易破碎的陶瓷材料——石墨层结合的碳化硅陶瓷。这种材料的结构就像贝壳的结构一样，是将涂有石墨层的碳化硅陶瓷层层叠起来并加热挤压烧结而成，具有非常好的力学性能，可以作为耐高温而不需冷却系统的陶瓷汽车发动机的材料。近年来，科学家利用贝壳这种材料堆积原理开发了很多陶瓷 – 高分子复合材料，大大减小了材料的密度（相比于金属材料）。

2.4.3　竹子

相比于钢材，竹子质量小、硬度大、形变量很小，弹性和韧性却很高，顺纹抗拉强度 170 MPa，顺纹抗压强度 80 MPa。特别是刚竹，其顺纹抗拉强度可达 280 MPa，几乎相当于同样截面尺寸普通钢材的一半。虽然钢材的抗拉强度是一般竹材的 2.5～3 倍，但若按单位质量计算抗拉能力，则竹材要比钢材强 2～3 倍。

根据材料力学的弯曲强度理论，空心圆截面杆的抗弯强度比同样截面积的实心杆要大；并且空心圆截面杆内、外直径的比值 α 越大，其抗弯强度也随之增大。例如，当 $\alpha = 0.7$ 时，它的抗弯强度比同样质量的实心圆截面大 2 倍。因为杆弯曲时，从正应力的分布规律可知，在杆截面上离中性轴越远，正应力越大，而中性轴附近的应力很小，这样其材料的性能未能充分发挥作用。若将实心圆截面改为空心圆截面，也就是将材料移置到离中性轴较远处，却可大大提高抗弯强度。例如，汽车传动轴所采用的空心圆截面的内、外径比值为 0.944，若改为实心轴，要求它与原先的空心轴强度相同，则空心轴的质量只为实心轴的 31%，可见，空心轴减小质量、节约材料的特性是非常明显的。

任何竹子都有竹节，竹节的一个非常重要的作用就是能够防止裂纹进一步扩大，竹子在风载作用下各段抵抗弯曲变形能力基本相同，相当于阶梯状变截面杆，是一种近似的"等强度杆"，如图 2.24 所示。因为在风载作用下，沿杆自上而下各截面的弯矩越来越大，竹子根部所受弯矩最大，因而根部最粗，自下而上各截面弯矩越来越小，竹子也就越来越细。由弯曲强度条件可知，理想的等强度杆外形应是光滑曲线。在工程上，为了经济及施工的方便，一般都是采用阶梯状的变截面杆（阶梯杆）来代替理论上的等强度杆。

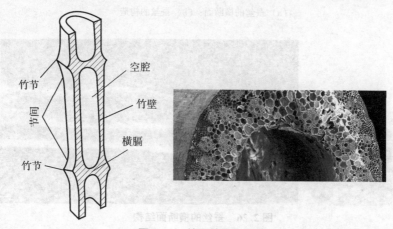

空腔
竹节
竹壁
节回
横膈
竹节

图 2.24　竹子的空心结构

在工程中，竹子的这些力学特性有着广泛的应用。例如，大型民用飞机的机翼大都采用平直的机翼，这种机翼是一种扁平的空心等强度结构，其翼肋像竹节一样可以提高机翼的抗弯强度，而空心结构在满足足够的抗弯强度前提下，大大地减小了质量。2008 年北京奥运会主场馆"鸟巢",是世界上跨度最大的钢结构建筑,它的钢结构也用到了空心梁。

2.4.4 蚕丝和蜘蛛丝

蚕丝被称为"纤维皇后",它由20多种氨基酸组成,结构复杂,内层为丝素蛋白,外层被丝胶蛋白包覆。

蚕丝具有优异的力学性能,沿纤维轴向有较高的刚性和强度。蚕丝的拉伸强度实验值是10 GPa,相当于高强度合成纤维。它的伸长率可达35%,断裂吸收能(断裂功)比钢和凯夫拉(Kevlar,坚韧耐磨、刚柔相济的新型纤维材料)都大。当蚕丝的负载率增大时,随着强度和弹性模量的增大,其伸长率也增大,这与大多数化学纤维完全不同。蚕丝的分级结构如图2.25所示。蚕丝的横断面结构如图2.26所示,蚕丝的横截面近似三角形,而蚕丝的纵向结构表面光滑、粗细均匀,少数地方有粗细变化,光泽强而不刺眼。

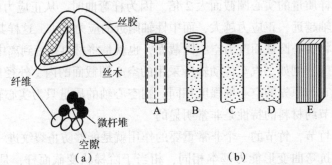

A——一根蚕丝由两根丝素(丝心蛋白)和包覆它们的丝胶构成;B——一根丝素及包覆它们的几层丝胶;
C——一根丝素由900～1 400根直径为0.2～0.4 μm的纤维构成;
D——一根纤维由800～900根直径约为10 nm的微纤维构成,微纤维之间有空隙;
E——结晶区和非结晶区有相同的构造。

图2.25 蚕丝的分级结构

(a)蚕丝的横断面;(b)蚕丝的构造

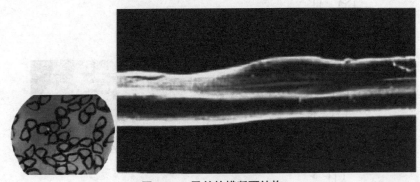

图2.26 蚕丝的横断面结构

蚕丝不是从蚕嘴里吐出来的,而是通过蚕嘴巴的流量调节用力拉出来的。在现代化学纤维工业中,人们模仿蚕拉丝的过程,用"拉伸"的办法制造尼龙和涤纶等合成纤维。

蜘蛛丝在材料和能量上的高效表现比蚕丝还要抢眼。蜘蛛丝是一种多级次的复合材料,它的弹性和强度比一般的钢铁都要高。蜘蛛丝的韧性高,铅笔芯粗的蜘蛛丝足以支撑一艘万吨级的远洋货轮，是钢的 10 倍。蜘蛛丝的延伸度可以达到 130% 而不断裂。同时，它还具有耐湿性和耐低温性能，蛛丝在 −50 ℃ 的低温下仍能保持高弹性和防菌防霉的特性。蜘蛛丝中分子排列紧密有序，呈晶体状，类似金属的晶体化组织，有些断面分子排列类似橡胶的分子组织结构，这些断面交替出现，这是蛛丝具有高强度、高弹性和高韧性的根本原因，如图 2.27 所示。同时，蜘蛛丝还具有黏性，这些黏性物质很有特点，能保证蜘蛛丝不过早形成结晶体。这让蜘蛛丝就像被液体浸泡过的弹簧，无论如何挤压拉伸，都具有恢复如初的能力。180 μg 的丝心蛋白能张开 100 cm² 的网络来捕捉飞虫。蜘蛛网通过其刚度、强度和伸长能力的巧妙平衡，可以把作用于蜘蛛网上 70% 的冲击能通过黏弹性拉伸过程发热耗散掉。

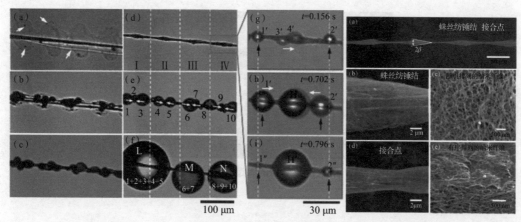

图 2.27　蜘蛛丝的显微结构

科学家根据蜘蛛丝的结构和力学特点制造出一种高强度纤维，这种纤维可以用来制作防弹衣，这种防弹衣将不再像传统防弹衣一样笨拙，而是像平时穿着的衣服一样轻便。这种材料未来还能用来制作贴身装甲、航空陀螺仪悬线、降落伞绳，甚至航空母舰上的绳子，也可用在防弹车和坦克上。蜘蛛丝是由蛋白质组成的，与人体具有相容性，因而可用作高性能的生物材料，在医学上还用来制作人工筋腱、人工韧带、人工器官，用于人体组织修复、伤口处理和手术缝合等。

2.4.5　仿蜂巢结构的能量吸收材料

蜜蜂的蜂窝构造非常精巧、适用且节省材料。蜂窝由无数个大小相同的房孔组成，房孔都是正六角形，每个房孔都被其他房孔包围，两个房孔之间只隔着一堵蜡制的墙。令人惊讶的是，房孔的底既不是平的，也不是圆的，而是尖的。这个底由 3 个完全相同的菱形组成。有人测量过菱形的角度，两个钝角都是 109°，而两个锐角都是 70°。令人叫绝的是，世界上所有蜜蜂的蜂窝都是按照这个统一的角度和模式建造的。蜂窝的结构引起了科学家们的极大兴趣。经过对蜂窝的深入研究，科学家们惊奇地发现，相邻的房孔共用一堵墙和一个孔底，非常节省建筑材料；房孔是正六边形，蜜蜂的身体基本上是圆柱形，蜂在房孔内既不会有多余的空间，又不感到拥挤。

蜂窝的结构给航天器设计师们很大启示，他们在研制航天器时，就充分利用了蜂窝的结构特性：先用金属制造成蜂窝，然后再用两块金属板把它夹起来，这样就成了蜂窝结构。这种蜂窝结构强度很高，质量又很小，还有益于隔声和隔热。因此，现在的航天飞机、人造卫星、宇宙飞船在内部大量采用蜂窝结构，卫星的外壳也几乎都是蜂窝结构。

美国的研究人员设计出一种新型的蜂窝结构，如图 2.28 所示，其可以比传统蜂窝结构承受更大的冲击载荷。这种能弹性弯曲的几何单元使蜂窝结构具有负刚度。这些单元可以有许多尺寸，也可由不同材料构成。目前实验室的原型样品由 3.5 寸①的受力阈值为 200 N 的蜂窝结构组成，研究人员称该结构足以在 0.03 s 内吸收一个速度为 100 mil/h 的篮球的能量。与传统的蜂窝结构相比，这种负刚度（NS）蜂窝结构可以在重复冲击载荷作用后恢复原来的形状。这项技术可以应用在航空航天、车辆安全、军用头盔和体育运动等方面。

图 2.28　新型的人造蜂窝结构

---

① 1 寸 = 3.33 cm。

第3章
形形色色的智能材料

3.1 光纤及光纤传感器

3.1.1 引言

光纤是一种由玻璃或塑料制成的纤维，可作为光传导工具。它传导的不是电信号，而是光信号，故称其为光纤，也叫光导纤维。光纤是由两种或两种以上折射率不同的透明材料通过特殊复合技术制成的复合纤维，直径只有 $1\sim100\ \mu m$。实用的光纤是比人的头发丝稍粗的玻璃丝，通信用光纤的外径一般为 $125\sim140\ \mu m$。在当今的信息时代，人们在经济活动和科学研究中需要加工和处理大量的信息及数据，而光纤正是传输信息最理想的工具。与传统的电缆系统比较，在同样多的时间内，光纤可以进行更大量和更多类型信息的传送。一根光纤传送的信息相当于 100 根传送电话所使用的同轴电缆所传送的信息，并且传送时的损耗低，接点数目可以减少 $1/20$。光导系统的波带很宽，由几十 MHz/km 到几百 GHz/km，并且可以防止电信号的噪声。另外，光导纤维消耗材料少，与同轴电缆相比，可节省大量有色金属。

光缆是由光纤（光传输载体）经过一定的工艺而形成的线缆，它是为了满足光学、机械或环境的性能规范而制造的。光缆的基本结构一般是由缆芯、加强钢丝、填充物和护套等几部分组成，另外，根据需要，还有防水层、缓冲层、绝缘金属导线等构件。光缆的敷设使全世界通信进行了一次革新。现在不仅是电话电信使用光纤，高清晰电视传送也用光纤，计算机联网也是光纤，一根光缆可有多种用途，为现代信息社会做出了巨大的贡献。我国光缆实际敷设量已达 120 万~150 万千米。

光纤传感器是一种将被测对象的状态转变为可测的光信号的传感器。光纤传感器的工作原理是将光源入射的光束经由光纤送入调制器，在调制器内与外界被测参数相互作用，使光的光学性质如光的强度、波长、频率、相位、偏振态等发生变化，成为被调制的光信号，再经过光纤送入光电器件，经解调器解调后获得被测参数。整个过程中，光束经由光纤导入，通过调制器后再射出，其中光纤首先是传输光束，其次是起到光调制器的作用。光纤传感器是 20 世纪 70 年代中期发展起来的一种基于光导纤维的新型传感器。它是光纤和光通信技术迅速发展的产物，光纤传感器用光作为敏感信息的载体，用光纤作为传递敏感信息的媒质，与以电为基础的传感器有本质的区别。光纤传感器可测量位移、速度、加速度、液位、应变、压力、流量、振动、温度、电流、电压、磁场等物理量。

3.1.2 光纤的发现与发明

1870年的一天，英国物理学家丁达尔到皇家学会的演讲厅讲光的全反射原理。他做了一个简单的实验：在装满水的木桶上钻个孔，然后用灯从桶上边把水照亮。结果使观众大吃一惊。观众看到，从水桶的小孔里流了出来，水流弯曲，光线也跟着弯曲，光居然被弯弯曲曲的水俘获了。丁达尔经过研究，发现这是光的全反射的作用。由于水等介质密度比周围的物质（如空气）大，即光从水中射向空气，当入射角大于某一角度时，折射光线消失，全部光线都反射回水中。表面上看，光好像在水流中弯曲前进。后来人们制造出一种透明度很高、像蜘蛛丝一样粗细的玻璃丝——玻璃纤维，当光以合适的角度射入玻璃纤维时，光就沿着弯弯曲曲的玻璃纤维前进。由于这种纤维能够用来传输光，因此称它为光导纤维。

3.1.3 光纤的性能特点

光纤与电缆完全不同，它不再是用电子信号来传输数据，而是使用光来传输信号。正是这种特殊的材质，使它拥有电缆无法比拟的优点。

1. 频带极宽

频带的宽窄代表传输容量的大小。载波的频率越高，可以传输信号的频带宽度就越大。光纤拥有极宽的频带范围，以GB位作为度量。在广播电视无线电的VHF（甚高频）频段，载波频率为48.5～300 MHz，带宽约250 MHz，只能传输27套电视和几十套调频广播。而可见光的频率达100 000 GHz，比VHF频段高出一百多万倍。尽管光纤对不同频率的光有不同的损耗，使频带宽度受到影响，但在最低损耗区的频带宽度也可达30 000 GHz。目前单个光源的带宽只占了其中很小的一部分（多模光纤的频带有几百兆赫兹，好的单模光纤可达10 GHz以上），采用先进的相干光通信可以在30 000 GHz范围内安排2 000个光载波，进行波分复用，可以容纳上百万个频道。因此，从带宽看，光纤具有较大的信息容量。

2. 传输速度快

光在真空中的传播速度是每秒30万千米，真空中的光速是目前所发现的自然界物体运动的最大速度。电子在真空中的运动速度也只能接近光速，而不能达到光速，因为电子有质量。电子在导体中的运动速度一般都大大低于光速，因为导体存在电阻。因此，光纤是至今为止传输速度最快的传输介质，相对于铜线每秒1.54 MHz的速率，光纤的传输速率达到了每秒2.5 GB。

3. 质量小

因为光纤非常细，单模光纤芯线直径一般为4～10 μm，外径也只有125 μm，加上防水层、加强筋、护套等，用4～48根光纤组成的光缆直径还不到13 mm，比标准同轴电缆的直径47 mm要小得多，加上光纤是玻璃纤维，密度很小。因此，它具有直径小、质量小的特点，安装十分方便。

4. 损耗低

在同轴电缆组成的系统中，在传输 800 MHz 信号时，最好的电缆每千米损耗都在40 dB 以上。相比之下，光导纤维的损耗则要小得多，传输 1.31 μm 的光，每千米损耗在 0.35 dB 以下，若传输 1.55 μm 的光，每千米损耗更小，可达 0.2 dB 以下。这就比同轴电缆的功率损耗要小 1 亿倍，使其能传输的距离要远得多，更适合远距离信号的传输。此外，光纤传输损耗几乎不随温度而变，不用担心因环境温度变化而造成干线电平的波动。

5. 抗干扰能力强

因为光纤的基本成分是石英，传输的是光，不导电，所以不受电磁场的作用。光纤传输的光信号不受电磁场的影响，故光纤对外界电磁干扰、工业干扰有很强的抵御能力。无论在光纤周围盘绕着多么复杂的强电，传输速度始终保持一致。

6. 保密性强

由于光纤传输的是光信号，本身不会向外辐射信号，在光纤中传输的信号不易被窃听，因而更利于保密。

7. 工作性能可靠

一个系统的可靠性与组成该系统的设备数量有关。设备越多，发生故障的机会越大。因为光纤系统包含的设备数量少（不像电缆系统那样需要几十个放大器），可靠性自然也就高，加上光纤设备的寿命都很长，无故障工作时间达 50 万~75 万小时，其中寿命最短的是光发射机中的激光器，也在 10 万小时，故一个设计良好、正确安装调试的光纤系统的工作性能是非常可靠的。光纤采用的玻璃材质，绝缘、耐高压、耐高温、耐腐蚀，不会因断路、雷击等原因产生火花，特别适用于冲击、易燃易爆、辐射、强磁场、高频噪声等特殊环境下工作。

8. 成本不断下降

由于制作光纤的材料（石英）来源十分丰富，随着技术的进步，成本还会进一步降低；而电缆所需的铜原料有限，价格会越来越高。有人提出了新摩尔定律，也叫作光学定律（Optical Law）。该定律指出，光纤传输信息的带宽，每 6 个月增加 1 倍，而价格降低 1/2。光通信技术的发展，为互联网宽带技术的发展奠定了非常好的基础。

3.1.4　光纤的结构与传输原理

1. 光纤的基本结构

光纤由实际起着导光作用的芯材和能将光闭合于芯材之中的包层构成，即纤芯、包层和涂覆层（保护套）三部分，如图 3.1 所示。纤芯（芯径一般为 50 μm 或 62.5 μm）由高折射率固体材料（高纯二氧化硅玻璃、多组分玻璃、塑料等）制成，中间为低折射率硅玻璃包层（直径一般为 125 μm），中间层与纤芯的折射率不同，将光信号封闭在纤芯中传输并起到保护纤芯的作用，最外层是加强用的涂覆层，由石英玻璃、多组分玻璃或塑料制成。工程中一般将多条光纤固定在一起构成光缆，光缆的结构如图 3.2 所示。

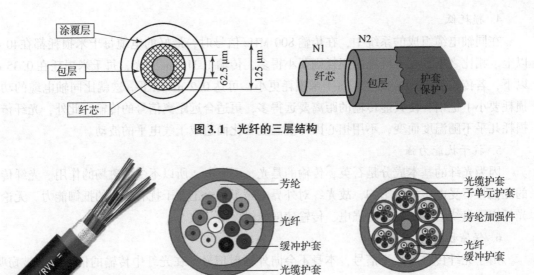

图 3.1 光纤的三层结构

图 3.2 光缆的结构

2. 光纤传输的基本原理——斯乃尔定理（Snell's Law）

光纤透明、纤细，虽然比头发丝还细，却具有能把光封闭在其中并沿轴向进行传播的特征。为了看清光的全反射，取一根无色有机玻璃圆棒，加热后弯曲成约 90°圆弧形，将其一头朝向地板，用手电筒照射有机玻璃棒的上端，可以看到，光线顺着弯曲的有机玻璃棒传导，从棒的下端射出，在地板上出现一个圆光斑，这就是光的全反射实验，如图 3.3 所示。

图 3.3 光的弯曲实验

光纤的传输原理是"光的全反射"，光从光密介质射向光疏介质时，当入射角超过某一角度（临界角）时，折射光完全消失，只剩下反射光线的现象叫作全反射。全反射现象符合反射定律，光路可逆。本原理可以用于解释海市蜃楼现象。

当光由光密介质（折射率大）入射至光疏介质（折射率小）时发生折射，如图 3.4（a）所示，其折射角大于入射角，即 $N' > N$ 时，$\theta_2 > \theta_1$。当一束光线以一定的入射角 θ_1 从介质射到空气的分界面上时，一部分光反射回原介质；另一部分光量则透过分界面，在另一介质内继续传播。全反射发生之前，随着入射角的增大，折射角和反射角都增大，但折射角增大得快，在入射光的强度一定的情况下，折射光越来越弱，反射光越来越强，发生全反射时，折射光消失，反射光的强度等于入射光的强度。

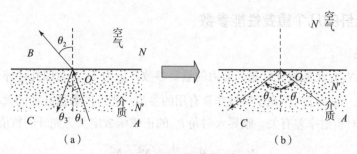

图 3.4　光的全反射示意图

当 $\theta_2 = 90°$ 时，θ_1 仍小于 $90°$，此时出射光线沿界面传播，如图 3.4（b）所示，称为临界状态。这时有 $\sin \theta_2 = \sin 90° = 1$，$\sin \theta_c = N'/N$，$\theta_c = \arcsin(N'/N)$，式中，$\theta_c$ 为临界角，当 $\theta_1 > \theta_c$ 并继续增大时，$\theta_2 > 90°$，这时便发生全反射现象，如图 3.4（b）所示，其出射光不再折射而全部反射回来。

光由玻璃介质射入空气时，同时发生反射和折射，折射角大于入射角。随着入射角的增大，反射光线越来越强，折射光线越来越弱，当折射角增大到 $90°$ 时，折射光线完全消失，只剩下反射光线，如图 3.5 所示。

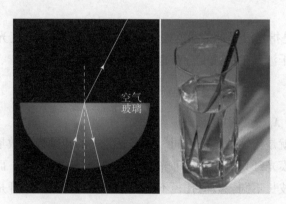

图 3.5　光在玻璃中的折射与全反射

如图 3.6 所示，光线在光纤端面入射角 θ 减小到某一角度 θ_c 时，光线就全部反射。只要 $\theta < \theta_c$，光在纤芯和包层界面上经若干次全反射向前传播，最后从另一端面射出。光在光纤中的传播轨迹，即按"之"的形状传播及沿纤芯与包层的分界面掠过。

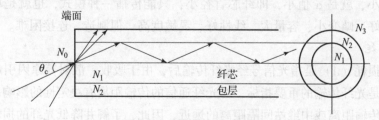

图 3.6　光在光纤中的传播

在制造光纤时，要提高光纤纤芯的折射率，降低纤芯外包层的折射率。当选择一定的角度时，射入纤芯的光束将会全部返回纤芯中发生全反射。

3.1.5　光纤的几个重要性能参数

1. 数值孔径

数值孔径（N_A）是衡量光纤集光能力的重要参数，记为 N_A。数值孔径体现了光纤与光源之间的耦合效率，是描述光纤光学特性非常有用的参数。光纤的数值孔径的大小与纤芯折射率及纤芯 – 包层相对折射率差有关。临界入射角 θ_c 的正弦函数定义为光纤的数值孔径，即

$$N_A = \sin \theta_c = \frac{1}{N_0} \sqrt{N_1^2 - N_{21}^2}$$

空气中：

$$N_A = \sin \theta_c = \sqrt{N_1^2 - N_{21}^2} \quad (N_1 \geqslant N_2)$$

从物理上看，光纤的数值孔径表示光纤接收入射光的能力。N_A 越大，则光纤接收光的能力也越强。从增加进入光纤光功率的观点来看，N_A 越大越好，因为光纤的数值孔径大些对光纤的对接是有利的。但是 N_A 太大时，光纤的模畸变加大，会影响光纤的带宽。因此，在光纤通信系统中，对光纤的数值孔径有一定的要求。通常为了最有效地把光射入光纤中去，应采用其数值孔径与光纤数值孔径相同的透镜进行集光。

2. 光纤模式

光纤模式（V）是指光沿光纤传播的途径和方式，不同入射角度光线在界面上反射的次数不同。光波之间的干涉产生的强度分布也不同，模式值定义为

$$V = \frac{2\pi\alpha}{\lambda_0} (N_A)$$

式中，α 为纤芯半径；λ_0 为入射波长。

光纤不同的模式就是传输的路径不同。根据光纤中的传输模式数量，光纤又可分为多模光纤和单模光纤。单模光纤只能传输一种光，就是平行于轴线的光；而多模光纤则可以传输多种波长的光，根据波长不同，数值孔径不同。单模光纤和多模光纤是当前光纤通信技术最常用的普通光纤。

如果 V 小于 2.4，就是单模光纤；如果大于 2.4，就是多模光纤。模式值越大，允许传播的模式数越多。在信息传播中，希望模式数越少越好，若同一光信号采用多种模式，会使光信号分不同时间到达多个信号，导致合成信号畸变。

模式值 V 小，就是 α 值小，即纤芯直径小，只能传播一种模式，也就是单模光纤。单模光纤性能最好，畸变小、容量大、线性好、灵敏度高，但制造、连接困难。

3. 传播损耗

光纤传播损耗（A）是指光信号经光纤传输后，由于吸收、散射等原因引起光功率的减小。光纤损耗是光纤传输的重要指标，对光纤通信的传输距离有决定性的影响。光纤损耗的高低直接影响传输距离或中继站间隔距离的远近，因此，了解并降低光纤的损耗对光纤通信有着重大的现实意义。实现光纤通信，一个重要的问题是尽可能地降低光纤的损耗。

光在光纤中传播时，由于材料的吸收、散射和弯曲处的辐射损耗影响，不可避免地要有损耗，用衰减率 A 表示，单位为 dB/km。

$$A = \frac{-10\lg(I_1/I_2)}{l}(\text{dB/km})$$

在一根衰减率为 10 dB/km 的光纤，表示当光纤传输 1 km 后，光强下降到入射时的 1/10。

光纤在传输信号的过程中，损耗应尽量小且稳定。在某些波长上，光纤的损耗非常小，如图 3.7 所示。可选择适当波长的电/光转换元件与之匹配。

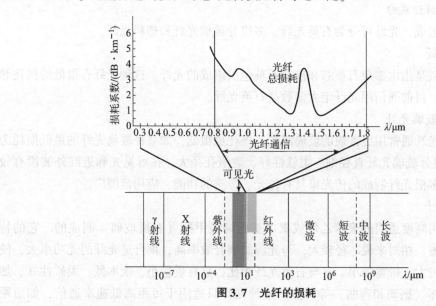

图 3.7　光纤的损耗

3.1.6　光纤的分类

1. 按传输模式分

按传输模式，光纤可分为多模光纤和单模光纤。

（1）多模光纤（图 3.8）

多模光纤是指在给定的工作波长上，能以多个模态同时传输的光纤，多模光纤能承载成百上千种模态。由于不同的传输模式具有不同传输速度和相位，因此，在长距离的传输之后会产生延时，导致光脉冲变宽，这种现象就是光纤模间色散（或模态色散）。

（2）单模光纤（图 3.9）

单模光纤是指在给定的工作波长上只能传输一种模态，即只能传输主模态，其内芯很小，直径为 8～10 μm。由于只能传输一种模态，其可以完全避免模态色散，使得传输频带很宽，传输容量很大。这种光纤适用于大容量、长距离的光纤通信，它是未来光纤通信和光波技术发展的必然趋势。

2. 按传播波长的长短分

按传播波长的长短，光纤可分为短波长光纤、长波长光纤和超长波长光纤。

短波长光纤的传输波长为 0.8～0.9 μm，长波长光纤的传输波长为 1.0～1.7 μm，而超长波长光纤则是指 2 μm 以上的光纤。

图 3.8 多模光纤

图 3.9 单模光纤

3. 按纤芯材料组成分

按纤芯材料组成，光纤可分为石英光纤、多组分玻璃光纤和塑料光纤。

（1）石英光纤

石英光纤一般是指由掺杂石英芯和掺杂石英包层组成的光纤。这种光纤有很低的损耗和中等程度的色散。目前通信用光纤绝大多数是石英光纤。

（2）多组分玻璃光纤

多组分玻璃光纤通常用更常规的玻璃制成，损耗也很低，如某种玻璃光纤的最低损耗为 3.4 dB/km。多组分玻璃光纤直径细、柔软性好、数值孔径大、在可见光和近红外波段有较高的透过率，集多根光纤制成的传光束具有传光、传感的功能，应用范围广。

（3）塑料光纤

塑料光纤是用高度透明的聚苯乙烯或聚甲基丙烯酸甲酯（有机玻璃）制成的。它的特点是制造成本低廉，相对来说芯径较大，与光源的耦合效率高，耦合进光纤的光功率大，使用方便。但损耗较大，带宽较小。它与石英光纤相比，具有质量小、成本低、柔软性好、加工方便、更耐破坏（振动和弯曲）等特点，这种光纤只适用于短距离低速率通信，如短距离计算机网链路、船舶内通信等。

塑料光纤作为短距离通信网络的理想传输介质，在家庭智能化、办公自动化中也将得到广泛应用。塑料光纤不但可用于接入网的最后 100～1 000 m，在 Internet 服务中，塑料光纤由于质量小且耐用，因而被用来将车载通信网络和控制系统连接成一个网络，将微型计算机、卫星导航设备、移动电话、传真等外设纳入机车整体设计中，旅客可通过塑料光纤网络在座位上享受音乐、电影、视频游戏、购物。当塑料光纤在传输距离不超过 100 m 时，其传输速率能达到 11 Gb/s，因此，在互联网短距离传输中，可以用塑料光纤代替双绞线和同轴电缆，从而保证了互联网中短距离的大容量通信。在单兵作战系统中，质量小、可挠性好、连接快捷的塑料光纤，被用于士兵穿戴式的轻型计算机系统。塑料光纤也被用在飞机、战舰、导弹等高科技智能武器的控制系统中。

虽然石英光纤广泛用于远距离干线通信和光纤到户，但塑料光纤被称为"平民化"光纤，理由是塑料光纤、相关的连接器件和安装的总成本比较低。在光纤到户、光纤到桌面整体方案中，塑料光纤是石英光纤的补充，可共同构筑一个全光网络。

4. 按折射率分

按折射率，光纤可分为阶跃型光纤和渐变型光纤。

（1）阶跃型光纤

光纤的纤芯折射率高于包层折射率，使得输入的光能在纤芯－包层交界面上不断产生全反射而前进。这种光纤纤芯的折射率是均匀的，包层的折射率稍低一些。光纤纤芯到玻璃包层的折射率是突变的，只有一个台阶，所以称为阶跃型折射率多模光纤，简称阶跃光纤，也称突变光纤。其成本低、模间色散高。这种光纤的传输模式很多，各种模式的传输路径不一样，经传输后到达终点的时间也不相同，因而产生时间差。所以这种光纤的模间色散高、传输频带不宽、传输速率不能太高，用于通信不够理想，只适用于短途低速通信，如工控。但单模光纤由于模间色散很小，所以都采用突变型。

（2）渐变型光纤

为了解决阶跃光纤存在的弊端，人们又研制、开发了渐变折射率多模光纤，简称渐变光纤。光纤纤芯到玻璃包层的折射率是逐渐变小，可使高模光按正弦形式传播，这能减少模间色散，提高光纤带宽，增加传输距离，但成本较高，现在的多模光纤多为渐变型光纤。渐变光纤的包层折射率分布与阶跃光纤一样，为均匀的。渐变光纤的纤芯折射率中心最大，沿纤芯半径方向逐渐减小。由于高次模和低次模的光线分别在不同的折射率层界面上按折射定律产生折射，进入低折射率层中去，因此，光的行进方向与光纤轴方向所形成的角度将逐渐变小。同样的过程不断发生，直至光在某一折射率层发生全反射，使光改变方向，朝中心较高的折射率层行进。这时，光的行进方向与光纤轴方向所构成的角度，在各折射率层中每折射一次，其值就增大一次，最后达到中心折射率最大的地方。

3.1.7 光纤的制备

1. 光纤的设计要求

世界上第一根实用光纤是 1970 年美国康宁公司制造的，至今光纤的性能、品种及制造技术已飞速发展。虽然不同类型光纤要求的具体技术指标有所不同，但光纤的设计核心都是合理进行光纤折射率分布的设计，其遵循的原则是衰减系数最小、色散特性合理、工作波长宽、折射率分布结构合理。这种设计要求，对光纤材料的选择、制造工艺技术都提出了较高的要求。

2. 光纤制备方法

主要采用以下四种方法：改进化学气相沉积（MCVD）法、外部气相沉积（OVD）法、气相轴向沉积（VAD）法和等离子体化学气相沉积（PCVD）法。

（1）改进化学气相沉积法（MCVD）

1969 年，Jone 和 Hao 采用 $SiCl_4$ 气相氧化法制成的光纤的损耗低至 10 dB/km，并且掺杂剂都是采用纯的 TiO_2、GeO_2、B_2O_3 及 P_2O_5，这是 MCVD 法的原型，后来发展成为现在的 MCVD 法所采用的 $SiCl_4$、$GeCl_4$ 等液态的原材料。原料在高温下发生氧化反应生成 SiO_2、B_2O_3、GeO_2、P_2O_5 微粉，沉积在石英反应管的内壁上。在沉积过程中，需要精密地控制掺杂剂的流量，从而获得所设计的折射率分布。采用 MCVD 法制备的 B/Ge 共掺杂光纤作为光纤的内包层，能够抑制包层中的模式耦合，大大降低光纤的传输损耗。MCVD 法是目前制备高质量石英光纤的比较稳定、可靠的方法，该法制备的单模光纤损耗可达到 $0.2 \sim 0.3$ dB/km，并且具有很好的重复性。

（2）外部气相沉积法（OVD）

OVD 法又为管外气相氧化法或粉尘法，其原料在氢氧焰中水解生成 SiO_2 微粉，然后经喷灯喷出，沉积在由石英、石墨或氧化铝材料制成的"母棒"外表面，经过多次沉积，去掉母棒，再将中空的预制棒在高温下脱水，烧结成透明的实心玻璃棒，即为光纤预制棒。该法的优点是沉积速度快，适合批量生产。该法要求环境清洁，严格脱水，可以制得 0.16 dB/km（1.55 μm）的单模光纤，几乎接近石英光纤在 1.55 μm 窗口的理论极限损耗 0.15 dB/km。

（3）气相轴向沉积法（VAD）

VAD 法是由日本开发出来的，其工作原理与 OVD 法相同，不同之处在于它不是在母棒的外表面沉积，而是在其端部（轴向）沉积。VAD 法的重要特点是可以连续生产，适合制造大型预制棒，从而可以拉制较长的连续光纤。此外，该法制备的多模光纤不会形成中心部位折射率凹陷或空眼，因此，其光纤制品的带宽比 MCVD 法的高一些，其单模光纤损耗目前达到 0.22~0.4 dB/km。现在日本仍然掌握着 VAD 法的最先进的核心技术，所制得的光纤预制棒 OH⁻ 含量非常低，在 1 385 nm 附近的损耗小于 0.46 dB/km。

（4）等离子体化学气相沉积法（PCVD）

PCVD 法是由菲利普研究实验室提出的，于 1978 年应用于批量生产。它与 MCVD 法的工作原理基本相同，只是不用氢氧焰进行管外加热，而是改用微波腔体产生的等离子体加热。PCVD 工艺的沉积温度低于 MCVD 工艺的沉积温度，因此反应管不易变形；由于气体电离不受反应管热容量的限制，所以微波加热腔体可以沿着反应管轴向做快速往复移动，目前的移动速度在 8 m/min，这允许在管内沉积数千个薄层，从而使每层的沉积厚度减小，因此折射率分布的控制更为精确，可以获得更宽的带宽。此外，PCVD 法的沉积效率高，沉积速度快，有利于消除 SiO_2 层沉积过程中的微观不均匀性，从而大大降低光纤中散射造成的本征损耗，适合制备复杂折射率剖面的光纤，可以批量生产，有利于降低成本。

3.1.8 光纤传感器

1. 光纤传感器简介

光纤传感器是集光学、电子学于一体的新型传感器。

光纤传感器与光电传感器完全不同。光电传感器是将光信号转换为电信号的一种器件，其工作原理基于光电效应；而光纤传感器是一种将被测对象的状态转变为可测的光信号的传感器。光纤传感器通常比普通光电传感器的精度要高，普通的光电传感器是传感器上直接发光、收光，由于光的扩散等原因，收光量的大小无法精确控制，即导致检测的精度无法提高，而光纤传感器通过光纤传输光线，提高光束的聚拢程度，易判断收光量的大小，检测精度要高。

与以往的传感器不同，光纤传感器将被测信号的状态以光信号的形式取出。光信号不仅能被人直接感知，利用半导体二极管如光电二极管等小型简单元件还可以进行光/电、电/光转换，极易与一些电子元件相匹配；另外，光纤不仅是一种敏感元件，而且是一种优良的低损耗传输线。因此，光纤传感器还可用于传统的传感器所不适用的远距离测量。

光纤传感包含对外界信号（被测量）的感知和传输两种功能。所谓感知，是指外界信号按照其变化规律使光纤中传输的光波的物理特征量变化，测量光参量的变化即感知外界信号的变化。这种感知实质上是外界信号对光纤中传播的光波进行调制。所谓传输，是指光纤将受外界信号调制的光波传输到光探测器进行检测，将外界信号从光波中提取出来并按需要进行数据处理，也就是解调。因此，光纤传感技术包括调制与解调两方面的技术，即外界信号（被测量）如何调制光纤中的光波参量的调制技术（或加载技术）及如何从已被调制的光波中提取外界信号（被测量）的解调技术（或检测技术）。

2. 光纤传感器的测量原理

光纤传感器的基本工作原理如图 3.10 所示。

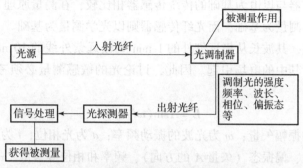

图 3.10   光纤传感器的基本工作原理

光纤传感器的基本工作原理是将来自光源的光经过光纤送入调制器，使待测参数与进入调制区的光相互作用后，导致光的光学性质（如光的强度、波长、频率、相位、偏振态等）发生变化，称为被调制的信号光，再利用被测量对光的传输特性施加的影响来完成测量。光纤传感器的测量原理有以下两种。

（1）物性型光纤传感器原理

物性型光纤传感器是利用光纤对环境变化的敏感性，将输入物理量变换为调制的光信号。其工作原理基于光纤的光调制效应，即光纤在外界环境因素如温度、压力、电场、磁场等改变时，其传光特性，如相位与光强，会发生变化的现象。因此，如果能测出通过光纤的光相位、光强变化，就可以知道被测物理量的变化。这类传感器又称为敏感元件型或功能型光纤传感器。激光器的点光源光束扩散为平行波，经分光器分为两路，一路为基准光路，另一路为测量光路。外界参数（温度、压力、振动等）引起光纤长度的变化和光相位变化，从而产生不同数量的干涉条纹，对它的模向移动进行计数，就可测量温度或压力等。

（2）结构型光纤传感器原理

结构型光纤传感器是由光检测元件（敏感元件）与光纤传输回路及测量电路所组成的测量系统。其中光纤仅作为光的传播媒质，所以又称为传光型或非功能型光纤传感器。

以电为基础的传统传感器是一种把测量的状态转变为可测的电信号的装置。它的电源、敏感元件、信号接收和处理系统及信息传输均用金属导线连接，如图 3.11（a）所示。光纤传感器则是一种把被测量的状态转变为可测的光信号的装置，由光发送器、敏感元件（光纤或非光纤的）、光接收器、信号处理系统及光纤构成，如图 3.11（b）所示。

由光发送器发出的光经由光纤引导至敏感元件，光的某一性质受到被测量的调制，已调光经接收光纤耦合到光接收器，使光信号变为电信号，最后经信号处理得到所期待的被测量。

图 3.11　传统传感器和光纤传感器测量原理

（a）传统传感器；（b）光纤传感器

可见，光纤传感器与以电为基础的传统传感器相比较，在测量原理上有本质的差别。传统传感器是以机 – 电测量为基础，而光纤传感器则以光学测量为基础。

光是一种电磁波，其波长从极远红外的 1 mm 到极远紫外线的 10 nm。它的物理作用和生物化学作用主要由其中的电场引起。因此，讨论光的敏感测量必须考虑光的电矢量 E 的振动，即

$$E = A\sin(\omega t + \phi)$$

式中，A 为电场 E 的振幅矢量；ω 为光波的振动频率；ϕ 为光相位；t 为光的传播时间。

只要使光的强度、偏振态（矢量 A 的方向）、频率和相位等参量之一随被测量状态的变化而变化，或受被测量调制，那么，通过对光的强度调制、偏振调制、频率调制或相位调制等进行解调，就可以获得所需被测量的信息。

3. 光纤传感器的性能特点

光纤具有抗电磁和原子辐射干扰的性能，径细、质软、质量小的机械性能，绝缘、无感应的电气性能，耐水、耐高温、耐腐蚀的化学性能等，它能够在人达不到的地方，或者对人有害的地区（如核辐射区），起到人的耳目的作用，并且能超越人的生理界限，接收人的感官所感受不到的外界信息。光纤传感器用光作为敏感信息的载体，用光纤作为传递敏感信息的媒质，具有光纤及光学测量一系列独特的优点。

①灵敏度较高，传光性能良好，光损耗小，≤0.2 dB/km。

②几何形状具有多方面的适应性，光路有可挠曲性，可以制成任意形状的光纤传感器。

③可以制造传感各种不同物理信息（声、磁、温度、旋转等）的器件。

④电绝缘性能好，抗电磁干扰能力强，可以用于高压、电气噪声、高温、腐蚀、辐射或其他的恶劣环境。

⑤保密性好，容易实现对被测信号的远距离监控。

4. 光纤传感器的分类

根据光受被测对象的调制形式，光纤传感器可分为强度调制型、偏振态调制型、相位调制型、频率调制型。

根据光是否发生干涉，光纤传感器可分为干涉型和非干涉型。

根据是否能够随距离的增加连续地监测被测量，光纤传感器可分为分布式和点分式。

根据光纤在传感器中的作用，光纤传感器可分为：功能型传感器（Functional Fiber，FF），又称为传感型传感器；非功能型传感器（Non Functional Fiber，NFF），又称为传光型传感器。

（1）功能型

功能型传感器（传感型）是利用光纤本身的特性把光纤作为敏感元件，被测量对光纤

内传输的光进行调制，使传输的光的强度、相位、频率或偏振态等特性发生变化，再通过对被调制过的信号进行解调，从而得出被测信号。光纤在其中不仅是导光媒质，还是敏感元件，光在光纤内受被测量调制，多采用多模光纤。传感器型光纤传感器又分为光强调制型、相位调制型、振态调制型和波长调制型等。

（2）非功能型

非功能型光纤传感器（传光型）是将经过被测对象所调制的光信号输入光纤后，通过在输出端进行光信号处理而进行测量的，常采用单模光纤。这类传感器带有另外的感光元件，对待测物理量敏感，光纤仅作为传光元件，必须附加能够对光纤所传递的光进行调制的敏感元件才能组成传感元件。

实用化的大都是非功能型的光纤传感器。变频电压传感器、变频电流传感器、变频功率传感器（一种电压、电流组合式传感器）就属于非功能型的光纤传感器，在复杂电磁环境下的电量测量中有其独到的优势。

3.1.9　光纤材料与光纤传感器的应用

现在传感器件越来越精细了，逐渐趋于智能化，在此过程中，光纤材料和光纤传感器越来越受到人们的青睐。光纤材料具有许多优异的性能，如抗电磁干扰和原子辐射性能，直径精细、质软、轻质的机械性能，绝缘、耐水性、高温电阻、耐腐蚀性的化学性质等。它可以在对人体有害的区域（如核辐射区域）工作，也可以超越人体生理边界和接收感官意识。现在光纤材料主要用于通信和图像传输、医学、结构健康监测、汽车、船舶、军事等各个方面。光纤传感器可用于位移、振动、转动、压力、弯曲、应变、速度、加速度、电流、磁场、电压、湿度、温度、声场、流量、浓度、pH 等 70 多个物理量的测量。光纤传感器的应用范围很广，几乎涉及国民经济和国防上所有重要领域和人们的日常生活，尤其可以安全有效地在恶劣环境中使用，解决了许多行业多年来一直存在的技术难题。

1. 通信领域

在通信领域，光纤材料主要用于光纤通信，属于有线通信。光经过调变后，便能携带相关信息。自 20 世纪 80 年代起，光纤通信系统对电信工业产生了革命性的影响，同时，也在数字时代里扮演非常重要的角色。光纤通信具有传输容量大、保密性好等优点。光纤通信现在已经成为最主要的有线通信方式。将需传送的信息在发送端输入发送机中，将信息叠加或调制到作为信息信号载体的载波上，然后将已调制的载波通过传输媒质传送到远处的接收端，由接收机解调出原来的信息。现代的光纤通信系统多半包括一个发射器，将电信号转换成光信号，再通过光纤将光信号传递。光纤多半埋在地下，连接不同的建筑物。系统中还包括数种光放大器，以及一个光接收器将光信号转换回电信号。在光纤通信系统中传递的多半是数字信号，来源包括电脑、电话系统，或是有线电视系统。

1977 年，美国在芝加哥首次用多模光纤成功地进行了光纤通信试验。当时 8.5 μm 波段的多模光波为第一代光纤通信系统。随即在 1981 年、1984 年及 20 世纪 80 年代中后期，光纤通信系统迅速发展到第四代。第五代光纤通信系统达到了应用的标准，实现了光波的长距离传输。

2. 土木工程领域

随着光纤传感器技术的发展，光纤传感器在土木工程领域得到了广泛的应用。光纤传感器可预埋在混凝土、碳纤维增强塑料及各种复合材料中，用于测试应力松弛、施工应力和动荷载应力，从而评估桥梁短期施工阶段和长期营运状态的结构性能。利用预先埋入的光纤传感器，可以对混凝土结构内部损伤过程中的内部应变进行测量，再根据载荷－应变关系曲线斜率，可确定结构内部损伤的形成和扩展方式。混凝土实验表明，光纤测试的载荷－应变曲线比应变片测试的线性度高。

3. 石油化工领域

石油化工行业对传感器的需求非常庞大，在石油的勘探和开发过程中，要用到大量的传感器或传感系统。在石油产品再加工过程中，也需要大量的传感器和分析仪器。石油化工行业恶劣的工作环境对传感器提出了更高的要求。井下环境具有高温、高压、易燃、易爆、化学腐蚀及电磁干扰强等特点，使得常规传感器难以在井下很好地发挥作用。然而光纤本身不带电，体小质轻，易弯曲，抗电磁干扰、抗辐射性能好，特别适合于易燃易爆、空间受严格限制及强电磁干扰等恶劣环境下使用，因此，光纤传感器在油井参数测量中发挥着不可替代的作用，它将成为可应用于油气勘探及石油测井等领域的一项具有广阔市场前景的新技术。在石油测井技术中，可以利用光纤传感器实现井下石油流量、温度、压力、振动和含水率等物理量的测量。

4. 生物医学领域

生化传感器和医学传感器都是应用环境非常特殊的传感器。医用光纤传感器目前主要是传光型的，以其小巧、绝缘、不受射频和微波干扰、测量精度高及与生物体亲和性好等优点而备受重视。目前临床上应用的压力传感器主要用来测量血管内的血压、颅内压、心内压、膀胱和尿道压力等，还可以用来测定活体组织和血液 pH。

近些年来，国际上研制医用光纤传感器方面发展迅速。尤其是日本、美国、意大利、德国、澳大利亚等国家研制出种类繁多的医用光纤传感器，有些已经取得了临床应用。例如，美国加利福尼亚大学的劳伦斯利弗莫尔实验室等单位利用远距离显微荧光测定法在活体内、外实现测量；美国艾伯特实验室索伦森研究组研制出可以测量温度、压力、血气、血流、氧饱和、pH、二氧化碳分压、血糖参数的传感器；日本大阪大学研制出激光多普勒流速计；德国哥丁根中心生理学及病理学院心脏病学实验室用双光纤系统在活体内测量冠状动脉血流量等。

5. 航空航天领域

光纤传感器在航空航天领域的主要应用有航天器的健康诊断和航天器的智能导航。其中，航空航天结构的健康诊断意味着航天器和航空器设计、制造、维护及飞行控制等观念的更新，尤其是针对目前采用传统传感技术尚无法解决的问题，如航天器的烧蚀、区域内局部应变和应力的实时监测，以及结合特种材料（如形状记忆合金等）实现自修复，满足现代测试的区域化、多点、多参量和高分辨率测量，以及网络化的发展。目前已报道的用于航空航天领域的光纤传感器主要有以下几个类型：激光与光纤陀螺、航天飞行器姿态控制、自主定位导航、航空航天飞行器制导与控制和信息集成、智能材料与结构等。

6. 电力传输领域

电力系统网络结构复杂、分布面广，在高压电力线和电力通信网络上存在着各种各样的隐患。因此，对系统内各种线路、网络进行分布式监测显得尤为重要。电力系统电缆种类繁多，加之我国地域广阔，各地环境差异很大，所以电缆的环境也很复杂，其中温度和应力是影响电缆性能的主要环境因素。因此，对电缆所处温度和应力情况进行监测，对电缆的故障预警及维护意义深远。测量沿光纤长度方向的布里渊散射光的频移和强度，可得到光纤的温度和应变信息，且传感距离较远，所以有深远的工程研究价值。由于电类传感器易受电磁场的干扰，无法在高压场合中使用，只能用光纤传感器。光纤传感器在电力系统中主要用于电参数测量、系统中电量量值传递及计量检定、虚拟仪器、网络化仪器、电能计量技术仪器、电气设备在线监测、高压电气设备现场测试、电气绝缘局部放电测试、谐波影响测试及分析、变压器绕组变形测试及绝缘油色谱分析等。联系我国南方地区所遭受到的雪灾来考虑，如果能在高压电缆上并行地铺设传感光缆，对电力系统电缆、铁塔等设施的温度、压力等参量进行实时测量，就能够做到及时排险，从而尽可能减少经济损失。可见，光纤传感器在电力系统将具有广泛的应用前景。

7. 国防及安全领域

由于光纤传感器所具有的独特优越性，它在国防领域的应用越来越广泛，主要用于导航和安全防卫、水声探潜、姿态控制、智能蒙皮及战场环境（电磁环境、生化环境等）的探测等。目前，光纤陀螺已开始用于飞机、导弹等的导航系统中；光纤水听器是一种新型的声呐器件，由于它的高灵敏度和宽频带等特点，在有些领域有可能取代压电陶瓷构成的水听器，是海防不可或缺的传感器；用光纤构成的安全防卫系统，则是目前正在开发的一种新型防卫系统，可用于边境、重要军事地区等的安全警戒；光纤辐射传感器则是对核辐射安全监测和报警的先进系统；分布式光纤温度传感系统则是重要场所火灾报警的先进监测手段；多点气体光纤传感系统则可用于有害气体的监测。现在正在开发用于舰艇变形、腐蚀和有害气体监测的光纤传感系统。

现代反恐斗争要求在提高警察战斗技能的同时，提前发现意外情况的发生部位，及时投入力量。因此，要求警察能够对威胁安全的事件进行实时监测和精确定位，迅速控制威胁事件的发生。在这些技术措施中，光纤安全防范系统将起到非常重要的作用。光纤安全防范系统随着光电子技术和光纤传感器技术的发展，越来越受到世界各国的重视。澳大利亚、美国、韩国和以色列等国都已经拥有此类技术。

现代战争对武器装备提出了越来越高的要求，各种精确制导武器、导航系统、导弹防御系统得到广泛的应用，这些武器装备已经成为高精度、高稳定性的光电传感器的重要应用领域。精确制导武器是机动部队指挥官在未来战场上快速完成部队部署，获取成功的关键。所有的精确制导武器都需要带有惯导测量传感器，军事领域中高精度的姿态传感器目前仍然是光学传感器的天地，其中主要是激光陀螺和光纤陀螺。

未来武器平台的作战要求武器结构不仅具有承载功能，还能感知和处理内外部环境信息，并通过改变结构的物理性质使结构发生形变，对环境做出响应，实现自诊断、自适应、自修复等多种功能。美国弹道导弹防御局目前正在为未来的弹道导弹监视和预警卫星研究在复合材料蒙皮中植入核爆光纤传感器、X 射线光纤传感器等多种传感器，对来自不同地方的多种威胁进行实时监测和预警。

3.2　形状记忆材料

　　人类作为一种高等智慧生物，有着超强的智力和记忆能力。当然，动物也有一定的智力和记忆能力。每个人理所当然地会记住各种有用的事情。长相、名字、住址、名人面孔、家庭成员生日，也许还会说一两种外语。然而，人们惊奇地发现没有生命的材料也具有记忆能力，只不过它们的记忆能力是有条件的，这就是形状记忆材料。形状记忆材料是一种集感知和驱动于一体的特殊功能材料。普通金属材料制作而成的勺子总是保持一种形状，用钳子把勺子掰弯，它就变成面目全非的金属片。但是如果这只勺子是用记忆合金做的，那么勺子的形状记忆不会消失。如果再次加热，它会神奇地变成原来形状。形状记忆神奇材料最广为人知的应该是牙齿矫正丝和可以恢复原状的眼镜支架。

3.2.1　形状记忆效应

1. 形状记忆材料

　　形状记忆材料是指能够感知环境的变化（如温度、力、电磁、溶剂等）的刺激，并响应这种变化，对其力学参数（如形状、位置、应变等）进行调整，从而恢复到起初预定状态的材料。它也被人们称为拥有"大脑"的材料和"永不忘本"的材料。

2. 形状记忆效应

　　具有一定形状（初始形状）的固体材料，在某一低温状态下经过塑性变形（另一形状）后，加热到这种材料固有的某一临界温度以上时，材料又恢复到初始形状，这种效应称为形状记忆效应。例如，在高温时将处理成一定形状的金属急速冷却，在低温相状态下经塑性变形为另一种形状，然后加热到高温相成为稳定状态的温度时，通过马氏体逆相变会恢复到低温塑性变形前的形状。

3. 形状记忆效应的分类

　　一般来说，形状记忆效应可以分为三类。

　　（1）单程记忆效应

　　形状记忆合金（Shape Memory Alloy，SMA）在较低的温度下变形，加热后可恢复变形前的形状，这种只在加热过程中存在的形状记忆现象称为单程记忆效应。

　　（2）双程记忆效应

　　某些合金加热时恢复高温相形状，冷却时又能恢复低温相形状，称为双程记忆效应。

　　（3）全程记忆效应

　　加热时恢复高温相形状，冷却时变为形状相同而取向相反的低温相形状，称为全程记忆效应。

4. 形状记忆机理

　　形状记忆材料的发现是从发现形状记忆合金开始的。大部分形状记忆合金通过马氏体相变而呈现形状记忆效应。

形状记忆合金是通过热弹性与马氏体相变及其逆变而具有形状记忆效应的，由两种以上金属元素所构成的金属材料。形状记忆合金是目前形状记忆材料中形状记忆性能最好的材料。形状记忆合金具有形状记忆效应，以形状记忆合金制成的弹簧为例，把这种弹簧放在热水中，弹簧的长度立即伸长，再放到冷水中，它会立即恢复原状。

许多形状记忆合金系统中存在两种不同的结构状态，高温时称为奥氏体，是一种面心立方晶体结构，而低温时称为马氏体，是对称性的单斜晶体结构。

（1）马氏体与马氏体相变

马氏体是黑色金属材料的一种组织名称，是碳在 $\alpha - Fe$ 中的过饱和固溶体。最先由德国冶金学家马腾斯（Adolf Martens，1850—1914）于19世纪90年代在一种硬矿物中发现。

马氏体相变是指金属材料由高温奥氏体（面心立方相）转变为低温马氏体（体心立方相或体心四角相）的无扩散性相变。远在战国和西汉，我国已将钢剑加热（呈面心立方结构的奥氏体状态），然后淬火（在一定介质中快冷），使剑可以"削铁如泥"。这个淬火过程是由高温面心立方相奥氏体转变为低温体心立方相或体心正方相马氏体的相变过程。这个相变属于结构改变型形变，即材料由一种晶体结构改变为另一种晶体结构。

在无机物里常见的立方晶格有三种，如图3.12所示，一种是简单立方；一种是在简单立方的立方体的中心各插入一个粒子，这是体心立方；还有一种是简单立方的每个面的中心各插入一个粒子，这是面心立方。

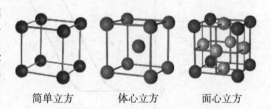

简单立方　　体心立方　　面心立方

图3.12　无机物里常见的立方晶格

常见马氏体组织有两种类型。中低碳钢淬火获得板条状马氏体，板条状马氏体是由许多束尺寸大致相同、近似平行排列的细板条组成的组织，各束板条之间角度比较大；高碳钢淬火获得针状马氏体，针状马氏体呈竹叶或凸透镜状，针叶一般限制在原奥氏体晶粒之内，针叶之间互成60°或120°角。

马氏体转变同样是在一定温度范围内（$M_s \sim M_z$）连续进行的，当温度达到 M_s 点以下时，立即有部分奥氏体转变为马氏体。板条状马氏体有很高的强度和硬度、较好的韧性，能承受一定程度的冷加工；针状马氏体又硬又脆，无塑性变形能力。马氏体转变速度极快，转变时产生膨胀，在钢丝内部形成很大的内应力，所以淬火后的钢丝需要及时回火，防止应力开裂。

马氏体最初是在钢（中、高碳钢）中发现的，将钢加热到一定温度（形成奥氏体）后经迅速冷却（淬火），得到的能使钢变硬、增强的一种淬火组织。1895年，法国人奥斯蒙（F. Osmond）为纪念德国冶金学家马滕斯，把这种组织命名为马氏体（Martensite）。人们最早只把钢中由奥氏体转变为马氏体的相变称为马氏体相变。20世纪以来，对钢中马氏体相变的特征累积了较多的知识，又相继发现在某些纯金属和合金中也具有马氏体相变，如 Ce、Co、Hf、Hg、La、Li、Ti、Tl、Pu、V、Zr 和 Ag – Cd、Ag – Zn、Au – Cd、Cu – Al、Cu – Sn、Cu – Zn、In – Tl、Ti – Ni 等。目前广泛地把基本特征属马氏体相变型的相变产物统称为马氏体。

(2) 马氏体的形态特征

马氏体的三维组织形态通常有片状 (plate) 或者板条状 (lath)。片状马氏体在金相观察中通常表现为针状 (needle – shaped)，这也是在一些地方通常描述为针状、竹叶状的原因；板条状马氏体在金相观察中为细长的条状或板状。奥氏体中含碳量 ≥1% 的钢淬火后，马氏体形态为针片状马氏体，当奥氏体中含碳量 ≤0.2% 的钢淬火后，马氏体形状基本为板条马氏体。马氏体的晶体结构为体心四方 (BCT) 结构。中高碳钢加速冷却通常能够获得这种组织。高的强度和硬度是钢中马氏体的主要特征之一，同时马氏体的脆性也比较高。

(3) 马氏体的形成性能

马氏体相变与其他相变一样，具有可逆性。当冷却时，由高温母相变为马氏体相，称为冷却相变，用 M_s、M_f 分别表示马氏体相变开始与终了的温度。图 3.13 说明了加热时发生马氏体逆变为母相的过程。该逆相变的起始和终止温度分别用 A_s 与 A_f 表示。

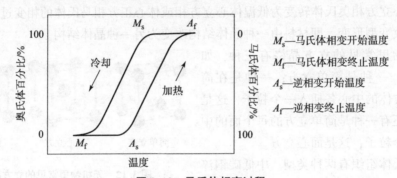

M_s—马氏体相变开始温度

M_f—马氏体相变终止温度

A_s—逆相变开始温度

A_f—逆相变终止温度

图 3.13　马氏体相变过程

当温度下降到 M_s 点时，合金的电阻随温度的变化呈偏离线性下降的直线，表明马氏体开始形成；温度降低到 M_f 点以下时，合金的电阻随温度的变化又呈线性下降的直线，表明母相完全转变为马氏体。类似地，将合金从低于 M_f 点的温度加热到 A_s 点时，开始逆转变为母相，加热到 A_f 点时，马氏体完全转变为母相。

一般材料的相变温度滞后 $(A_s - M_s)$ 非常大，如 Fe – Ni 合金约 400 ℃。各个马氏体片几乎在瞬间就达到最终尺寸，一般不会随温度降低而再长大。在记忆合金中，相变滞后程度小，如 Au – 47.5Cd (原子分数) 合金的相变滞后仅为 15 ℃。冷却过程中形成的马氏体会随着温度变化而继续长大或收缩，母相与马氏体相的界面随之进行弹性式的推移。

马氏体由奥氏体急速冷却 (淬火) 形成，这种情况下奥氏体中固溶的碳原子没有时间扩散出晶胞。当奥氏体到达马氏体转变温度 (M_s) 时，马氏体转变开始产生，母相奥氏体组织开始不稳定。在 M_s 以下某温度保持不变时，少部分的奥氏体组织迅速转变，但不会继续。只有当温度进一步降低时，更多的奥氏体才转变为马氏体。最后，温度到达马氏体转变结束温度 M_f，马氏体转变结束。马氏体还可以在压力作用下形成，这种方法通常用在硬化陶瓷上 (氧化钇、氧化锆) 和特殊的钢种 (高强度、高延展性的钢)。因此，马氏体转变可以通过热量和压力两种方法进行。

马氏体和奥氏体的不同在于，马氏体是体心正方结构，奥氏体是面心立方结构。奥氏体向马氏体转变仅需很少的能量，因为这种转变是无扩散位移型的，仅仅是迅速和微小的原子重排。马氏体的密度低于奥氏体，所以转变后体积会膨胀。相对于转变带来的体积改变，这种变化引起的切应力、拉应力更需要重视。

马氏体在 Fe－C 相图中没有出现，因为它不是一种平衡组织。平衡组织的形成需要很慢的冷却速度和足够时间的扩散，而马氏体是在非常快的冷却速度下形成的。由于化学反应（向平衡态转变）温度高时会加快，马氏体在加热情况下很容易分解。这个过程叫作回火。在某些合金中，加入合金元素会减少这种马氏体分解。例如，加入合金元素钨，形成碳化物强化机体。由于淬火过程难以控制，很多淬火工艺通过淬火后获得过量的马氏体，然后回火来减少马氏体含量，直到获得合适的组织，从而达到性能要求。马氏体太多将使钢变脆，马氏体太少会使钢变软。

4. 马氏体的机械力学性能

众所周知，马氏体是强化钢件的重要手段，并且一般认为，马氏体是一种硬而脆的组织，尤其是高碳片状马氏体。要想提高淬火钢的塑性和韧性，必须用提高回火温度的方法，牺牲部分强度而换取韧性，就是说强度和塑性很难兼得。但是近年来的研究工作表明，这种观点只适用于片状马氏体，板条状马氏体不是这样，板条状马氏体不但具有很高的强度，而且具有良好的塑性和韧性，同时还具有低的脆性转变温度，其缺口敏感性和过载敏感性都较低。

（1）马氏体的硬度和强度

钢中马氏体力学性能的显著特点是具有高硬度和高强度。马氏体的硬度主要取决于马氏体的碳质量分数。马氏体的硬度随碳质量分数的增加而升高，当碳质量分数达到 0.6% 时，淬火钢硬度接近最大值，碳质量分数进一步增加，虽然马氏体的硬度会有所提高，但残余奥氏体数量增加，反而使钢的硬度有所下降。合金元素对钢的硬度影响不大，但可以提高其强度。

马氏体具有高硬度和高强度的原因是多方面的，其中主要包括固溶强化、相变强化、时效强化及晶界强化等。

①固溶强化。过饱和的间隙原子碳在 α 相晶格中造成晶格的正方畸变，形成一个强烈的应力场。该应力场与位错发生强烈的交换作用，阻碍位错的运动，从而提高马氏体的硬度和强度。

②相变强化。马氏体转变时，在晶格内造成晶格缺陷密度很高的亚结构，如板条马氏体中高密度的位错、片状马氏体中的孪晶等，这些缺陷都阻碍位错的运动，使得马氏体强化。这就是所谓的相变强化。实验证明，无碳马氏体的屈服强度约为 284 MPa，此值与形变强化铁素体的屈服强度很接近，而退火状态铁素体的屈服强度仅为 98 ~137 MPa，这就说明相变强化使屈服强度提高了 147 ~ 186 MPa。

③时效强化。时效强化也是一个重要的强化因素。马氏体形成以后，由于一般钢的 M_s 大都在室温以上，因此，在淬火过程中及在室温停留时，或在外力作用下，都会发生自回

火。即碳原子和合金元素的原子向位错及其他晶体缺陷处扩散偏聚或碳化物的弥散析出，钉轧位错，使位错难以运动，从而造成马氏体的时效强化。

④晶界强化。原始奥氏体晶粒大小及板条马氏体束的尺寸对马氏体强度也有一定影响。原始奥氏体晶粒越细小、马氏体板条束越小，则马氏体强度越高。这是由相界面阻碍位错的运动造成的马氏体强化。

（2）马氏体的塑性和韧性

马氏体的塑性和韧性主要取决于马氏体的亚结构。片状马氏体具有高强度、高硬度，但韧性很差，其特点是硬而脆。在具有相同屈服强度的条件下，板条马氏体比片状马氏体的韧性好很多，即在具有较高强度、硬度的同时，还具有相当高的韧性和塑性。其原因是在片状马氏体中孪晶亚结构的存在大大减少了有效滑移系；同时，在回火时，碳化物沿孪晶不均匀析出，使脆性增大；此外，片状马氏体中碳质量分数高，晶格畸变大，淬火应力大，以及存在大量的显微裂纹也是其韧性差的原因。而板条马氏体中碳质量分数低，可以发生"自回火"，且碳化物分布均匀；其次，在胞状位错亚结构中，位错分布不均匀，存在低密度位错区，为位错提供了活动余地，位错运动能缓和局部应力集中。

近年来大量的研究工作表明，有关使马氏体强度高的原因是很多的，如碳原子的固溶强化、相变强化及时效强化等，其中碳原子强化起主要作用，并且马氏体中固溶的碳越多，强度也越高，所以马氏体有很高的强度；但韧性的变化却随马氏体中含碳量的增加而下降，当马氏体含碳量很高（大于0.6% C）时，即使经过低温回火，韧性也很低。为了弄清楚影响韧性的原因，可通过实验来研究马氏体亚结构和韧性的关系。将含碳量为0.35%的碳钢淬火后，得到位错型的板条状马氏体，其强度和韧性都比较高，为了改变其亚结构，在该种钢中加入铬元素，随着铬含量的增加，马氏体的亚结构由位错型向孪晶型转化，即孪晶型马氏体数量逐渐增加，位错型马氏体数量逐渐减少，经测定，其断裂韧性 KIC 逐渐降低，并且发现，在屈服强度相同的条件下，亚结构为位错型的马氏体的断裂韧性高于亚结构为孪晶型的马氏体的断裂韧性。经过回火后，仍然是位错型的马氏体的断裂韧性高于孪晶型马氏体的断裂韧性。这个规律已用大量的实验得到了证实。断裂韧性值位错型马氏体比孪晶型马氏体高3倍，而马氏体的韧性主要取决于马氏体的亚结构。亚结构为位错型的马氏体韧性高，而孪晶型马氏体的韧性低，这是因为位错型马氏体有一定的塑性变形能力，可以缓冲矛盾。而孪晶型马氏体不能发生塑性变形，另外，由于孪晶面的存在，在回火时碳化物沿孪晶面析出，造成碳的分布不均匀，因而使片状马氏体很脆。

5. 形状记忆效应的晶体结构变化

从微观来看，形状记忆效应是晶体结构的固有变化规律。通常金属合金在固态时，原子按照一定规律排列起来，而形状记忆合金的原子排列规律是随着环境条件的改变而改变的。形状恢复的推动力是由在加热温度下母相和马氏体相的自由能之差产生的，奥氏体－马氏体相变过程晶体结构变化如图 3.14 所示。

形状记忆效应与其组织变化有关，这种组织变化就是马氏体相变。形状记忆合金应具备以下三个条件：

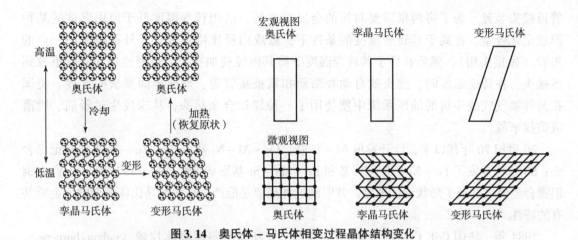

图 3.14 奥氏体 - 马氏体相变过程晶体结构变化

①马氏体相变是热弹性类型的；

②马氏体相变通过孪生（切变）完成，而不是通过滑移产生；

③母相和马氏体相均属有序结构。

3.2.2 形状记忆材料的发现和发展

1932 年，瑞典人奥兰德在金镉合金中首次观察到"记忆"效应，即合金的形状被改变之后，一旦加热到一定的跃变温度，它又可以魔术般地变回原来的形状，人们把具有这种特殊功能的合金称为形状记忆合金。记忆合金在各领域的特效应用正广为世人瞩目，被誉为"神奇的功能材料"。

1938 年，哈佛大学的研究人员在一种铜锌合金中发现，随温度的升高或降低，其形状逐渐增大或缩小，但当时并未引起人们的重视。1951 年，美国里德等人在金镉合金的研究中发现了该合金的形状记忆效应，随后在钢钛合金中也发现了形状记忆效应。同年，应用光学显微镜观察到，Au－Cd 合金中，低温马氏体相和高温母相之间的界面，随着温度下降，向母相推移（母相→马氏体），随着温度上升，又向马氏体推移（逆相变：马氏体→母相），这是最早观察到形状记忆效应的极端例子，但没有命名，也没有引起功能应用的重视。

1962 年，美国海军军械研究所成员研究镍钛合金时，无意发现被弯曲的镍钛合金丝靠近雪茄火焰的部分自己伸直了。1963 年，美国海军军械研究所的比勒在研究工作中发现，在高于室温较多的某温度范围内，把一种镍钛合金丝烧成弹簧，然后在冷水中把它拉直或铸成正方形、三角形等形状，再放在 40 ℃ 以上的热水中，该合金丝就恢复成原来的弹簧形状。后来陆续发现，某些其他合金也有类似的功能。这一类合金被称为形状记忆合金。每种以一定元素按一定质量比组成的形状记忆合金都有一个转变温度；在这一温度以上将该合金加工成一定的形状，然后将其冷却到转变温度以下，人为地改变其形状后，再加热到转变温度以上，该合金便会自动恢复到原先在转变温度以上加工成的形状。

1964 年，布赫列等人发现 Ni－Ti 合金具有优良的形状记忆性能，并研制出实用的形状记忆合金 Nitinol。

1969 年，镍钛合金的形状记忆效应首次在工业上应用。人们采用了一种与众不同的管道接头装置。为了将两根需要对接的金属管连接，选用转变温度低于使用温度的某种形状记忆合金，在高于其转变温度的条件下，做成内径比待对接管子外径略微小一点的短管（做接头用），然后在低于其转变温度下将其内径稍加扩大，再把连接好的管道放到该接头，在转变温度时，接头就自动收缩而扣紧被接管道，形成牢固紧密的连接。美国在某种喷气式战斗机的油压系统中便使用了一种镍钛合金接头，从未发生过漏油、脱落或破损事故。

20 世纪 70 年代以来，已开发出 Ni – Ti 基、Cu – Al – Ni 基和 Cu – Zn – Al 基形状记忆合金；80 年代开发了 Fe – Ni – Co – Ti 基和 Fe – Mn – Si 基形状记忆合金。1973 年，人们在铜铝镍合金中也发现了形状记忆现象，并明确这种现象是能产生热弹性马氏体相变的合金所共有的特性。

1984 年，法国 CdF Chimie 公司开发出了一种新型材料聚降冰片烯（polynorbornene），该材料的相对分子质量很高（300 万以上），是一种典型的热致型形状记忆聚合物。

1988 年，日本的可乐丽公司合成出了形状记忆聚异戊二烯。同年，日本三菱重工开发出了由异氰酸酯、多元醇和扩链剂三元共聚而成的形状记忆聚合物 PUR（聚氨酯）。

1989 年，日本杰昂公司开发出了以聚酯为主要成分的聚酯 – 合金类形状记忆聚合物。

科学家在镍钛合金中添加其他元素，进一步研究开发了钛镍铜、钛镍铁、钛镍铬等新的镍钛系形状记忆合金；除此以外，还有其他种类的形状记忆合金，如铜镍系合金、铜铝系合金、铜锌系合金、铁系合金（Fe – Mn – Si、Fe – Pd）等。

3.2.3　形状记忆材料的种类

形状记忆材料通常包括形状记忆合金、形状记忆陶瓷和形状记忆聚合物（形状记忆高分子材料）。

1. 形状记忆合金

具有形状记忆效应的合金称为形状记忆合金。它是通过热弹性与马氏体相变及其逆相变而具有形状记忆效应的由两种以上金属元素所构成的材料。

一般来说，给金属施加外力使它变形，之后取消外力或改变温度，金属通常不会恢复原形；而形状记忆合金在外力作用下虽会产生变形，但当把外力去掉后，在一定的温度条件下，能恢复原来的形状，它具有百万次以上的恢复功能。形状记忆合金的主要性能有：

①机械性质优良，能恢复的形变可高达 10%（一般金属材料 <0.1%）。

②加热时产生的回复应力非常大，可达 500 MPa。

③可感受温度、外力变化并通过调整内部结构来适应外界条件——对环境刺激的自适应性。

形状记忆合金是目前形状记忆材料中记忆性能最好的材料。迄今为止，人们发现具有形状记忆的合金有 50 多种。按照合金组成和相变特征，具有较完全形状记忆效应的合金可分为三大系列：钛镍（Ti – Ni）系、铜基系、铁基系三大类。目前已实用化的形状记忆合金以 Ti – Ni 系合金和铜基系合金为主。它们的重要性能见表 3.1。

表 3.1　部分形状记忆合金性能比较

性能	Ni－Ti	Cu－Zn－Al	Cu－Al－Ni	Fe－Mn－Si
熔点/℃	1 240～1 310	950～1 020	1 000～1 050	1 320
密度/(kg·m^{-3})	6 400～6 500	7 800～8 000	7 100～7 200	7 200
电阻率/(10^{-6} Ω)	0.5～1.10	0.07～0.12	0.1～0.14	1.1～1.2
热导率/[W·(m·℃)$^{-1}$]	10～18	120(20 ℃)	75	—
热膨胀系数(10^{-6}℃$^{-1}$)	10(奥氏体) 6.6(马氏体)	16～18 (马氏体)	16～18 (马氏体)	15～16.5
比热容[(J·(kg·℃)$^{-1}$)]	470～620	390	400～480	540
热电势/(10^{-6} V·℃$^{-1}$)	9～13(马氏体) 5～8(奥氏体)	—	—	—
相变热/(J·kg^{-1})	3 200	7 000～9 000	7 000～9 000	—
E 模数/GPa	98	70～100	80～100	—
屈服强度/MPa	150～300(马氏体) 200～800(奥氏体)	150～300	150～300	—
抗拉强度(马氏体)/MPa	800～1 100	700～800	1 000～1 200	700
延伸率(马氏体)/(% 应变)	40～50	10～15	8～10	25
疲劳极限/MPa	350	270	350	—
晶粒大小/μm	1～10	50～100	25～60	—
转变温度/℃	−50～100	−200～170	−200～170	−20～230
滞后大小(As－Af)/℃	30	10～20	20～30	80～100
上限加热温度(1 h)/℃	400	160～200	300	—
阻尼比	15	30	10	—
恢复应力/MPa	400	200	—	190

（1）Ti－Ni 基系形状记忆合金

其具有丰富的相变现象、优异的形状记忆和超弹性性能、良好的力学性能、耐腐蚀性和生物相容性及高阻尼特性，是当前研究得最全面、记忆性好、实用性强、应用最为广泛的形状记忆材料，其应用范围涉及航天、航空、机械、电子、建筑、生物医学等领域。

Ti－Ni 形状记忆合金有 3 种金属化合物：TiNi$_2$、Ti$_2$Ni、TiNi（高温相为体心立方晶体 B$_2$，低温相为复杂的长周期堆垛结构，属于单斜晶体）。Ti－Ni 形状记忆合金耐腐蚀、疲劳、磨损，生物相容性好，是目前唯一作为生物医学材料的形状记忆合金。在 Ti－Ni 合金中添加少量的第三元素，将会引起合金中马氏体内部的显微组织发生显著变化，同时可能导致马氏体的晶体结构发生改变，宏观上表现为相变温度点的升高或降低。升高相变温度的元素有 Au、Pt、Pd（钯）和 Zr（锆）；降低相变温度的元素有 Fe、Al、Cr（铬）、Co、Mn、

V、Nb 和 Ce（铈）等。

近年来，高温热敏器件大量应用，为此开发出 $TiNi_{1-x}R_x$（R = Au、Pt、Pd 等）和 $Ti_{1-x}NiM_x$（M = Zr 等）系列高温记忆合金。例如，Ti – Ni – Nb 或 Ti – Pd 合金的 M_s 点可达 200～500 ℃，而 Ti – Ni – Pt 或 Ti – Pt 合金的 M_s 点可达 200～1 000 ℃。

（2）铜基系形状记忆合金

在提出形状记忆效应概念之前，20 世纪 30 年代发现 CuZn 合金中马氏体随温度升降而呈现消长现象，这就是热弹性马氏体相变。

20 世纪 50 年代末，Kurdjumov 在 Cu – 14.7Al – 1.5Ni 合金中证实了这类相变。而铜基材料中的形状记忆效应大多在 70 年代以后发现。

尽管铜基合金的某些特性不及 NiTi 合金，但由于其加工容易，成本低廉（只及 NiTi 的 1/10），依然受到大批研究者的青睐。在已发现的形状记忆材料中，铜基合金占的比例最多，它们的一个共同点是母相均为体心立方结构，特称之为 β 相合金。

铜基系形状记忆合金种类比较多，主要包括 Cu – Zn – Al、Cu – Zn – Al – X（X = Mn、Ni），以及 Cu – Al – Ni、Cu – Al – Ni – X（X = Ti、Mn）和 Cu – Zn – X（X = Si、Sn、Au）等系列。铜基系合金只有热弹性马氏体相变，比较单纯，在铜基系形状记忆合金中，以 Cu – Zn – Al 和 Cu – Al – Ni 合金的性能较好，近年来又发展了 Cu – Al – Mn 系列。

铜基系形状记忆合金具有记忆性能衰退现象。铜基系合金的形状记忆效应明显低于 Ti – Ni 合金，形状记忆稳定性差，表现出记忆性能衰退现象。这种衰退可能是由于马氏体转变过程中产生范性协调和局部马氏体变体产生"稳定化"所致。逆相变加热温度越高、载荷越大，衰退速率越快。改善铜基系合金的循环特性，提高记忆性能，可采取以下措施。

①加入适量稀土和 Ti、Mn、V、B 等元素（细化晶粒，提高滑移形变抗力）。

②微晶铜基系形状记忆合金（采用粉末冶金和快速凝固法等）。

（3）铁基系形状记忆合金

继 Ti – Ni 和铜基系以后，20 世纪 70 年代以来，在许多铁基合金中发现了形状记忆效应。

铁基形状记忆合金分为以下三类。

①面心立方 γ→体心正方（四角）α′（薄片状马氏体）驱动，如 Fe – Ni – C、Fe – Ni – Ti – Co 和 Fe – Pt（母相有序）。

②面心立方 γ→密排六方 ε 马氏体呈现形状记忆效应，如 Fe – Cr – Ni 和 Fe – Mn – Si 基合金。

③面心立方 γ→面心正方（四角）马氏体（薄片状），如 Fe – Pd 和 Fe – Pt。

铁基合金的形状记忆效应，既有通过热弹性马氏体相变来获得，也有通过应力诱发 ε 马氏体相变（非热弹性马氏体）而产生形状记忆效应。例如，Fe – Mn – Si 合金经淬火处理所得的马氏体为非热弹性马氏体，属应力诱导型记忆合金。其双程记忆效应甚小，用于单程形状记忆。价格较低、易加工，是铁基系中工业应用的首选材料。

（4）形状记忆合金的特性

形状记忆合金是一类能够记忆其初始形状的合金材料，它同时具有传感和驱动功能，是一种典型的智能材料。形状记忆合金具有两种特殊的宏观力学性能，即形状记忆效应和超弹性。形状记忆合金可恢复的应变量和达到 7%~8%，比一般金属材料要高得多，对于一般金属材料来说，这样大的变形量早就发生永久变形了。形状记忆合金在马氏体状态比较软，屈服强度也比母相奥氏体低得多，且含有许多孪晶，一旦给它施加外力，就容易变形，此时产生的变形与一般金属的塑性变形不同，其原子结构并没有发生变化。形状记忆合金除了具有形状记忆效应外，还有一些其他比较重要的性能。

①非线性：形状记忆效应的非线性主要是指形状记忆合金在拉伸作用下，合金的加热与冷却曲线并不重合，从而形成迟滞。如果加热与冷却曲线不存在重合部分，则成为主迟滞，如图 3.15 所示。如果加热与冷却曲线存在部分重合，则称为次迟滞。经历多次部分热循环后，迟滞会发生移动。

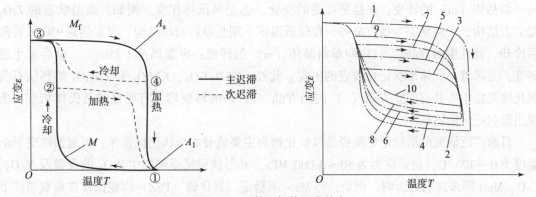

图 3.15　形状记忆的迟滞效应

②超弹性：在高于 A_f 点、低于 M_s 点的温度下施加外应力时，产生应力诱发，马氏体相变，卸载就产生逆相变，应变完全消失，回到母相状态，表观上呈现非线性拟弹性应变，这种现象称为超弹性。

③高阻尼特性：形状记忆合金在低于 M_s 点的温度下进行热弹性马氏体相变，生成大量马氏体变体（结构相同、取向不同），变体间界面能和马氏体内部孪晶界面能都很低，易于迁移，能有效地衰减振动、冲击等外来的机械能，因此阻尼特性特别好。

④耐磨性：在形状记忆合金中，Ti – Ni 合金在高温（CsCl 型体心立方结构）状态下同时具有很好的耐腐蚀性和耐磨性，可用作在化工介质中接触滑动部位的机械密封材料，原子能反应堆中用作冷却机械密封件。

⑤逆形状记忆特性：将 Cu – Zn – Al 记忆合金在 M_s 点上下的很小温度范围内进行大应变量变形，然后加热到高于 A_f 点的温度时形状不完全回复，但再加热到高于 200 ℃，却逆向回复到变形后的形状，称为逆形状记忆特性。

从形状记忆合金的特性来看，形状记忆合金较适合在低频信号和大变形作用条件下使用。制造过程中温度不能太高，否则，会影响其记忆特性。同时，形状记忆合金的响应特性较慢（几秒钟），不适用于实时控制。

对于智能结构来说，在设计要求（包括结构在工作条件下的静态、振动、冲击载荷、环境温度、作动行程、作动次数等）确定后，为了设计出高性能、高可靠性的形状记忆合金智能结构，一般需要对选用的形状记忆合金进行相变温度、基本力学性能、力学性能衰减等方面的材料性能测试，通过测试获得的数据来选用合适的形状记忆合金，进而设计形状记忆合金智能结构。如果材料性能不满足设计要求，还需要采取合适的热处理工艺来改善形状记忆合金的性能，以满足智能结构的需求。

2. 形状记忆陶瓷

陶瓷材料具有许多优良的物理性质，尤其是功能陶瓷的大量涌现，在许多应用中显示出奇特优异的性能。但陶瓷材料不能在室温下进行塑性加工，其性质硬脆，因而限制了它的许多应用。如果陶瓷材料具有形状记忆特性，则为陶瓷的成型加工开辟一条新的途径。

近些年来，某些陶瓷和无机化合物的位移与马氏体相变已得到公认。研究表明，二氧化锆陶瓷中，无论是应力还是热力学，由于相变塑性和韧化的存在，都能激发四方晶体（t）向单斜晶体（m）的转变，并且是可逆的变化，也是马氏体相变。例如，高温状态的 ZrO_2 是立方结构，中温状态为四方晶体，在较低温度下则是单斜对称结构。当加热到 950 ℃ 并随后冷却，就发生四方晶体（t）向单斜晶体（m）的转变；再加热至 1 150 ℃，就会发生逆转变，意味着马氏体形状记忆效应的出现。此外，在 $BaTiO_3$、$KNbO_3$ 和 $PbTiO_3$ 等钙钛石类氧化物陶瓷中所共有的立方晶（c）向四方晶（t）系的转变均具有明显的马氏体相变，表现出形状记忆的特征。

目前广泛研究的形状记忆陶瓷是以氧化物为主要成分的形状记忆元件。引起塑性变形的温度为 0～300 ℃，负荷应力为 50～3 000 MPa，其形状记忆受陶瓷中 ZrO_2 的含量及 Y_2O_3、CaO、MgO 等添加剂的影响。例如，将 Mg – 半稳定二氧化锆（PSZ）陶瓷试样在负载条件下冷却到小于等于 M_s 点，变形开始；再加热到 A_s 点，形状开始恢复；温度达到 A_f 点，变形完全恢复。表明这类陶瓷具有形状记忆效应。此外，调整化学成分，可以控制操作温度。这类形状记忆陶瓷材料可能成为能量储存执行元件和特种功能材料。

在陶瓷体系中，已发现有两种产生形状记忆效应的机制：一种是黏弹性机制导致的形状恢复，另一种是和合金相类似的与马氏体相变及其拟相变有关的形状记忆。其中的马氏体相变可以是热诱发的、应力诱发的或外电场（磁场）诱发的。

目前广泛研究的形状记忆陶瓷是以氧化锆为主要成分的形状记忆元件。二氧化锆陶瓷中，无论是应力还是热力学，都能激发四方晶体 t 向单斜晶体 m 的转变，并且是可逆的变化，属于马氏体相变。

三种迄今为止具有 t – m 相变增韧作用的经典 ZrO_2 基陶瓷有：PSZ：部分稳定的四方氧化锆，通过在 ZrO_2 中加入适量的稳定剂，如 MgO、Y_2O_3、CeO_2、CaO 等，使部分立方相和四方相保留到室温而得到。TZP：四方氧化锆多晶，全部四方相保留至室温而得到。ZDC：氧化锆弥散陶瓷，把增韧的 ZrO_2 均匀分散地加入其他陶瓷（如 Al_2O_3）中，构成的复合相陶瓷，又称为 ZrO_2 增韧的 Al_2O_3 陶瓷（ZTA）。

3. 形状记忆聚合物（形状记忆高分子材料）

形状记忆高分子（Shape Memory Polymer，SMP）就是在一定条件下被赋予一定的形状（起始态）。当外部条件发生变化时，如施加一定热、光照、通电、化学处理等刺激后，它可相应地改变形状，并将其固定（变形态）。如果外部环境以特定的方式和规律再一次发生变化，它便可逆地恢复至起始态。至此，完成"起始态—固定变形态—恢复起始态"的循环。

与形状记忆合金或陶瓷相比，形状记忆高分子材料具有诸多优点：

①可以响应不同形式的外界刺激。例如热、光、磁等，也可以同时响应多个刺激。

②更灵活的可赋型性能。可以赋予材料一个或多个暂时的形状。

③结构设计灵活多样。

④性能可调控性，可以通过共混、聚合等多种方法实现。

⑤对生物组织良好的相容性及生物降解性。

⑥可以具有较大的体积质量比，如泡沫。因而未来在柔性电子、生物医药、航空航天等高科技领域存在广泛的应用前景。

（1）形状记忆高分子材料的发展历程

形状记忆高分子最初是在 20 世纪 50 年代被发现的，美国科学家 A. Charlesby 在一次实验中偶然对拉伸变形的化学交联聚乙烯加热，发现了形状记忆现象。Charlesby 和 Dule 发现聚乙烯在高能射线作用下能产生辐射交联反应。其后，Charlesby 进一步研究发现，辐射交联聚乙烯当温度超过熔点达到高弹性态区域时，施加外力随意改变其外形，降温冷却固定形状后，一旦再加热升温至熔点以上时，它又恢复到原来的形状，这就是形状记忆聚合物。形状记忆聚合物以其优良的综合性能、较低的成本、加工容易、潜在巨大的实用价值而得到迅速的发展。

到 20 世纪 70 年代，美国国家航空航天局意识到这种形状记忆效应在航天航空领域的巨大应用前景，于是重启形状记忆高分子的相关研究计划。

1984 年，法国 CdF Chimie 公司开发出了一种新型材料聚降冰片烯，该材料的相对分子质量很高，是一种典型的热致型形状记忆高分子。

紧接着 1988 年，日本的可乐丽公司合成出了形状记忆聚异戊二烯。同年，日本三菱重工开发出了由异氰酸酯、多元醇和扩链剂三元共聚而成的形状记忆聚合物 PUR；次年，日本杰昂公司开发出了聚酯 – 合金类形状记忆高分子。

进入 21 世纪，以热缩材料为代表的形状记忆高分子材料得到大量的研究，并迅猛发展。迄今为止，法国、日本、美国等国家已相继开发出聚降冰片烯、苯乙烯 – 丁二烯共聚物、聚酰胺等多种形状记忆高分子材料。近年来，我国的一些科研及生产单位也开展了相关的研究工作。

（2）聚合物形状记忆机理

高聚物的各种性能是其内部结构的本质反映，而高聚物的形状记忆性，是通过它所具有的多重结构的相态变化来实现的，如结晶的形成与熔化、玻璃态与橡胶态的转化等。目前开发的形状记忆聚合物一般是由保持固定成品形状的固定相和在某种温度下能可逆地发生软化 – 硬化的可逆相组成。固定相的作用是初始形状的记忆和恢复，第二次变形和固定则是由可逆相来完成的。固定相可以是聚合物的交联结构、部分结晶结构、聚合物的玻璃态或分子链的缠绕等。可逆相则为产生结晶与结晶熔融可逆变化的部分结晶相，或发生玻璃态与橡胶态可逆转变（玻璃化温度 T_g）的相结构。这两相结构的实质就是对应着形状记忆高分子内部多重结构中的节点（如大分子键间的缠绕处、聚合物中的晶区、多相体系中的微区、多嵌段聚合物中的硬段、分子键间的交联键等）和这些节点之间的柔性链段，也可以被简化成具有节点和开关部分的结构（图3.16）。节点决定了材料的永久形状，可以是化学交联或物理交联，也可以是大分子互穿网络或是超分子互锁结构。聚合物形状恢复力来源于大分子网络的熵弹力，开关结构负责形状固定和恢复。无定形结构、结晶、液晶、超分子、光恢复耦合基团和纤维素晶须网络等都可以作为形状记忆高分子的开关。

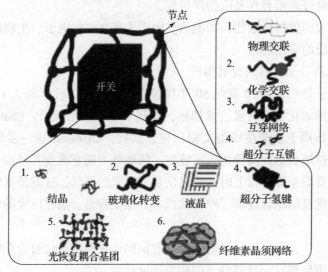

图3.16 形状记忆结构原理模型

高聚物通常是借助热刺激形状记忆，其热刺激机理可用聚降冰片烯为例说明。其具体过程如图3.17所示。

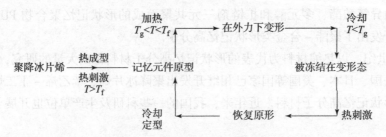

图3.17 高聚物的热刺激机理

聚降冰片烯平均相对分子质量达300万以上，T_g 为35 ℃，其固定相为高分子链的缠结交联，以玻璃态转变为可逆相，在黏流态的高温下进行加工一次成型，分子链间的相互缠绕，使一次成型形状固定下来。接着在低于 T_f 高于 T_g 的温度条件下施加外应力作用，分子链沿外应力方向取向而变形，并冷却至 T_g 点温度以下使可逆相硬化，强迫取向的分子链"冻结"，使二次成形的形状固定。二次成形的制品若再加热到 T_g 以上进行热刺激，可逆相熔融软化，其分子链解除取向，并在固定相的恢复应力作用下，逐渐达到热力学稳定状态，材料在宏观上恢复到一次成型品的形状。应该指出，不同的形状记忆聚合物，其固定相和可逆相各不相同，因而热刺激的温度也不相同。

　　除了热刺激方法产生形状记忆外，通过光照、通电或用化学物质处理等方法刺激，也可以产生形状记忆功能。例如，偶氮苯在紫外光照射下，从反式结构变为顺式结构，4，4′位上碳原子之间的距离从 0.9 nm 收缩至 0.55 nm，分子偶极矩由 0.5D 增大至 3.1D，光照停止后，发生逆向反应，又转变为反式结构，可见光的照射可加速其恢复过程。又如，将交联聚丙烯酸纤维浸入水中，交替地加酸和加碱，就会出现收缩和伸长。说明 pH 的变化导致聚丙烯酸反复离解、中和，从而产生分子形态的变化。

　　(3) 形状记忆高分子材料的分类

　　1) 按驱动方式分类。驱动方式是指对经过预变形处理的 SMP 施加刺激的方式，其中驱动方式主要有电驱动、光驱动、磁驱动、化学驱动和热驱动等，图 3.18 从结构、刺激方式和形状记忆功能对驱动方式进行了归纳。

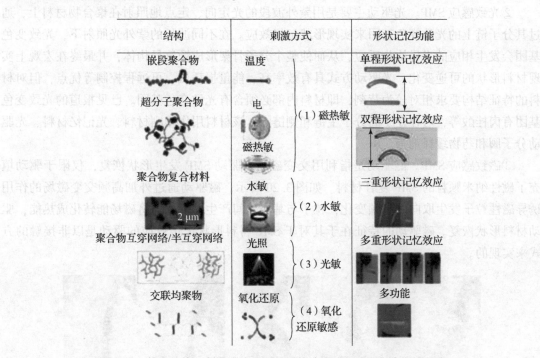

图 3.18　基于结构、刺激方式及形状记忆功能的形状记忆高分子分类

　　相对应地，形状记忆高分子根据驱动方式，大致可分为电致感应 SMP、光致感应 SMP、磁感应 SMP、化学感应 SMP 和热致感应 SMP 等。采用外部加热的方法易于实施、可控性好，使得热致感应型材料应用范围较广，是目前形状记忆高分子材料研究和开发较为活跃的品种，因此，对这种 SMP 做较详细介绍。

　　①电致感应 SMP。电驱动是将电压施加在导电的 SMP 材料上，电流的阻热效应使电能转化为热能，从而驱动形状记忆效应。这种驱动方式利用材料内部的电流进行加热，即在材料内部发生电能和热能的转换，能量损耗较少，是一种很有应用前景的驱动方式。电驱动方式的局限性在于其应用对象仅限于具有导电功能的 SMP 材料，主要用于电子通信及仪器仪表等领域，如电子集束管、电磁屏蔽材料等。

现有的研究主要是针对填充了导电物质（如炭黑（CB）、金属粉末和导电聚合物等）的 SMP 复合材料。图 3.19 所示为炭黑体积分数为 10% 的聚氨酯（PU）在 30 V 电压下的形状恢复过程。该复合材料在玻璃化温度以上被弯曲至 135 ℃，冷却固定至室温，加持 30 V 的电压，材料在 30 s 内恢复至 30 ℃，形状恢复率达 80%。

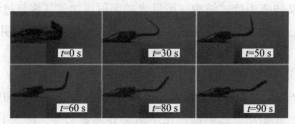

图 3.19　PU/CB 复合材料在 30 V 电压下的形状恢复过程

②光致感应 SMP。光驱动主要是用紫外波段的光定向、定点地照射在聚合物材料上，通过其分子链上的光致变色基团来实现形状记忆效应。在不同波长的紫外光照射下，光致变色基团会发生相应的光异构化反应，从而使整个分子骨架形成顺反异构体，并最终在宏观上实现材料形状的可逆变化。光驱动方式具有效率高、能量损耗低、可远程控制等优点，但对材料的特征结构要求相对较为苛刻，即材料内部必须含有光致变色基团。已见报道的光致变色基团有肉桂酸等，可存在于高分子主链和侧链中。该材料用作印刷材料、光记忆材料、光驱动分子阀和药物缓释剂等。

③磁致感应 SMP。磁驱动是指利用交变磁场来驱动 SMP 发生形状恢复，仅限于驱动填充了磁性纳米颗粒的 SMP 复合材料。如图 3.20 所示，磁驱动通过外加高频交变磁场的作用诱导磁性粒子发生取向的高频变化，粒子与基体之间产生的摩擦力将磁场能转化成热能，驱动材料形状恢复。磁驱动的特征在于其对于 SMP 材料形状记忆效应的驱动是以非接触的方式来实现的。

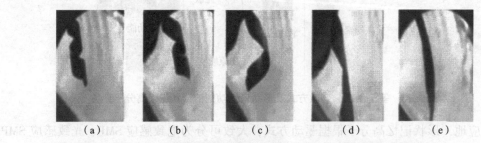

图 3.20　磁致形状记忆聚己内酯在交流磁场中的形状恢复

④化学感应 SMP。化学驱动是通过聚合物材料周围介质性质的变化来刺激材料变形和形状恢复的。常见的化学驱动方式有 pH 变化、平衡离子置换、螯合反应、相转变和氧化还原反应等；除此之外，水、湿气及有机溶剂的作用也可驱动 SMP 形状记忆效应的发生。这类材料如部分皂化的聚丙烯酰胺、聚乙烯醇和聚丙烯酸混合物薄膜等。该材料用于蛋白质或酶的分离膜、"化学发动机" 等特殊领域。

⑤热致感应 SMP。热驱动是目前最普遍且最直接的驱动方法之一，通常热量由外部环境直接传递（对流、辐射等）给 SMP 来激发其发生形状记忆效应。

热致 SMP 一般都是由防止树脂流动并记忆起始态的固定相与随温度变化的能可逆地固化和软化的可逆相组成。固定相：聚合物交联结构或部分结晶结构，在工作温度范围内保持稳定，用于保持成型制品形状即记忆起始态。可逆相：能够随温度变化在结晶与结晶熔融态（T_m）或玻璃态与橡胶态间可逆转变（T_g），相应结构发生软化、硬化可逆变化，保证成型制品可以改变形状。

德国的研究者 Lendlein 进一步对 SMP 的机理从化学结构上进行更为深入的探索，结合聚合物具体组成结构对热驱动的 SMP 进行分析。图 3.21 是对热致 SMP 形状记忆机理及过程的详细描述。图中的点相当于固定相，通常由聚合物中的交联结构、部分结晶区域或分子链之间的物理缠结等结构组成；图中的线为分子链段，可认为是可逆相。转变温度（T_{trans}）是决定 SMP 基本性能的重要参数。转变温度可以是玻璃化转变温度，也可以是熔融转变温度。T_{trans} 相当于形状记忆效应的控制开关，当温度在 T_{trans} 以下时，分子链段处于冻结状态，材料形状固定不变（shape F）。当温度在 T_{trans} 以上时，分子链段处于高弹状态，可在外力作用下发生伸展（shape R），从而材料发生宏观形变行为，或者在固定相作用下恢复至卷曲状态（shape F），材料在宏观上发生形状恢复行为。在此过程中，分子内能不变，熵变是形状记忆效应的本质驱动。

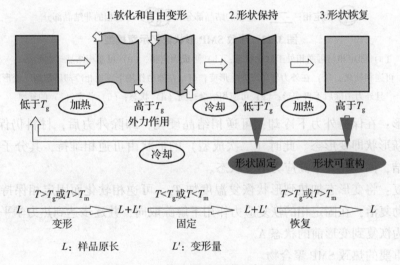

图 3.21　热致 SMP 形状记忆原理

热塑性 SMP 形状记忆过程如下（图 3.22）。

热成形加工：将粉末状或颗粒状树脂加热融化，使固定相和软化相都处于软化状态，将其注入模具中成型、冷却，固定相硬化，可逆相结晶，得到希望的形状 A，即起始态（一次成型）。

变形：将材料加热至适当温度（如玻璃化转变温度 T_g），可逆相分子链的微观布朗运动加剧，发生软化，而固定相仍处于固化状态，其分子链被束缚，材料由玻璃态转为橡胶态，整体呈现出有限的流动性。施加外力使可逆相的分子链被拉长，材料变形为 B 形状。

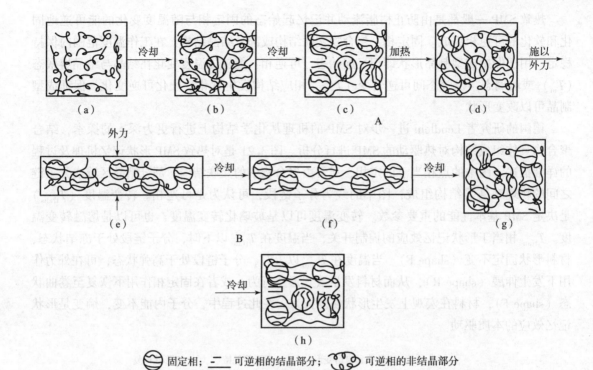

$\bigodot$ 固定相; $\underline{}$ 可逆相的结晶部分; $\bigcirc\hspace{-0.5em}\sim$ 可逆相的非结晶部分

图 3.22 热致 SMP 形状记忆示意模型

（a）固定相与可逆相处于软化状态；（b）形成固定相；（c）可逆相结晶（起始态）；
（d）可逆相软化；（e）在外力作用下发生变形；（f）在外力作用下可逆相冷却后定型（变形态）
且外力消除后不再变形；（g）可逆相熔融达到（d）状态；（h）状态（c）的复原

冻结变形：在保持外力下冷却，可逆相结晶硬化，卸除外力后，材料仍保持 B 形状，得到稳定的新形状即变形态。此时（二次成型）的形状由可逆相维持，其分子链沿外力方向取向、冻结，固定相处于高应力形变状态。

形状恢复：将变形态加热到形状恢复温度如 T_g，可逆相软化而固定相保持固化，可逆相分子链运动复活，在固定相的恢复应力作用下解除取向，并逐步达到热力学平衡状态，即宏观上表现为恢复到变形前的状态 A。

⑥几种重要的热致 SMP 聚合物。

• 聚降冰片烯

T_g：35 ℃，接近人体温度。室温下为硬质，固化后环境温度超过 40 ℃时，可在很短时间恢复原来的形状，并且温度越高，恢复越快，适合制作人用织物。

• 苯乙烯－丁二烯共聚物

固定相：高熔点（120 ℃）的聚苯乙烯（PS）结晶部分；可逆相：低熔点（60 ℃）的聚丁二烯（PB）结晶部分。

• 反式－1,4－聚异戊二烯（TPI）

固定相：硫黄或过氧化物交联后的网络结构；可逆相：能进行熔化和结晶可逆变化的部分结晶相。

未经交联的反式聚异戊二烯为结晶的热塑性聚合物没有形状记忆效应。但反式聚异戊二烯分子链中含有双键结构，可以使它们像天然橡胶一样进行配合和硫化。经硫黄或过氧化物交联得到的具有化学交联结构的反式聚异戊二烯，表现出明显的形状记忆效应。其形状记忆效果与恢复温度可以通过配比、硫化程度及添加物来调节。此类反式聚异戊二烯具有形变速度快、恢复力大，以及恢复精度高等特点，但耐热性和耐气候性差。

- 形状记忆聚氨酯

这类聚合物具有良好的生物相容性和力学性能、极高的湿热稳定性和减震性能、质轻价廉、着色容易、形变量大（最高可达 400%）、耐候重复形变效果好等特点，此外，还可以通过调节各组分的组成和配比，得到具有不同转变温度的材料。聚氨酯通常由多异氰酸酯、聚醚或聚酯，以及扩链剂反应而成，它是含有部分结晶态的线型聚合物。通过原料的配比调节 T_g，可得到不同响应温度的形状记忆聚氨酯。现已制得 T_g 分别为 25 ℃、35 ℃、45 ℃ 和 55 ℃ 的形状记忆聚氨酯。

- 聚酯

聚酯是大分子主链上含有羰基酯键的一类聚合物。通过过氧化物交联或辐射交联，也可获得形状记忆功能。调整聚合物羧酸和多元醇组分的比例，还可制得具有不同响应温度的形状记忆聚酯。它们具有较好的耐气候性、耐热性、耐油性和耐化学药品性，但耐热水性能不太好。目前研究较为广泛的聚酯有聚对苯二甲酸乙二酯、聚己内酯和聚乳酸等。

- 交联聚乙烯

据有关文献报道，交联聚乙烯是最早获得实际应用的形状记忆高分子材料。通过物理交联或化学交联方法，控制适当的结晶度和交联度，使大分子链交联成网状结构作为固定相，而以结晶的形成和熔融作为可逆相，得到具有形状记忆效应的交联聚乙烯，其响应温度在 110～130 ℃。交联后的聚乙烯在耐热性、力学性能和物理性能等方面有了明显改善，并且由于交联，分子间的键合力增大，阻碍了结晶，从而提高了聚乙烯的耐常温收缩性和透明性。

2）按物质形态分类。SMP 从存在的形态来看，又可分为"湿态"的高分子凝胶体系和"干态"的形状记忆高分子两大类，其中前面讲的大部分 SMP 均是"干态"。由于凝胶保持能力弱，在较小的载荷下就会变形，化学性能不稳定，脱溶剂时其性能将受到损害，所以关于形状记忆高分子的研究，主要集中在前面介绍的"干态"的形状记忆高分子上，在此只简单介绍下形状记忆水凝胶。

①形状记忆高分子凝胶。形状记忆高分子凝胶的一个显著特征是，对外部条件变化的刺激做出响应，表现出明显的体积变化，即膨胀或收缩。外部刺激并不局限于温度的变化，电场、光、pH、离子强度或者溶剂的质量都能诱发体积的变化。

形状记忆高分子凝胶是由交联的聚合物网络和填充其间的流体成分所构成，凝胶既有流体的流动性，又可以像固体那样保持一定的形状。聚合物凝胶最重要的特征在于它是一个开放系统，可以和外界进行能量、物质和信息的交换。例如，将凝胶置于溶液中，其内部与外部溶液中的溶剂之间存在化学势的差异，从而导致溶剂的吸入与排出，这个过程伴随着凝胶的膨胀或收缩形变。正是凝胶这种与外界物质、能量和信息交换的相互作用，才导致凝胶的形状、大小和性质发生变化，呈现出形状记忆效应。

②形状记忆水凝胶。形状记忆水凝胶是形状记忆高分子凝胶中的一种，其本质是一种水凝胶（hydrogel），具有形状记忆和凝胶的双重功能。水凝胶是一类具有三维网络结构的聚合物，能够吸收大量水分而溶胀，并在溶胀之后能够继续保持其原有结构而不被溶解，是以水为分散介质的凝胶。水凝胶性质柔软，能保持一定的形状，能吸收大量的水。

水凝胶研发于1960年，经过不断研究发展，凡是水溶性或亲水性的高分子，通过一定的化学交联或物理交联，都可以形成水凝胶。这些高分子按其来源，可分为天然和合成两大类。天然的亲水性高分子包括多糖类（淀粉、纤维素、海藻酸、透明质酸、壳聚糖等）和多肽类（胶原、聚 L−赖氨酸、聚 L−谷氨酸等）。合成的亲水高分子包括醇、丙烯酸及其衍生物类（聚丙烯酸、聚甲基丙烯酸、聚丙烯酰胺、聚 N−聚代丙烯酰胺等）。20世纪70年代末，美国麻省理工学院的物理学家首先发现了凝胶的体积相变现象，并且推导出凝胶状态方程，提出了凝胶体积相变理论，从此智能型水凝胶受到越来越多的关注。智能型水凝胶的独特响应性，使其在药物控释载体、组织工程、活性酶的固定、调光材料方面具有良好的应用前景，在化学转换器、记忆元件开关、传感器、人造肌肉、化学存储器、分子分离体系等方面也开始表现良好的应用前景。

（4）形状记忆聚合物的特性

SMP 与形状记忆合金相比，具有如下特点：

①SMP 的形变量高，如形状记忆 TPI 和聚氨酯均高于400%，而形状记忆合金一般在10%以下。

②SMP 形状恢复温度可通过化学方法加以调整，对于确定组成的形状记忆合金，形状恢复温度一般是固定的。

③SMP 的形状恢复应力一般比较低，在 9.81 ~ 29.4 MPa，形状记忆合金则高于1 471 MPa。

④SMP 耐疲劳性较差，重复形变次数均为 5 000 次，甚至更低；而形状记忆合金的重复形变次数可达 10^4 数量级。

⑤SMP 只有单程形状记忆功能。在形状记忆合金中已发现了双程形状记忆和全程形状记忆。

（5）形状记忆聚合物材料的生产方法

形状记忆聚合物材料的生产工艺因应用领域的不同而有所不同。目前应用最多的是作为热收缩材料。其生产工艺过程大致为：配料→混合造粒→成型→交联→扩张→冷却定型→热收缩材料产品。

①化学配方和配料：化学配方是制造不同性能的热收缩材料的关键。对于各种不同用途的产品，通过计算机进行模拟和设计，可以得到相应的配方。热收缩管的基材是均聚物，随着高技术材料发展的需要，现已更多地应用聚合物合金来代替单一品种的聚合物。例如，聚乙烯单独使用时比较僵硬，引入一些弹性体或低结晶度的树脂共混后，聚乙烯变得柔软些。为了改善其物理性能和加工性能，需要加入各种助剂，如抗氧化剂、增塑剂、阻燃剂、稳定剂、分散剂及必要的填料。

②造粒和成型：将高聚物原料与各种助剂或添加剂用混炼法或挤出进行高温混合、塑化

和造粒，然后将粒料吹塑成膜、压延成板、挤出成管或注塑成各种异形管和不规则部件的半成品。

③交联：交联是生产形状记忆聚合物材料的重要环节，关系 SMP 材料的性能和应用，主要有化学交联法和辐射交联法。化学交联法通常采用过氧化物作为交联反应引发剂，有时还加入适量的强化交联剂如氰脲酸三烯丙酯、异氰脲酸三烯丙酯、二甲基丙烯酸乙二醇酯等。化学交联法需要较长的时间，成型热处理中较难控制。辐射交联法是采用高能射线（如 β 射线、γ 射线）使聚合物发生交联反应，该法制造工艺简单、易于控制、生产效率高，并且产品无残留的催化剂污染，产品质量较好。

3.2.4 形状记忆材料的应用

研制由功能材料构成的高密集度、高可靠性、多功能、自动化机电伺服系统，是近代科技发展的一大需求。作为新型功能材料家庭中的重要成员，形状记忆材料作为新型功能材料，在航空航天、自动控制系统、医学、能源、土木、汽车及日常生活等领域具有重要的应用，优势也越来越明显。迄今发现具有形状记忆效应的合金体系中已得到实际应用的还仅限于 Ti - Ni 和 Cu - Zn - Al、Cu - Ni - Al 和 Cu - Al - Mn 系合金（Fe - Mn - Si 系记忆合金也在开发应用中）。

1. 形状记忆合金的应用

（1）航空航天领域中的应用

形状记忆合金已经应用到航空和太空装置中。如用在军用飞机的液压系统中的低温配合连接件，欧洲和美国正在研制用于直升机的智能水平旋翼中的形状记忆合金材料。由于直升机高震动和高噪声的来源主要是叶片涡流干扰，以及叶片型线的微小偏差，这就需要一种平衡叶片螺距的装置，使各叶片能精确地在同一平面旋转。目前已开发出一种叶片的轨迹控制器，它是用一个小的双管形状记忆合金驱动器控制叶片边缘轨迹上的小翼片的位置，使其震动降到最低。

其还可用于制造探索宇宙奥秘的人造卫星天线，人们利用形状记忆合金在高温环境下制作好天线，再在低温下把它压缩成一个小铁球，使它的体积缩小到原来的千分之一，如图3.23 所示，这样很容易运上太空。由 Ti - Ni 合金板制成的天线能卷入卫星体内，当卫星进入轨道后，太阳的强烈的辐射使它恢复原来的形状在太空中展开，按照需求向地球发回宝贵的宇宙信息。

用形状记忆合金丝　　将天线揉成团　　在加热时形状　　形状完全恢复
制成的天线　　　　　　　　　　　　开始恢复

图 3.23　形状记忆合金天线

1969 年 7 月 20 日，"阿波罗 11 号"登月舱登上月球，这是人类第一次在月球上留下脚印。"阿波罗 11 号"通过一个直径数米的半球形天线传输月球和地球之间的信息。这个巨大的天线就是一种形状记忆合金材料，人们先转变它的温度，同时按预定要求做好，然后降低温度，把它压成一团，装进登月舱带上天去。当受到阳光照射时，合金慢慢达到转变温度。当它记起自己的原本样貌时，就会伸展，变成一个巨大的半球，如图 3.24 所示。

图 3.24　"阿波罗 11 号"的形状记忆合金半球形天线

2017 年 12 月 11 日，美国国家航空航天局（NASA）发布了一种由形状记忆合金制造的非充气式轮胎，如图 3.25 所示。其不但更轻、更坚固、更安全，而且可以使用在各种恶劣地形上。将来这种轮胎除了应用在火星探测任务中之外，也可以作为传统轮胎的替代品，在地球上使用。NASA 表示，这种被称为"超弹性轮胎"（superelastic tire）的革命性产品由 NASA 的格伦研究中心（Glenn Research Center）和固特异公司（Goodyear）共同开发，其灵感来源是阿波罗计划的月球车所使用的轮胎。而使用形状记忆合金作为辐射状的材料，也能增加轮胎的承重能力。与传统的轮胎相比，"超弹性轮胎"减少了爆胎的可能性，因此也改善了行车安全。此外，这种轮胎的设计也减少了对内框的需求，这有助于轮胎组装的简化，也减小了轮胎的质量。同时，它可以在运作时降低传送到车辆上的能量。当此轮胎遇到石头之类的突出物时，它会暂时变形，随后便会恢复原状，而不会有永久性的损伤。除了安装在"好奇号"（Curiosity）火星探测车上以进行太空任务之外，这种轮胎也可以应用在地球上的各式车辆和飞机上，包括军车、一般汽车、重装备车辆、农用车辆、全地形车等，以适应各种地形的需求。

图 3.25　形状记忆合金轮胎

另外，在卫星中使用一种可打开容器的形状记忆释放装置，该容器用于保护灵敏的锗探测器免受装配和发射期间的污染。

（2）工程中的紧固件和连接件

形状记忆合金连接件结构简单、质量小、所占空间小，并且安全性高、拆卸方便、性能稳定可靠，在连接密集部件、不可焊部件、人类不易到达区域的工程部件（如深水工程、太空工程）、异种材料等方面更显示了其优越性。大量使用形状记忆合金材料的是各种管件的接头。美国古德伊尔公司最早发明形状记忆合金管接头。将 Ti－Ni 合金加工成内径稍小于欲接管外径的套管（管接头内径比待接管外径小约 4%），使用前将此套管在低温下加以扩管，使其内径稍大于欲接管的外径，将接头套在欲连接的两根管子的接头部位，加热后，套管接头的内径即恢复到扩管前的口径，从而将两根管子紧密地连接在一起。由于形状记忆恢复力大，故连接得很牢固，可防止渗漏，装配时间短，操作方便。美国自 1970 年以来，已在 F14 喷气战斗机的油压系统配管上使用了形状记忆合金低温配合连接器，其数量超过 10 万个，迄今未发现一例泄漏事故。

这类形状记忆合金管接头还用于核潜艇的配管、海底管道、电缆系统的连接等。我国已研制成 Ti－Ni－Co、Ti－Ni－Fe 形状记忆合金管接头。试验表明，它们具有双向形状记忆，密封性好，耐压强度高，抗腐蚀，安装方便。管接头的使用方法如图 3.26 所示。待接管外径为 ϕ（图 3.26（a）），将内径为 $\phi(1-4\%)$ 的 Ti－Ni 基形状记忆合金（或铜基形状记忆合金）经过单向记忆处理（图 3.26（b））后，在低温下（$<M_f$）用锥形模具扩孔，使其直径变为 $\phi(1+4\%)$（图 3.26（c）），扩径用润滑剂可采用聚乙烯薄膜；在保持低温下将被接管从管接头两头插入（图 3.26（d）），去掉保温材料，管接头温度上升到室温时，由于形状记忆效应，其内径恢复到扩管前尺寸，即可实现管路的紧固连接（图 3.26（e））。

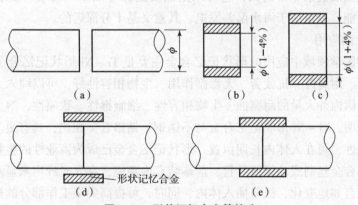

图 3.26　形状记忆合金管接头

（a）待接管；（b）记忆处理管接头；（c）扩径后；（d）套管；（e）加热后完成接管

工程中通常采用铆钉和螺栓进行紧固，但在某些场合（如在密闭真空中）很难进行操作，而采用铜基或 Ti－Ni 基形状记忆合金紧固铆钉则可较容易地实现。如图 3.27 所示，铆钉尾部记忆成形为开口状，紧固前，将铆钉在干冰中冷却后把尾部拉直，插入被紧固件的孔中，温度上升，产生形状恢复，铆钉尾部叉开即可实现紧固。此外，已投入实际应用的形状记忆合金连接紧固件还有薄壁管与封头的密封圈、紧固螺钉、螺母、轴承定位圈等。

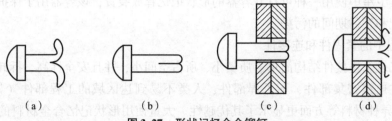

图 3.27　形状记忆合金铆钉

(a) 成形 $(T > M_a)$；(b) 加力拔直 $(T > M_f)$；(c) 插入 $(T > M_f)$；(d) 加热 $(T > A_f)$

M_a——马氏体相变开始温度；M_f——马氏体相变结束温度；

A_f——马氏体转变为奥氏体（马氏体逆相变）的结束温度

　　形状记忆合金作为低温配合连接件，在飞机的液压系统中及体积较小的石油、石化、电工业产品中已广泛应用。另一种连接件的形状是焊接的网状金属丝，用于制造导体的金属丝编织层的安全接头。这种连接件已经用于密封装置、电气连接装置、电子工程机械装置，并能在 $-65 \sim 300\ ℃$ 可靠地工作。已开发出的密封系统装置可在严酷的环境中用作电气件连接。

　　(3) 能量转换材料的应用

　　形状记忆合金可作为热发动机中的能量转换材料使用。它是利用形状记忆合金在高温和低温时发生相变，伴随形状的改变，产生极大的应力，从而实现热能 – 机械能的相互转换。1973 年，美国试验制成第一台 Ti – Ni 热发动机，当时只产生 0.5 W 功率（至 1983 年，功率已达 20 W）。原联邦德国克虏伯研究院也制作了形状记忆发动机，其中大部分元件由 Ti – Ni 合金管制成，热水和冷水交替流过这些管子，管子由于收缩而把扭转运动传到飞轮上，推动飞轮旋转。日本研制的涡轮型发动机的最大输出功率约为 600 W。尽管目前这些热机的输出功率还很小，但发展前景非常诱人，它可以把低质能源（如工厂废气、废水中的热量）转变成机械能或电能，也可用于海水温差发电，其意义是十分深远的。

　　(4) 医学上的应用

　　目前在生物医学领域中应用的形状记忆合金主要是 Ti – Ni 形状记忆合金。Ti – Ni 形状记忆合金强度高、耐腐蚀、抗疲劳、无毒副作用、生物相容性好，可以埋入人体做生物硬组织的修复材料。国内外大量的耐腐蚀、生物相容性、细胞毒性、致癌性、溶血性、致敏性等生物化学试验表明，Ti – Ni 形状记忆合金与不锈钢、钴铬合金相比，具有更为优良的生物相容性和生物蜕变性，可在人体内长期留置。形状记忆合金已成为商业性的生物医用材料。

　　用形状记忆合金丝制成的螺线导管，前端装有内窥镜，穿入光纤用来显示图像，其形状可随器官的形状自如地变化，极易插入体内，同时，可提高尖端工作部分的操作性能，还可大大减小受检查者的痛苦，是一种柔软并能自由弯曲的"能动型"内窥镜。

　　将 Ti – Ni 形状记忆合金丝插入血管，体温使其恢复到母相的网状，作为消除凝固血栓用的过滤器。用 Ti – Ni 形状记忆合金制成的肌纤维与弹性体薄膜心室相配合，可模仿心室收缩运动、制造人工心脏。图 3.28 是形状记忆合金制作的心血管支架。支架在放入人体之前要被压缩成一个很细的小管，然后通过四肢的血管放置到预定的位置，撑开心血管。血栓过滤器也是一种记忆合金新产品。被拉直的过滤器植入静脉后，会逐渐恢复成网状，从而阻止 95 % 的凝血块流向心脏和肺部。

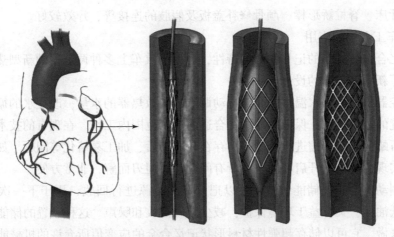

图 3.28　形状记忆合金制作的心血管支架

用 Ti – Ni 合金制成的骨折微型连接板，不但能将两段断骨固定，而且在恢复原形状的过程中产生压缩力，迫使断骨接合在一起，如图 3.29 所示。形状记忆合金在常温下会恢复原记忆形状，对骨折自动抱合，无须螺钉、钢丝等辅助材料，减少手术步骤及强度，手术时间可缩短至传统骨科手术的 1/3 ~ 2/3，减少了失血过多、术中切口暴露过长导致术后感染及心、肺功能衰竭的概率，也减少了钻孔、楔入等人为操作副损伤。传统自动加压钢板对骨折端的加压力因受手术操作技术的熟练程度影响而不确定，且在骨折的愈合中随骨折断端骨质的吸收，加压力会逐渐消失。而形状记忆合金因其"记忆"具有独特的持续自加压功能。持续的抱合力为骨折愈合提供了良好的力学条件，不会因骨折愈合及人体运动而造成器械的松动。同时，可大大缩短骨折愈合周期，与传统手术平均愈合时间 12 周相比，愈合周期可缩短约 1/3。用形状记忆合金骨科器械手术时，医生先用低温（0 ~ 5 ℃）消毒盐水冷却记忆合金器械，然后根据需要改变其抱合部位的形状，安装于患者骨伤部位。待患者体温将其加热到设定的温度时，器械的变形部分便恢复到原来设计的形状，从而将伤骨紧紧抱合，起到固定与支撑的作用。与传统骨科内固定材料相比，Ti – Ni 形状记忆合金的力学强度、抗扭转性能、耐磨损性能、冲击韧性、抗剪切性能都比不锈钢优良得多，不会发生弯曲与断裂，从而可提供更坚强、更可靠的内固定。

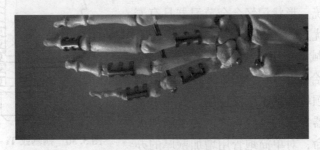

图 3.29　骨折微型连接板

还可以用记忆合金制成人工心脏。用形状记忆合金制作的肌纤维与弹性体薄膜心室相配合，可以模仿心室收缩运动。另外，还可以用形状记忆合金制成人造肾脏微型泵、人造关节、骨骼、牙床、脊椎矫形棒、颅骨修补盖板及假肢的连接等，疗效较好。

（5）汽车工业中的应用

形状记忆合金所具有的记忆和温度特性，可用于汽车上多种调节器的新型热敏元件，这也同时推动了新型制动器的设计。

汽车温控器根据冷却水温度的高低自动调节进入散热器的水量，改变水的循环范围，以调节冷却系统的散热能力，保证发动机在合适的温度范围内工作。在现有的技术中，汽车温控器是利用石蜡的热胀冷缩进行控制的，存在动作滞后、加工易熔化等问题。如果利用记忆合金弹簧来实现温控器的开启和闭合，所有问题都将迎刃而解，非常方便！

在汽车制动器上安装储能装置，可以把浪费的能源进行回收，用于下一次的加速。这样，既能降低油耗，又有益于环境保护，减少废气排放和噪声。这种装置的储能元件可由形状记忆合金来做，它可以储存超弹性材料形状记忆合金的应变值所允许的机械能。

丰田汽车采用钛镍系形状记忆合金制成散热器面罩活门。其工作原理是：当发动机室内温度低于设定温度时，形状记忆合金弹簧呈现压缩状态，活门关闭；当发动机室内温度高于设定温度时，弹簧呈伸长状态，活门打开，冷空气导入发动机室内。

在水冷式发动机上，为避免风扇带来的负面问题，通常都需要配套风扇离合器。风扇离合器主要有硅油式、电磁式等几种形式。由于形状记忆合金具有感温、驱动两种功能，同时又可以从工作环境吸收热能，所以可用其取代离合器中的自动系统，这样使整个系统的结构简化，成本大幅度降低。形状记忆合金还具有非常好的耐腐蚀性能，所以不需要设置保护装置。

美国军用悍马汽车用形状记忆合金做成的轮胎不仅可以防撞防爆，还增加了很大的承载能力。军用悍马俨然已经不是车了，而是一辆坦克！

利用形状记忆合金在加热时恢复形状的同时，其恢复力可对外做功的特性，能够制成各种驱动调节元件。此类驱动机构集感温与驱动于一体，结构简单，灵敏度高，可靠性好。图 3.30 所示为汽车上使用的铜基或 Ti–Ni 基形状记忆合金驱动节温器。汽车发动机使用效率最高的温度范围为 $60\sim80\ ℃$，当实际温度高于此温度时，记忆合金弹簧伸长，压缩偏置弹簧，打开循环水冷却系统；当温度较低时，偏置弹簧力大于记忆合金弹簧力并压缩记忆合金弹簧，关闭循环水冷却系统。形状记忆合金节温器具有寿命长、驱动平稳等优点。

（6）在军事领域的应用

被视为"魔术合金"和"聪敏合金"的形状记忆合金，在许多领域得到了广泛应用，在军事领域，引起了各国兵器专家的高度重视。为了增加火炮威力，延长其寿命，对单筒炮管用增加壁厚的办法来提高身管强度极限是不恰当的。应采用筒紧炮身和丝紧炮身的陶瓷复合炮管，而目前采用的炮管收缩工艺是：加热外管使其内径膨胀，然后把常温

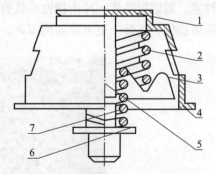

图 3.30　铜基或 Ti–Ni 基形状记忆合金驱动节温器

1—主阀门；2—回位弹簧；3—副阀门；
4—外壳；5—推杆；6—弹簧座；
7—记忆合金元件

的内管装入其中，接着外管冷却收缩，使内外管实现精确的挤压配合。这种方法的问题是，在装配管件时，管件的热传递非常快，易使内外管热膨胀，造成很小的装配间隙消失，因此允许装配的时间很短，难以组装成长的或重的管件。为此，美国海军用 Nitinol 形状记忆合金制造外套管和缠绕丝材，对炮管内膛施加压缩应力，获得了质量小、强度和刚度高及耐烧蚀的陶瓷复合炮管。其工艺过程是首先将 Nitinol 合金进行热处理，获得沉积硬化的 Ni – Ti 金属相，以进一步提高其抗拉强度。其次，制造 Nitinol 合金外管，使其内径比陶瓷内衬的外径小 8%，接着置于 M_s（ – 60 ℃）以下某温度使之发生马氏体相变，并用过尺寸的芯棒强制通过外管扩径，使其内径稍大于陶瓷内衬的外径，然后装配陶瓷内衬，离开冷冻室升至室温，此时外套管发生马氏体 – 奥氏体相变，通过 Nitinol 合金的形状记忆功能恢复原来尺寸，从而对内衬施加了高等级的永久压缩压力。这种方法有效地避免了典型的脆性断裂方式，能够把氧化铝或金属陶瓷等断裂韧性低的脆性材料实际用作复合炮管内衬，最大限度地提高了炮管内膛的耐烧蚀能力，延长了炮管的使用寿命。

为提高枪弹的杀伤力或侵彻力，最常用的方法是将弹头外形制成凹形、偏心形、蘑菇形、X 形、锥形等形状。利用镍钛形状记忆合金制成的弹头，既能在射击和飞行过程中保持其稳定性，又能在触及目标时发生变形，增大了枪弹的杀伤力。当形状记忆合金弹头高速碰撞到目标时，产生冲击波，冲击波传入弹头内部，产生热和压力，使合金升温，接着快速发生相变和恢复原来的母相，从而改变弹头的外形。若击中软目标，因变形，弹头翻滚或增大阻力，提高了杀伤效果；若击中硬目标，因变成锥形，从而增加了侵彻力。

形状记忆合金作为一种兼有感知和驱动功能的新型材料，若复合在工作机构中并配上微处理器，便成为智能材料结构，可广泛用于各种自动调节和控制装置。如农艺温室窗户的自动开闭装置、自动电子干燥箱、自动启闭的电源开关、火灾自动报警器、消防自动喷水龙头。尤其是形状记忆合金薄膜可能成为未来机械手和机器人的理想材料，它们除了温度外，不受任何外界环境条件的影响，可望在太空实验室、核反应堆、加速器等尖端科学技术中发挥重要作用。

2. 形状记忆陶瓷的应用

美国和新加坡科学家制造出一种非常微小的陶瓷（柔性陶瓷）。柔性陶瓷如果做成碗，掉在地上或许会瘪一小块，加一下热又能变回去。柔性陶瓷是科学家运用纳米化学技术创新出来的一种新型复合材料，它有形状记忆的功能且弯曲后不易破碎，其独特的性能让它一面世就受到多领域的追捧，可广泛应用于生物医学和燃料电池领域。研究发表在《科学》杂志上。

该研究的领导者、麻省理工学院材料科学和工程学教授克里斯托弗·舒解释道，拥有形状记忆意味着，当这种材料被弯曲接着被加热时，它们会恢复到原初的形状。20 世纪 50 年代，科学家们首次知道这种拥有形状记忆的材料。舒说："人们一直认为金属和某些聚合物才具有这种属性，从来没有想过陶瓷也会有。"从原理上来讲，陶瓷的分子结构可以使其具有形状记忆，但陶瓷脆弱易碎是个障碍。研究表明，让陶瓷能弯曲并拥有形状记忆的关键在于让其变得很小。

　　研究人员通过两个关键的方式做到了这一点。首先，他们制造出肉眼看不见的小陶瓷，接着，再使单个晶粒跨越整个结构，并剔除了晶粒的边界，因为碎裂更有可能发生在这些边界上。最终，他们制造出了微小的陶瓷样本，整个样本的7%可以弯曲变形。研究人员阿兰·莱说："包括普通的陶瓷在内的大多数物品只有1%能弯曲，而我们在最新研究中得到的这些直径仅为1 μm的长纤维，其7%～8%能被弯曲而不破碎。"

　　柔性陶瓷材料兼具金属和陶瓷的优点。金属的强度更低，但非常容易变形；陶瓷的强度更大，但几乎无法弯曲；柔性陶瓷则兼具"类似于陶瓷的强度及金属的柔软性"。柔性陶瓷已在生物医学、燃料电池等领域得到广泛的运用，已在金库防御系统、军事防御、风力发电、海上采油平台等得到成功运用。柔性陶瓷有望用来制造微米和纳米设备；也可以用作生物医学领域广泛使用的微观激励器，触发微小的植入物释放出药物等。中国建筑材料科学研究总院研制生产的导弹用泡沫氧化铝陶瓷隔热材料、定向直孔道多孔陶瓷材料、发汗陶瓷材料等热防护陶瓷材料用于航天技术领域。

　　21世纪以来，美国国家能源部和美国先进陶瓷协会联合制定了美国先进陶瓷发展计划，资助时间长达20年。该计划主要内容是以柔性陶瓷等先进陶瓷的基础研究、应用开发和产品使用为核心，以达到促进柔性陶瓷等先进结构陶瓷材料的研发和应用的目的。美国计划到2020年，以柔性陶瓷为主的先进陶瓷优越和独特的性能将应用于能源、工业制造、医疗、航空航天、军事等领域。目前，能承受1 200～1 300 ℃、使用寿命2 000 h的柔性陶瓷材料发动机部件已经由杜邦公司研制出来。超声速飞机发动机的柔性陶瓷材料进口、喷管和喷口等部件正在由美国格鲁曼公司研究，不久将可以应用到超声速飞机发动机上。英国、德国等国家投入大量资金和人力来研发柔性陶瓷材料，柔性陶瓷材料在发电设备中应用技术成为研究的重点，如排气管里衬、陶瓷活塞盖、涡轮增压转及燃气轮转等部分都要用到柔性陶瓷。机器设备的冷却部分使用柔性陶瓷材料可有效降低热损；柔性陶瓷热交换器不仅可回收余热，还耐腐蚀及增加热交换率，这样可以应用到各个行业领域的节能减排。

　　在中国，柔性陶瓷研究和应用比较晚，从20世纪90年代初逐渐开始，许多科学家和从事新材料研究的实验室相继对这类新的陶瓷材料进行关注和研究。我国对ZrO_2陶瓷的研究、试验的重点在于陶瓷的增加韧性技术方面。实际上，我国开始的陶瓷增韧技术和美国、新加坡联手研究的微小陶瓷技术类似，在一些主要环节也较一致。中国科学院、中国科学院上海硅酸盐研究所、北京化工大学材料与工程学院等科研院校对柔性陶瓷研究也投入了人力和物力，在解决陶瓷的易碎和增加韧性上进行联合攻关，近些年来也取得了一些成效，尤其是以ZrO_2为原料的柔性陶瓷已经研发出来，运用到发动机气缸内衬、推杆、轴承等部件中，还有的柔性陶瓷材料被应用到石油管道、医疗器械等领域。河南维纳精细陶瓷有限公司和武汉钢铁厂联手合作，用柔性陶瓷做出了发动机零部件，取得了极大的成功。在我国台湾地区，和成公司近年来针对抗弹柔性陶瓷研发也有重大进展。

　　3. 形状记忆高分子材料的应用

　　近20年，形状记忆高分子材料在科研和工业领域都有了广泛深入的研究，目前很多产品已经在社会生产生活中获得了应用。SMP主要应用在航空航天、医疗、包装材料、建筑、运动用品、玩具及传感元件等方面。

（1）形状记忆高分子材料在航空航天领域的应用

目前航天技术已成为各大强国的研究重点，其中轻质高强的聚合物及其复合材料在飞行器及航天特种器件制作方面的应用已成为各国航空技术竞争的焦点。SMP 以其轻质、大变形和高恢复率的特性，在现代航天航空领域具有巨大的应用前景。例如，利用 SMP 制作空间可展开结构的驱动器，包括可展开铰链（图 3.31）、可展开天线（图 3.32）、太阳能电池阵（图 3.33）和可展开梁体结构等器件，这些驱动器不但轻质，而且在火箭发射前能进行有效的折叠装载，当进入空间轨道后，施加驱动使之发生形状恢复，从而使整个结构展开，实现预期的目的。

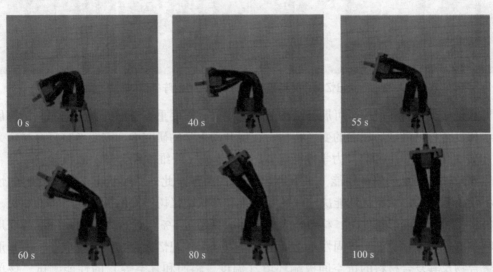

图 3.31　用于空间可展开太阳能电池阵的形状记忆高分子铰链

图 3.32　形状记忆高分子可展开天线

由于航天器尺寸的限制，空间可展开太阳能电池阵、桁架和天线等大型结构在发射前必须折叠，当在轨工作后，需经历展开过程，以达到工作状态。具有大变形特性的形状记忆聚合物在空间可展开结构领域显示出较大的应用潜力。近些年来，形状记忆聚合物的合成已趋于成熟，一些形状记忆聚合物复合材料元器件已经完成原理性演示验证，并已开始获得型号上的应用。例如，美国"冲击号"（Encounter Spacecraft）卫星已经于 2006 年发射并将形状记忆材料用于天线结构的展开。已发射的美国智能微型可操控卫星（DiNO Sat）太阳能电池板和美国"公路运营"卫星的太阳能电池板，也应用形状记忆聚合物复合材料铰链进行驱动。装有形状记忆聚合物复合材料展开梁的空军学院 FalconSat-3 大气观测卫星，也于 2011 年左右由美国空军实验室发射。另外，NASA 的先进概念研究所也正在大力资助空间网状智能可展开结构的研究，以期在未来得到广泛的军事和商业应用。

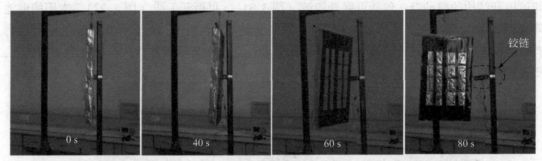

图 3.33　形状记忆复合材料铰链驱动太阳能电池阵模型的展开过程

形状记忆复合材料应用于可展开结构的研究中时，需要重点考虑的力学问题是结构展开动力学和复合材料微观后屈曲的变形特性。在展开动力学的研究中，需要考察复合材料力学性能（玻璃化转变温度和热-力学性能等）、结构特征（纤维体积含量、圆弧角、厚度、长度、边界条件）与结构展开性能（展开刚度等）的关系。此外，形状记忆复合材料的恢复性能不仅由基体的形状记忆性能决定，还与纤维和形状记忆树脂间的微观变形特性相关。在复合材料受压屈曲变形条件下，材料最大非破坏应变超过 5%，远远大于增强纤维的变形极限。哈尔滨工业大学研制了热固性苯乙烯基和环氧基形状记忆聚合物，并完成了环氧基形状记忆聚合物及其复合材料的抗空间极端环境（温度、辐照和真空等）的性能测试。该单位研究人员还利用环氧形状记忆复合材料设计并制造了可展开空间结构，包括可展开铰链、桁架和天线等。其中，形状记忆聚合物复合材料铰链的展开过程如图 3.31 所示，该铰链在 100 s 内完成展开。在此基础上，研究人员还尝试将此铰链应用于太阳能电池阵模型的驱动展开（图 3.33）。形状记忆高分子材料的阻尼较大，这使得形状记忆复合材料展开结构的展开运动过程较为平缓，不易对系统造成较大的冲击。

（2）形状记忆高分子材料在生物医学领域的应用

SMP 在临床医学领域和植入医疗设备领域中有着巨大的应用前景。例如，利用可降解的 SMP 制备医用手术缝合线，预拉伸后的缝合线用于缝合伤口，在人体可承受的温度下进行加热逐步收缩恢复，伤口被闭合，实现对手术创口的缝合。

聚 L-乳酸、聚异戊二烯、聚降冰片烯、聚氨酯及脂肪族聚酯类等 SMP 均可以用于骨折固定材料，温控质轻、相容性好、透气、抗菌、可多次使用，是传统石膏类固形材料的理想替代品；牙齿矫形固定材料力学性能良好，恢复力持久，应用前景良好；SMP 微创医疗器械具有高效、快捷、彻底、无毒副作用等优点；对细胞的生长没有抑制作用的 SMP 组织工程支架、血液透析器、人工肌肉和器官、肥胖治疗等均显示了潜在的应用前景。

SMP 还可以用于药物释放装置，具体的药物释放过程如图 3.34 所示。在超声波的作用下，材料受热温度高于自身的玻璃化转变温度，发生形状恢复且使置于 SMP 中的药物在生物体中进行扩散，一旦停止超声，药物释放停止。

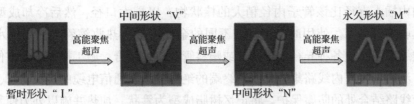

图 3. 34　聚焦超声控制药物释放

（3）形状记忆高分子材料在纺织领域的应用

利用形状记忆聚氨酯的透气性可受温度控制这一特点，在响应温度范围附近，其透气性有明显的改变，将响应温度设定在室温，则涂层织物能起到在低温（低于响应温度）时低透气性的保暖作用，在高温（高于响应温度）时高透气性的散热作用。由于薄膜的孔径远远小于水滴平均直径，可起到防水效果，从而使织物在各种温度条件下都能保持良好的穿着舒适性。因此，SMP 可被应用于湿度感应织物、抗皱织物、防水透气织物、调温织物等纺织产品的制备。

据日本三菱重工公司报道，采用形状记忆聚氨酯涂层织物 "Azekura" 不仅可以防水透气，而且其透气性可以通过体温加以控制，达到调节体温的作用。图 3. 35 是经过功能梯度材料处理和未经 FGM 处理的羊毛织物纹理处理。其作用机理在于聚氨酯的分子间隔会随体温的升高或降低而扩张或收缩，正如人体皮肤一样，能根据体温张开或闭合毛孔，起到调温保暖的作用，从而改善织物对穿着环境的适应性及舒适性。利用聚合物的形状记忆恢复功能，以此类织物纱线或经形状记忆整理的织物制成的服装，具有不同于传统意义上的防皱功能。当此类服装具有足够强的形状记忆功能时，服装在常温下形成的折皱可以通过升温来消除折痕，恢复原来的形状。甚至可以将响应温度设计在室温或人体温度范围内，从而可即刻消除形成的折皱。日本 Kobayashi 及 Kayashi 等曾报道，利用形状记忆高分子粉末对织物进行涂层整理，经整理的织物能在常温或高温下恢复折皱痕迹，具有良好的形状记忆效果。

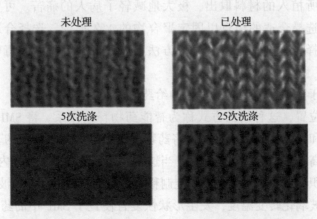

图 3. 35　经过 FGM 处理与未经 FGM 处理的羊毛织物纹理

（4）异径管接合材料

目前，SMP 应用最多的是热收缩套管和热收缩膜材料。先将 SMP 树脂加热软化制成管状，趁热向内插入直径比该管子内径稍大的棒状物，以扩大口径，然后冷却成型抽出棒状物，得到热收缩管制品。使用时，将直径不同的金属管插入热收缩管中，用热水或热风加热，套管收缩紧固，使各种异径的金属管或塑料管有机地结合，施工操作十分方便。这种热收缩套管广泛用于仪器内线路集合、线路终端的绝缘保护、通信电缆的接头防水、各种管路接头及钢管线路结合处的防腐保护。将记忆树脂成型为管状，加热并施以外力使其变为印刷的扁平状，冷却固化后印刷，然后再加热扩大管径，冷却固化后套在容器上，最后加热，使其收缩而紧贴于器壁。

(5) 形状记忆高分子材料在生物医疗领域的应用

在医疗领域，传统的矫形固定材料存在硬度大、较笨重、透气性差等缺点。与传统的矫形固定材料相比，SMP 矫形固定材料具有形状记忆性、便于安装、可随时调节形状、轻巧舒适、透气性好、力学性能良好等优点，可以在矫形、固形材料方面发挥作用。SMP 树脂用作固定创伤部位的器具可替代传统的石膏绷扎，这是医用器材的典型事例。首先将 SMP 树脂加工成创伤部位的形状，用热风加热使其软化，在外力作用下变形为易装配的形状，冷却固化后装配到创伤部位，再加热便恢复原状，起固定作用。取下时也极为方便，只需热风加热软化，这种固定器材质量小、强度高，容易做成复杂的形状，操作简单，易于卸下。SMP 材料还用作牙齿矫正器、血管封闭材料、进食管、导尿管等医疗器具。

可生物降解的 SMP 树脂可作为外科手术缝合器材。普通手术缝合线缝合伤口时，需要较精细的打结技术，而 SMP 手术缝合线无须打结，便捷的同时还可实现智能收紧。SMP 缝合线还可兼具良好的生物相容性、生物降解性及较适宜的收缩速度等特性。先将医用组织缝合线拉伸 200%，然后定形。手术完成后，随体温的升高，手术线的形状记忆恢复，伤口逐渐被扎紧而闭合。

热敏形状记忆聚氨酯可植入体内，放于需医疗的位置，通过体温获得需要的形状，当完成其生理功能后，该植入材料在体内慢慢降解，或被吸收，或被排放，这类材料无须进行第二次手术将所植入的材料取出，极大地减轻了病人的痛苦。可生物降解的植入材料的分子设计包括选择合适的结点以固定聚合物的永久形变，选择合适的分子链段充当开关链节，以及选择合适的原材料和合成方法，以最大限度地减小毒性，另外，还必须考虑生物相容性。

SMP 还可以用于药物释放装置。理想的给药方式是在需要的时刻，药物以合适的速率和剂量释放到病灶位置，这种给药方式称为智能药物释放体系。将 SMP 应用于载药系统，可实现药物的缓释和智能控制释放。首先将药物包覆于具有大表面积的 SMP 当中，然后通过形变来减小载药高分子的形状和表面积，当这个载药系统进入生物体内之后，可以通过控制高分子体系表面积的大小来达到缓释和控制释放药物的目的。在超声波的作用下，材料受热温度高于自身的玻璃化转变温度，发生形状恢复且使置于 SMP 中的药物在生物体中进行扩散，一旦停止超声，药物释放停止。

(6) 缓冲材料和温度感应材料

SMP 材料用于汽车的缓冲器、保险杠、安全帽等，当汽车突然受到冲撞，保护装置变形后，只需加热，就可恢复原状。

基于聚合物的热驱动形状记忆效应可以指示其所经历的温度是否超过限定值及超过多少，达到温度指示的作用。其主要的制备机理是通过特定的预变形操作，使 SMP 表面的图案可以在预先设定的温度下发生形状恢复而消失（或者出现），从而对所限定的温度进行指示，且指示结果不可逆。这种 SMP 温度指示标签无须复杂的电路或者机械结构装置，易于实现、大小可调、成本低廉。

将 SMP 树脂用来制作火灾报警感温装置、自动开闭阀门、残疾病人行动使用的感温轮椅等。采用分子设计和材料改性技术，提高 SMP 的综合性能，赋予 SMP 优良特性，必将在更广阔的领域内拓宽其应用。

总之，形状记忆材料的理论研究和应用开发的不断深入，将使形状记忆材料向多品种、多功能和专业化方向发展，进一步拓宽其应用领域，形状记忆材料可能成为 21 世纪重点发展的新型材料。

3.3　压电材料

压电材料是一种典型的智能材料。它既可以将机械能（机械信号）转换成电能（电信号），又可以将电能（电信号）转换成机械能（机械信号）。因此，它既可以用来制作传感器，也可以用来制作执行器。压电材料是传感器、换能器和执行器系统中的重要材料。

压电材料分为天然和人造两种，天然的压电晶体不用人工极化，本身具有电轴；人工制成的压电材料需要经过极化处理，才能具有压电性能。

3.3.1　压电效应

压电效应是由 Pierre Curie 和 Jacques Curie 于 1880 年在 α 石英晶体上发现，它反映了压电晶体材料的弹性与介电性之间的机电耦合过程。压电晶体在受到外力作用发生形变时，晶体内部的电荷中心会发生偏移，从而出现电荷不对称分布特性，在它的表面上出现极化电荷。这种没有电场作用，只是由外力作用而使晶体表面出现电荷的现象，称为压电效应。

图 3.36 表示 α 石英晶体的正压电效应，其中，p_1、p_2、p_3 分别为相互间夹角为 120° 的压电晶体偶极矩矢量。在没有受到外力作用时，压电晶体正负电荷的中心重合，因此 $p_1 + p_2 + p_3 = 0$，压电晶体表面没有电荷产生，如图 3.37（a）所示。当压电晶体受到 x 方向的拉力作用而被拉伸时，正负电荷的相对位置也会发生变化，此时，电偶极矩在 x 方向的分量之和沿着 x 正方向，故压电晶体在 x 正方向产生正电荷，在 x 负方向产生负电荷，如图 3.36（b）所示。相反，当压电晶体受到 x 方向外力作用被压缩时，正负电荷的相对位置发生变化，打破了正负电荷平衡的状态，电偶极矩在 x 方向分量之和不再为零，而是沿着 x 负方向，故在 x 正方向上产生负电荷，在 x 负方向产生正电荷，如图 3.36（c）所示。

当外力作用方向改变时，电荷的极性也随之改变，当去掉外力后，压电晶体又重新恢复到不带电的状态，压电材料这种没有电场作用，由机械应力的作用而使介电晶体产生极化并形成晶体表面电荷的性质称为压电性，这种现象称为压电效应。压电效应是任何压电材料都具有的重要特性，压电材料的压电效应分为正压电效应（力 – 电效应）和逆压电效应

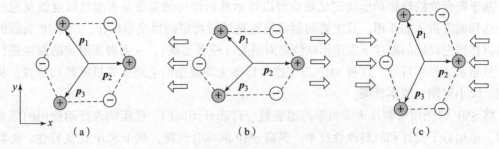

图 3.36　压电晶体的压电效应示意图

（电 – 力效应）两种。

实验证明，正压电效应和逆压电效应都是线性的，即晶体表面出现的电荷多少和形变大小成正比。当形变改变方向时，电场也改变方向，在外电场作用下，晶体的形变大小与电场强度成正比，当电场反向时，形变也改变方向。

1. 正压电效应

当压电材料上加一个与极化方向平行的压力 F 时，如图 3.37 所示，压电材料将产生压缩形变，压电材料内正负束缚电荷之间的距离变小，极化强度也变小。因此，原来吸附在电极上的自由电荷，有一部分被释放，从而出现放电现象。当压力撤销后，压电材料恢复原状，其内的正负束缚电荷之间的距离变大，极化强度也变大，因此，电极上又吸附一部分自由电荷，从而出现充电现象。这种由机械效应（力）转变为电效应，或者由机械能转变为电能的现象，称为正压电效应。

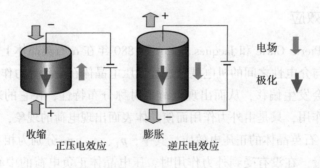

电场

极化

收缩　　　　　膨胀
正压电效应　　逆压电效应

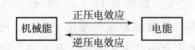

图 3.37　压电效应原理图

正压电效应的本质是机械作用引起介质极化，反映了压电材料具有将机械能转变为电能的能力。检测出压电元件上的电荷变化，通过变化即可得知元件或元件嵌入结构处的变形量，因此，利用正压电效应，可将其制成结构振动控制或结构健康监测中的智能传感器，还可制成能量采集装置。

2. 逆压电效应

若在极化方向上施加一个与极化方向相同的电场，如图 3.38 所示，电场的方向与极化强度的方向相同，因此电场的作用使极化强度增大。此时，压电材料内的正负束缚电荷之间的距离增大，即压电材料沿极化方向产生伸长形变；如果外加电场的方向和极化方向相反，则压电材料沿极化方向产生缩短形变。这种由电效应转变为机械效应（力）或者由电能转变为机械能的现象，称为逆压电效应。

逆压电效应的本质是电场作用引起介质极化，反映了压电材料具有将电能转换为机械能的能力。因此，利用逆压电效应，将压电材料制成驱动元件，嵌入结构中以改变结构形状或结构的应力状态，如用于结构振动控制中智能驱动器制造等。

压电材料的振动激发形式主要分成以下 4 种类型：①质点振动方向垂直于电场方向的伸缩振动（长度方向），即 31 模式，简称 LE。31 模式为作用力与极化方向垂直，常用在悬臂梁结构中。一般来说，31 模式结构容易制造、系统固有频率更低且振动量更大。②质点振动方向平行于电场方向的伸缩振动（厚度方向），即 33 模式。33 模式为作用力的方向与极化方向相同，常用在压电块被挤压的场合。33 模式机电耦合系数更高，但不容易产生应变，简称 TE。③质点振动方向垂直于电场平面内的剪切振动（表面），即 15 模式，简称 FS。④质点振动方向平行于电场平面内的剪切振动（厚度），简称 TS。

3.3.2　压电振子的振动模式

压电体一般被制成各种形状的压电陶瓷片，这些覆盖激励电动机的压电陶瓷片称为压电振子。压电振子是最基本的弹性体压电元件，具有多个固有振动频率。当施加于压电振子上的激励信号频率等于压电振子某一固有振动频率时，压电振子由于逆压电效应而产生机械谐振，这种机械谐振根据正压电效应可以输出电信号。

压电材料的力 – 电转换效应就是通过某一尺寸和形状的压电振子在某种特定条件下产生机械振动来实现的。根据极化方向与振动方向的关系，压电振子可以产生各种振动模式。通过对压电元件的振动模式分析，可以更加深入地了解压电元件的物理参数、工作原理和工作性质。压电振子的振动方式（振动模式）很多，依据压电材料的极化方向和形状间的振动关系，常用的振动模式为伸缩振动模式、切变振动模式和弯曲振动模式。其中，伸缩振动模式包括纵向厚度伸缩振动模式、横向长度伸缩振动模式和径向伸缩振动模式；切变振动模式包括纵向厚度切变振动模式和面切变振动模式；弯曲振动模式包括纵向厚度弯曲振动模式和纵向长度弯曲振动模式。

除此之外，压电振子的振动模式还有薄圆环径向振动模式、径向极化圆管径向振动模式、切向极化圆管径向对称振动模式、轴向极化圆管轴向振动模式、薄圆壳径向振动模式等。

3.3.3　压电材料的发展历史

1855 年，药剂师赛格涅特（Seignette）首先制造出罗谢尔盐（酒石酸钾钠晶体）。1880 年，发现了罗谢尔盐的压电性。第二次世界大战期间，科学家研制出磷酸二氢铵（ADP）、铌酸锂等压电晶体。直到 1917 年，法国物理学家郎之万（Langevin）研制出第一个实用的压电换能器，用来探测潜水艇，才使压电效应得到实际应用。在以后的 10 多年中，石英晶体成为唯一的压电器件材料。1941—1949 年，美国的科研人员首先进行了钡钛氧化物的研究，发现钛酸钡陶瓷具有良好的压电性能。1954 年，美国的 Jaffe 等发现了锆钛酸铅（PZT）陶瓷的压电性。在以后的 30 年中，PZT 材料以其较强且稳定的压电性能成为压电器件的主要材料。但 Lee 等研究表明，在高频周期载荷作用下，压电陶瓷极易产生疲劳裂纹，发生脆性断裂。20 世纪 20 年代，人们开始了对聚合物高分子材料的研究。1969 年，日本的 Kawai 发现了聚偏氟乙烯（PVDF）具有压电性。PVDF 是一种压电聚合体，其与 PZT 具有更好的柔韧性。20 世纪 90 年代初，美国宾州州立大学成功研制出新型的弛豫铁电单晶铌镁酸铅 – 钛酸铅（PZNT）和铌锌酸铅 – 钛酸铅（PMNT），其压电系数和机电耦合系数很高，应变量比 PZT 高出 10 倍以上。中国科学院上海硅酸盐研究所从 1996 年开展弛豫铁电单晶的基础研究和晶体生长工艺方法的探索，现已成功地生长出 PZNT 和 PMNT。

3.3.4　压电材料的相关性能参数

1. 压电常数

压电常数是压电材料特有的表征压电效应强弱的参数，它反映了压电材料中介电性质与弹性之间的力电耦合关系，直接关系到压电智能传感 – 驱动器的输出灵敏度。压电常数不仅与机械边界条件（如应力、应变等）有关，还与电学边界条件（电场强度、电位移等）有关。测量时选择的边界条件不同或选取的自变量不同，得到的压电常数也不同。压电常数通常有四组，分别为压电应力常数 e、应变常数 d、电压常数 g 和刚度常数 k。

同一压电材料的正、逆压电常数相同，并且存在对应关系。与介电常数和弹性常数一样，晶体的压电常数也与晶体的对称性有关。不同对称性的晶体，不仅压电常数的数值不同，而且独立的压电常数不同。其中，压电常数 d_{33} 是表征压电材料最常用的重要参数之一，一般陶瓷的压电常数越高，压电性能越好。下标中第一个数字指的是电场方向，第二个数字指的是应力或应变的方向。因此，d_{33} 表示极化方向与应力方向相同时测量得到的压电常数。

2. 介电常数

介电常数是反映压电材料电介质在静电场作用下介电性质或极化性质的主要参数，通常用 ε 来表示。不同用途的压电元件对压电材料的介电常数要求不同。当压电材料的形状、尺寸一定时，介电常数 ε 通过测量压电材料的固有电容 C_p 来确定。介电常数 ε 与压电材料的电容 C_p、电极面积 A_p 和电极间距离 h 之间的关系为

$$\varepsilon = \frac{C_p h}{A_p}$$

通常压电材料的介电常数以相对介电常数 ε_r 给出，它与介电常数 ε 之间的关系为

$$\varepsilon_r = \frac{\varepsilon}{\varepsilon_0}$$

式中，ε_r 为量纲为 1 的常数；$\varepsilon_0 = 8.85 \times 10^{-12}\,\mathrm{F/m}$，为真空介电常数。

压电材料极化处理前是各向同性的多晶体，各个方向的介电常数相同，其独立介电常数只有一个。经极化处理后，由于沿极化方向产生剩余极化而成为各向异性的多晶体，此时沿极化方向的介电性质与其他两个方向的介电性质不同。因此，当压电材料所处的机械边界条件不同时，所测得的介电常数也不同。在机械自由边界条件下测得的介电常数称为自由介电

常数，以 ε^T 表示；在机械夹持边界条件下测得的机电常数称为夹持介电常数，以 ε^S 表示。PZT 在 z 轴方向经过极化处理后，具有两个独立介电常数，即 $\varepsilon_{11} = \varepsilon_{22} \neq \varepsilon_{33}$。

3. 介质损耗

压电体在电场作用下，由发热而导致的能量损耗称为介质损耗（损耗因数或介电损耗），通常用 δ 表示。介质损耗是评价压电介质性能的重要指标。在交变电场作用下，压电体存在介质损耗的原因有两种：一种为有功部分（同相），由电导过程所引起；另一种为无功部分（异相），由介质弛豫过程所引起。将介质损耗定义为异相分量的比值，通常用损耗角的正切值表示，其表达式为

$$\tan \delta = \frac{I_R}{I_C} = \frac{1}{\omega CR}$$

式中，ω 为交变电场的角频率；R 为损耗电阻；C 为介质电容。

处于交变电场中的介质损耗，主要是极化弛豫所引起的介质损耗，其值与压电体能量损耗成正比，其值越小，材料性能越好。$\tan \delta$ 的倒数（$1/\tan \delta$）称为压电电学品质因数，是量纲为 1 的物理参数。

电介质晶体在外电场作用下的极化包括电子云极化、离子极化和取向极化。当外加电场作用于电介质时，介质极化强度需要经过一段时间（弛豫时间）才能达到最终值，即极化弛豫。在交变电场中，取向极化是造成晶体介质存在介质损耗的原因之一，并导致了动态介电常数和静态介电常数之间的不同，极化滞后引起的介质损耗会转化为热能消失。介质漏电是导致介电损耗的另一原因，同样会通过发热而消耗部分电能。显然，介质损耗越大，材料的性能就越差。因此，介质损耗是判别材料性能好坏、选择材料和制作器件的重要参数。

4. 机械品质因数

机械品质因数是表征压电体谐振时压电智能材料内部能量消耗程度的参数，是衡量压电材料的一个重要参数，通常用 Q_m 表示。利用压电材料制作滤波器、谐振换能器和标准频率振子等器件，主要是利用压电材料的谐振效应。由于压电材料的压电效应，当对一个按一定取向和形状制成的有电极的压电晶片输入电信号时，如果信号频率与晶片的机械谐振频率一致，就会使晶片由于逆压电效应而产生机械谐振。晶片的机械谐振又可以由于正压电效应而输出电信号，这种晶片即为压电振子。压电振子谐振时，要克服内摩擦而消耗能量，造成机械能的损耗。机械品质因数 Q_m 反映了压电振子在谐振时的损耗程度。

实际应用中，根据等效电路原理，机械品质因数定义为压电振子谐振时储存的机械能 E_1 与一个周期内损耗的机械能 E_2 之比，即

$$Q_m = 2\pi \frac{E_1}{E_2} = \frac{1}{4\pi(C_0 + C_1)R_1 \Delta f}$$

式中，R_1 为振子谐振时的等效电阻；C_0 为压电振子的静态电容；C_1 为振子谐振时的动态电容；Δf 为振子的谐振频率与反谐振频率之差。

所以，机械品质因数越大，能量的损耗越小。不同的压电器件对压电陶瓷材料的 Q_m 值有不同的要求。Q_m 值小的压电材料具有较大的机械阻尼，容易使元件发热并消耗能量，因此，如果压电陶瓷应用在滤波器中，则需要较高的 Q_m。

5. 机电耦合系数

压电体受到机械外力作用或者电场作用时，利用压电材料的正压电效应和逆压电效应使输入压电体的机械能（或者电能）转换为电能（或机械能），为了反映机械能与电能之间的相互耦合关系，在压电材料研究中引入了机电耦合系数这一物理量。自 1949 年美国无线电工程师学会（IRE）关于压电晶体的标准公布后，机电耦合系数开始作为反映压电材料综合性能的重要参数。

机电耦合系数是表征压电体机械能与电能相互转换的耦合效应的参数，也是衡量压电材料压电性强弱的重要参数，通常用 K 表示，也称为压电耦合因子。对于正、逆压电效应，其机电耦合系数定义为压电晶体中所吸收能量与输入能量之比的平方根，即

$$K^2 = \frac{机械能转变为电能获得的能量}{输入总机械能} （正压电效应）$$

$$K^2 = \frac{电能转变为机械能获得的能量}{输入总电能} （逆压电效应）$$

所以，机电耦合系数并非压电材料的机械能与电能之间的能量转化率，而是客观地反映了二者之间耦合效应的强弱。压电元件机械能与其形状和振动模式相关，因此，不同形状和不同振动模式的压电元件所对应的机电耦合系数也不同。机电耦合系数量纲为 1，是综合反映压电材料性能的参数。常见的机电耦合系数有纵向机电耦合系数 K_{33}、横向机电耦合系数 K_{31}、厚度机电耦合系数 K_t、平面机电耦合系数 K_p 等。如 PZT 材料的 K_{33} 为 0.75，而 K_{31} 为 0.39。机电耦合系数在不同的应用场合有不同的要求，当作为换能器时，如压电执行器、压电微电源等器件中所选的压电材料，要求 K 值越大越好。压电体的两种能量耦合总是不完全的，因此，机电耦合系数满足 $K \leqslant 1$。

6. 弹性常数

压电材料除了具有介电特性以外，还具有一般弹性体的弹性特征。因此，压电体服从弹性胡克定律，即在弹性范围内，应力与应变满足线性关系。一般用弹性常数来描述压电体的弹性特征，它与压电材料的质地有关，其大小决定了压电元件的固有频率和动态特性。通常有四组弹性常数，在恒定电场条件下测得的弹性常数有短路弹性柔顺常数和短路弹性刚度常数；在恒定电位移条件下测得的弹性常数有开路弹性柔顺常数和开路弹性刚度常数。所谓开路和短路，是指测量弹性常数时，外电路电阻很大或很小，相当于开路和短路情况。

7. 频率常数

频率常数是压电体的谐振频率和决定该频率的主要振动方向的几何谐振尺寸（如振子的主振方向的长度、直径等）的乘积，通常用 N 表示，即

$$N = f_r L 或 N = f_r d$$

式中，f_r 为谐振频率；L、d 为主振方向的长度或直径。

压电体的谐振频率不仅与材料性质有关，还与其外形、尺寸有关，但频率常数只与材料性质及振动模式有关，与压电体外形、尺寸大小无关。如果外加电场垂直于振动方向，则谐振频率为串联谐振频率；如果外加电场平行于振动方向，则谐振频率为并联频率。

从应用的角度看，不同用途的压电材料对上述参数的要求各不相同。例如，在超高频和高频器件中使用的材料，要求介电常数和高频介质损耗小；用作换能器材料，要求耦合系数大，

声阻抗匹配要好；用作标准频率振子，则要求稳定性高，机械品质因数 Q_m 值高。目前，利用掺杂、取代等改性方法已经使得压电陶瓷的性能可以大幅度调节，以适应不同应用的需要。

3.3.5　不同类别的压电材料

压电材料主要分为三类：压电晶体（单晶）、压电陶瓷（多晶）及新型压电聚合物材料。常用的压电材料有石英、钛酸钡等单晶材料；钙钛矿型压电陶瓷如钛酸钡、钛酸铅、锆钛酸铅等多晶材料；以 PVDF 压电薄膜材料为代表的新型聚合物压电材料。

压电陶瓷频率稳定性好、精度高及适用频率范围宽，并且体积小、不吸潮、寿命长，特别是在多路通信设备中能提高抗干扰性。因此，压电陶瓷在压电材料领域一直是研究及应用的重点。

锆钛酸铅压电陶瓷的晶体四方体单元如图 3.38 所示，它的优点是居里点比钛酸钡高很多，在 300～400 ℃没有较低的相变点，在较大的温度范围比较稳定。为使压电效应显著，可以通过变更化学组分在很大范围内调整其性能，以满足多种不同的要求，如以 Nd^{5+} 转换 $(Ti,Zr)^{4+}$，或者以 La^{3+} 置换 Pb^{2+}，可以在提高机电耦合系数、介电常数和柔性常数的同时，增加介电损耗因子、机械损耗因子和直流电阻率，且减小老化率（PZT-5 系列）。再如，用钙、锶或钡转换部分的铅，可使居里点降低，介电常数增加（PZT-4）。

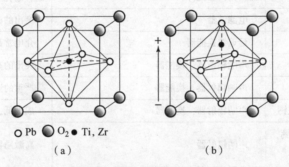

○ Pb　◯ O_2　● Ti, Zr
（a）　　　　　　　（b）

图 3.38　PZT 晶体四方体单元

（a）极化前；（b）极化后

PZT 压电材料又分为体材料和薄膜材料。

体材料的制作与陶瓷相类似，但也有其特点。其工艺主要包括配料、球磨、二次球磨、成型、排塑、烧结、精修、上电极、烧银、极化、测试等。

PZT 薄膜是微机电系统（MEMS）中应用最为广泛的传感和驱动材料之一，被广泛应用于微型传感器与微型驱动器，如微镜、压电微悬臂梁、微马达、微加速度计、微压电陀螺、扫描应力显微镜、原子力显微镜等，一般选用准同相界（MPB）附近的 PZT 铁电薄膜。

常用的制备方法有溶胶－凝胶（sol-gel）法、磁控溅射法、金属有机物化学气相沉积法、脉冲激光沉积法、化学气相沉积法、水热法和分子束外延法等。其中，溶胶－凝胶法是通过将含有一定离子配比的金属醇盐和其他有机或无机金属盐溶于共同的溶液，水解和聚合形成均匀的前驱体溶液。通过旋涂等方法将前驱体溶胶溶液均匀地涂覆在基片上，经烘干除去有机物，反复旋涂膜得到需要的厚度，最终退火处理形成需要的薄膜。

在宏观情况下，体材料的缺陷尺寸和密度很低，往往忽略缺陷的存在，而在薄膜材料中，缺陷与薄膜的尺寸相比已经不能忽略。体材料通常是被假设均匀的，但是在 MEMS 领域，薄膜材料均匀性的假设有时会造成相当大的误差。一些重要的材料性能特性，如弹性模量、泊松比、断裂强度、屈服强度、表面残余应力、硬度、疲劳特性等与宏观条件下不同。由于微制造工艺的柔性变化，制造出的单个薄膜与薄膜之间的材料性能都可能不相同。薄膜材料的各批次之间，甚至同一薄膜内的随机因素都会造成材料的分散性，对材料的性能产生较大的影响。PZT 压电薄膜的介电特性和压电特性随着膜厚的增加而增强，当厚度增加到 $10~\mu m$ 附近时，其特性才和体材料相似。

由于 PZT 的压电常数、机电耦合系数、介电常数和柔性常数都较高，而制造成本却较低，目前使用得较为广泛，表 3.2 是常用压电陶瓷材料的种类及用途。

表 3.2　常用压电陶瓷材料的种类及用途

材料	应用	突出特点
PZT4 锆钛酸铅压电陶瓷	声呐辐射器，换能器，高压发生器，压电陶瓷变压器	高激励特性良好，耦合系数和压电常数高
PZT－5A、PZT－5H	水听器，换能器，电唱机拾音器，微音器，扬声器元件	介电常数高，耦合系数及灵敏度高，老化小，时间常数大
PZT－6A、PZT－6B	电滤波器	突出的温度稳定性
PZT－7A	延迟线换能器	介电常数小，老化小
PZT－8A	声呐辐射器，换能器	突出的高激励特性
钛酸钡	声呐辐射器，换能器	严重的温度依赖性
95%的钛酸钡，5%的钛酸钙	声呐辐射器，换能器	成本低，小功率时相当稳定
95%的钛酸钡，5%的钛酸钙，0.75% $CoCO_3$ NRE_4	声呐辐射器	高激励特性良好，但压电效应弱
$PbNb_2O_6$	超声探伤换能器	机械品质因数小
$Pb_{0.6}Ba_{0.4}Nb_2O_6$	换能器	无明显特点
$K_{0.5}N_{0.5}NbO_3$	延迟线换能器	介电常数小，声速高

常见压电材料的主要性能参数见表 3.3，其中常见压电陶瓷材料的主要性能参数见表 3.4。

表 3.3　常用压电材料的主要性能参数

类型	名称	压电系数/$(pC \cdot N^{-1})$		介电常数	机电耦合系数
		d_{33}	d_{31}	$\varepsilon_r/\varepsilon_0$	K_{31}
压电晶体	石英	2.31	-0.73	4.68	0.05
压电陶瓷	ZnO	12	-5.1	9.26	0.18
	PZT－5H	593	-274	3 400	0.39
	PZT－5A	374	-171	1 700	0.34
聚合物	PVDF	39～44	-12～-24	13	0.117

表 3.4 常见压电陶瓷材料的主要性能参数

名称	d_{33} 系数	d_{31} 系数	d_{51} 系数	介电常数 $\varepsilon_r/\varepsilon_0$	机电耦合系数 K_{31}	机电耦合系数 K_{33}
PZT – 5H	593	– 274	741	3 400	0.39	0.75
PZT – 5A	374	– 171	584	1 700	0.34	0.705
PZT – 4	289	– 123	496	1 300	0.33	0.70
PZT – 8	218	– 93	330	1 000	0.30	0.62
BaTiO$_3$	56	– 6.8	68	190	0.06	0.48

3.3.6 压电晶体中的应力、应变描述

PZT 的压电特性是由极化材料的拉伸导致两个相互平行的电极形成电压。用 3 个轴来表示压电材料空间分布时,一般极化方向被定义为 3 轴。1 轴、2 轴定义为相互正交且与 3 轴正交。为方便起见,单元体取为矩形立方体,将设置 1 轴、2 轴作为单元体的边缘,如图 3.39 所示。通常情况下,正应力 σ 和剪应力 τ 构成一个二阶张量。共有 9 个应力张量分量,考虑对称性时,有 6 个独立的应力分量。为了描述方便,对于压电晶体,通常用上述数字 1、2、3 代替 x、y、z 坐标,也通常用 T 符号统表正应力和剪应力,因此有如下的关系式:

$$T = \begin{bmatrix} T_{11} & T_{12} & T_{13} \\ T_{21} & T_{22} & T_{23} \\ T_{31} & T_{32} & T_{33} \end{bmatrix} = \sigma_{ij} = \begin{bmatrix} \sigma_x & \tau_{xy} & \tau_{xz} \\ \tau_{xy} & \sigma_y & \tau_{yz} \\ \tau_{zx} & \tau_{zy} & \sigma_z \end{bmatrix} = \begin{bmatrix} \sigma_{11} & \sigma_{12} & \sigma_{13} \\ \sigma_{21} & \sigma_{22} & \sigma_{23} \\ \sigma_{31} & \sigma_{32} & \sigma_{33} \end{bmatrix} \tag{3.1}$$

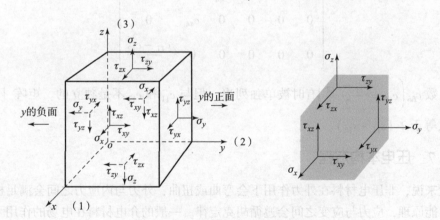

图 3.39 压电晶体中的应力示意图

根据弹性力学中的内力矩平衡条件可知 T 为一对称张量,即

$$T_{12} = T_{21},\ T_{13} = T_{31},\ T_{23} = T_{32} \tag{3.2}$$

所以独立的张量只有 6 个,为了在压电方程中描述方便,通常将这 6 个二阶张量的分量用一阶张量(向量)的分量来表示,分别为 $T_1 = \sigma_{11}$,$T_2 = \sigma_{22}$,$T_3 = \sigma_{33}$,$T_4 = \tau_{23}$,$T_5 = \tau_{13}$,$T_6 = \tau_{12}$。

类似地，用 $S_1 \sim S_6$ 来表示应变分量。应力 $\boldsymbol{T}$ 和应变 $\boldsymbol{S}$ 都是长度为 6 的向量（一阶张量）。根据连续介质力学，在没有压电效应时，没有力电耦合作用，应力和应变的关系可以很简单地描述为

$$\boldsymbol{T} = [c]\boldsymbol{S} \tag{3.3}$$

或

$$\boldsymbol{S} = [s]\boldsymbol{T} \tag{3.4}$$

其中，$[c]$ 是一个 6×6 的刚度矩阵；$[s]$ 是一个 6×6 的柔度矩阵。矩阵 $[c]$ 和 $[s]$ 为互逆矩阵。对压电材料来说，刚度（柔度）属性在恒电场条件与恒电位移条件下是不相同的。因此，$[c]$ 和 $[s]$ 矩阵必须定义这两个条件，由上标 E 和 D 表示如下：$[c^E]$ 为恒电场下刚度矩阵，$[c^D]$ 为恒电位移下刚度矩阵，$[s^E]$ 为恒电场下柔度矩阵，$[s^D]$ 为恒电位移下柔度矩阵。

PZT 压电材料是特定晶体，具有高度的对称性。材料的特性相对于 3 轴（即 z 轴）十分对称。所以可以方便地定义 1 轴和 2 轴，使其平行对称。根据晶体的对称性，一般的各向异性材料在 $[c]$ 或 $[s]$ 矩阵中有 21 个系数。PZT 压电晶体结构比较特殊，一般只有 4 个独立的系数。许多应力/应变对之间相互不耦合，在矩阵系数上的反映就是系数等于零。$[c]$ 矩阵形式如下：

$$\begin{bmatrix} c_{11} & c_{12} & c_{12} & 0 & 0 & 0 \\ c_{12} & c_{11} & c_{12} & 0 & 0 & 0 \\ c_{12} & c_{12} & c_{33} & 0 & 0 & 0 \\ 0 & 0 & 0 & c_{44} & 0 & 0 \\ 0 & 0 & 0 & 0 & c_{44} & 0 \\ 0 & 0 & 0 & 0 & 0 & \dfrac{c_{11} - c_{12}}{2} \end{bmatrix} \tag{3.5}$$

其中，系数 $c_{66}\left(c_{66} = \dfrac{c_{11} - c_{12}}{2}\right)$ 有时被单独列出，但与 c_{11} 和 c_{12} 不是独立的。矩阵 $[s]$ 与此类似，s_{66} 等于 2（$s_{11} - s_{12}$）。

3.3.7 压电本构方程

一般来说，非压电材料在外力作用下会弯曲或扭曲，外力与内应力之间会满足机械平衡条件或节能原理，应力与应变之间会遵循胡克定律。一般的介电材料在电场的作用下产生极化，并且电位移和电场强度之间的关系满足介电常数的关系。压电材料是一种特殊材料，在外力的作用下，不仅变形，而且会产生电场和电位移。在电场作用下，不仅会发生极化，而且会引发结构变形。因此，压电材料在变形和极化期间会满足机电耦合的特殊本构关系，这种关系称为压电方程。

压电体可以看成一个热力学系统，作为系统的热学参量，必然与系统的力学参量和电学参量存在一定的关系。也就是说，压电体的状态方程将包括熵 D_i、温度 Θ、应力张量 $\boldsymbol{T}$、应变张量 $\boldsymbol{S}$、电位移 D、电场强度 E 6 个基本变量。由状态方程导出的压电方程也将包括上述

6 个基本变量。然而，在大多数实际问题中，压电体的机械能与电能之间的转换是很快的，可以近似认为压电体与环境无热量交换，系统处于绝热过程，保持熵不变，从而使问题得到了简化。从热力学函数出发推导压电方程的步骤为：先选择描述系统的适当的独立变量；再由这些独立变量选择恰当的热力学函数；然后将因变量按独立变量展开，利用热力学关系（麦克斯韦关系）求出函数之间的关系。

压电方程就是描述晶体的力学量和电学量之间相互关系的表达式，是综合描述晶体的极化、弹性及机电之间压电耦合作用的方程组。由于应用状态和测试条件的不同，压电晶片（振子）可以处在不同的电学边界条件和机械边界条件下，即压电方程的独立变量可以任意选择，所以根据机械自由和机械夹持的机械边界条件与电学短路和电学开路的电学边界条件，描述压电材料的压电效应的方程共有四类，即 d 型、e 型、g 型、h 型。

电学边界条件包括短路和开路两种。短路是指两电极间外电路的电阻比压电材料的内阻小得多，可认为外电路处于短路状态。这时电极面所累积的电荷由于短路而流走，电压保持不变。它的上标用 E 表示。开路是指两电极间外电路的电阻比压电材料的内阻大得多，可认为外电路处于开路状态。这时电极上的自由电荷保持不变，电位移保持不变。它的上标用 D 表示。

机械边界条件包括机械自由和机械夹紧两种。自由是指用夹具把压电陶瓷片的中间夹住，边界上的应力为零，即片子的边界条件是机械自由的，片子可以自由变形。它的上标用 T 表示。夹紧是指用刚性夹具把压电陶瓷的边缘固定，边界上的应变为零，即片子的边界条件是机械夹紧的。它的上标用 S 表示。

第一类压电方程的边界条件是电学短路和机械自由，本构方程表示为

$$\text{d 型：} \begin{bmatrix} S_p \\ D_i \end{bmatrix} = \begin{bmatrix} s_{pq}^E & d_{kp} \\ d_{iq} & \varepsilon_{ik}^T \end{bmatrix} \begin{bmatrix} T_q \\ E_k \end{bmatrix} \qquad \begin{array}{l} p,\ q = 1,\ 2,\ \cdots,\ 6 \\ i,\ k = 1,\ 2,\ 3 \end{array} \tag{3.6}$$

式中，两个方程 S_p 和 D_i 分别为逆压电效应和正压电效应；d_{iq} 为压电常数；d_{kp} 为 d_{iq} 的转置；s_{pq}^E 为场强恒定时弹性柔顺常数；ε_{ik}^T 为应力恒定时介电常数。

第二类压电方程的边界条件是电学短路和机械夹持，本构方程表示为

$$\text{e 型：} \begin{bmatrix} T_p \\ D_i \end{bmatrix} = \begin{bmatrix} c_{pq}^E & e_{kp} \\ e_{iq} & \varepsilon_{ik}^S \end{bmatrix} \begin{bmatrix} S_q \\ E_k \end{bmatrix} \qquad \begin{array}{l} p,\ q = 1,\ 2,\ \cdots,\ 6 \\ i,\ k = 1,\ 2,\ 3 \end{array} \tag{3.7}$$

式中，c_{pq}^E 为场强恒定时（短路）弹性刚度常数；e_{iq} 为压电应力系数；e_{kp} 为 e_{iq} 的转置；ε_{ik}^S 为应变恒定时的介电常数（夹紧介电常数）。

第三类压电方程的边界条件是电学开路和机械自由，本构方程表示为

$$\text{g 型：} \begin{bmatrix} S_p \\ E_i \end{bmatrix} = \begin{bmatrix} s_{pq}^D & g_{kp} \\ g_{iq} & \beta_{ik}^T \end{bmatrix} \begin{bmatrix} T_q \\ D_k \end{bmatrix} \qquad \begin{array}{l} p,\ q = 1,\ 2,\ \cdots,\ 6 \\ i,\ k = 1,\ 2,\ 3 \end{array} \tag{3.8}$$

式中，β_{ik}^T 为恒应力作用下介质的隔离率；g_{iq} 为压电应变常数；g_{kp} 为 g_{iq} 的转置。

第四类压电方程的边界条件是电学开路和机械夹持，本构方程表示为

$$\text{h 型：} \begin{bmatrix} T_p \\ E_i \end{bmatrix} = \begin{bmatrix} c_{pq}^D & h_{kp} \\ h_{iq} & \beta_{ik}^S \end{bmatrix} \begin{bmatrix} S_q \\ D_k \end{bmatrix} \qquad \begin{array}{l} p,\ q = 1,\ 2,\ \cdots,\ 6 \\ i,\ k = 1,\ 2,\ 3 \end{array} \tag{3.9}$$

式中，h_{iq} 为压电应力常数；h_{kp} 为 h_{iq} 的转置；β_{ik}^S 为恒应变下（夹紧）的介质隔离率；c_{pq}^D 为

恒电位移（开路）时弹性刚度系数。

3.3.8 压电材料的制备

由于 PZT 的压电系数较高，目前在 MEMS 中使用得较为广泛，如使用 PZT 作为压电俘能器的主要材料。针对不同的压电材料，要根据其应用场合、特性和成本来选择合适的制备方法，其制备方法按制备时出现的物相分为固相法、液相法和气相法。

（1）固相法。采用传统固相法制备 PZT 时，烧结温度高于 1 200 ℃会引起 PbO 的挥发，难以控制化学计量比，导致材料的微观结构和电学特性难以控制，适用于原料便宜、工艺简单及对压电材料性能要求不高的场合。

（2）液相法。液相法制备压电材料是目前最常用的方法，包括共沉淀法、水热合成法、溶胶－凝胶法、醇盐水解法等。

（3）气相法。气相法适合制备纳米级压电薄膜，主要有物理相沉积和化学气相沉积。其中，溅射法是最常用的方法。化学气相沉积可以精确地控制反应产物的化学组成，掺杂方便，但难以获得合适的气源材料，不适合低成本、大量制备薄膜，实际中采用较少。

目前，压电材料的研究热点趋势主要有低温烧结 PZT 陶瓷、大功率高转换效率的 PZT 压电陶瓷、压电复合材料、无铅压电陶瓷。

低温烧结是为了解决铅基压电陶瓷高温烧结中引起的 PbO 挥发问题。通过在 PZT 陶瓷中添加 Li_2CO_3、Bi_2O_3、MnO_2 等低熔点烧结助剂，能降低烧结温度 200～300 ℃；制备纳米化超细粉体可以控制烧结温度在 PbO 的挥发温度以下；通过热压电烧结也可以使 PZT 的烧结温度降低 150～200 ℃，有利于减少 PbO 的挥发。

制备大功率高转换效率的压电陶瓷主要有三种方法：通过掺杂 Mn、$YMnO_3$ 及其他元素掺杂改性；将第四组元加入多元系压电陶瓷中开发新的材料体系；通过添加低温共烧助剂，用湿化学法制备超细粉体，利用热压成形烧结，探索新的制备工艺。现阶段研究较多的压电复合材料是由压电陶瓷和聚合物复合成的。

目前，无铅压电材料中钛酸钡基、钛酸铋钠基研究已经很成熟，促使压电陶瓷的微观结构呈现单晶体特征这一新技术也有了一定的发展。把压电铁电理论和无铅压电陶瓷体系组合，将 PZT 陶瓷的理论运用到无铅压电陶瓷中，开发新理论、新方法也有所发展。

3.3.9 压电材料的应用

自 1942 年第一个陶瓷型压电材料钛酸钡诞生以来，压电陶瓷的应用产品已遍及人们生活的各个方面。压电陶瓷材料在探测、换能、引燃等方面早已获得广泛的应用。其作用原理是在压电陶瓷上施加一个与极化方向平行的压力，陶瓷被压缩，两端面产生异号电荷，外力消失时恢复原状，这一变形过程为正压电效应；若在压电陶瓷上施加一个与极化方向相同的电场，电场与极化方向相同，由于电场作用而伸长，电场消失而恢复原状的变形过程为逆压电效应。该效应随直流电场电压的高低变化而发生变形量的大小变化，可以获得微米量级的精密位移。另外，在某些高介电材料中具有很大的电致伸缩效应，利用这种材料，可实现的负荷为 1 500 kg，最大位移量 50 μm，响应时间小于 1 μs，驱动电压为 1.6 kV。此前日本、德国、荷兰、美国在电致伸缩陶瓷的发展研究和应用等方面均取得显著的成就，国内也有很多单位进行电致伸缩陶瓷微位移驱动器件的研制工作。

压电材料作为机电耦合的纽带，其应用大致可分为两大方面：以压电谐振器为代表的压电陶瓷频率控制器件方面的应用和作为机械能与电能相互转换的准静态的应用。压电材料还可以在传感器和驱动器上应用。此外，压电材料在新能源技术中也得到了广泛的使用，即压电发电技术。

1. 压电换能器

压电换能器是利用压电陶瓷的正压电效应和逆压电效应实现电能和声能的相互转化。压电超声换能器就是其中的一种，它是水下发射和接收超声波的水声器件。处于水中的压电换能器在声波的作用下，换能器两端会感应出电荷，这就是声波接收器；若在压电陶瓷片上施加一个交变电场，陶瓷片就会时而变薄时而变厚，同时产生振动，发射声波，这就是超声波发射器。

压电换能器在工业中还被广泛用于水中导航、海洋探测、精密测量、超声清洗、固体探伤及医学成像、超声诊断、超声疾病治疗等方面。当今压电超声换能器的另一个应用的领域是遥测和遥控系统，其具体应用实例主要有压电陶瓷蜂鸣器、压电点火器、超声显微镜等压电驱动器。

图 3.40 所示为昆山日盛电子有限公司生产的换能器件。其中，图 3.40（a）所示为医用压电陶瓷晶片，图 3.40（b）所示为压电陶瓷大功率超声换能元件，图 3.40（c）所示为超声清洗换能器系列，图 3.40（d）所示为塑料焊接及加工用换能器。

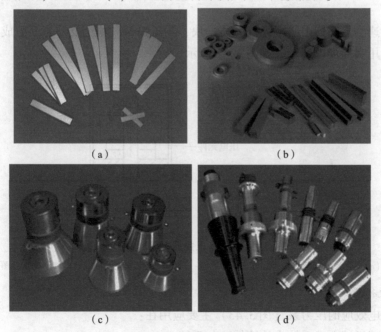

（a）　　　　　　　　　　　　　（b）

（c）　　　　　　　　　　　　　（d）

图 3.40　压电换能器

（a）医用压电陶瓷晶片；（b）压电陶瓷大功率超声换能元件；（c）超声清洗换能器系列；
（d）塑料焊接及加工用换能器

2. 压电传感器

压电传感器是我国传感器系统中应用最广的一类传感器，在精密测量、自动化控制中起着重要的作用，在航天航空、汽车、冶金、化工等领域都得到广泛的应用。

陶瓷质电容式压力传感器是利用先进的电子陶瓷技术、集成电路技术和厚膜平面安装电路技术，采用零力学滞后的陶瓷和陶瓷密封材料进行设计的一种干式压力传感器。其同以往的传感器相比，具有如下特点：

①蠕变小、滞后差、反应速度快。

②有较强的抗冲击、抗过载能力。

③精度高，温度漂移小。

④抗干扰能力强、测量重复性强。

⑤耐温、耐腐蚀性也有很大改善。

压电式传感器主要用于动态作用力、压力、加速度的测量。以压电元件为转换元件，输出电荷与作用力成正比的力－电转换装置。常用的形式为荷重垫圈式，它由基座、盖板、石英晶片、电极及引出插座等组成。

压电式单向动态力传感器用于变化频率不太高的动态力的测量，如图 3.41 所示。测力范围达几十 kN 以上，非线性误差小于 1%，固有频率可达数十 kHz。

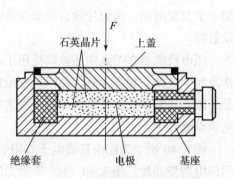

图 3.41　压电式力传感器

压电式加速度传感器由压电元件、质量块、预压弹簧、基座及外壳等组成。整个部件装在外壳内，并用螺栓加以固定，如图 3.42 所示。

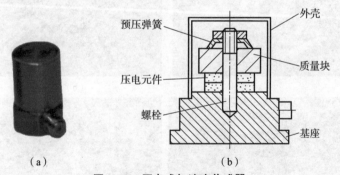

（a）　　　　　　　　　　　　（b）

图 3.42　压电式加速度传感器

（a）YD 系列压电式加速度传感器实物图；（b）压电式加速度传感器内部结构示意图

3. 压电执行器

利用逆压电效应的压力泵（图 3.43）主要应用在：

①各种微型机械电子系统中的液体冷却系统。

②航空航天器等飞行器上的燃料供给或液体输出装置。

③医疗器械和生物工作中的微量液体输送。

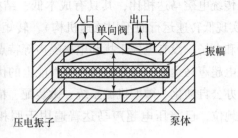

图 3.43　压电式压力泵

④化工机械及分析中的微量液体输送。

其特点主要是结构简单、体积小、质量小、耗能低、无噪声、无电磁干扰，可根据施加电压或频率控制输出流量等。

4. 压电振子与压电陶瓷频率控制器件

极化后的压电陶瓷，即压电振子，具有由其尺寸所决定的固有振动频率，利用压电振子的固有振动频率和压电效应可以获得稳定的电振荡。当所加电压的频率与压电振子的固有振动频率相同时，会引起共振，振幅大大增加。此过程交变电场通过逆压电效应产生应变，而应变又通过正压电效应产生电流，实现了电能和机械能最大限度地互相转换。利用压电振子这一特点，可以制造各种滤波器、谐振器等器件。

这些器件具有成本低、体积小、不吸潮、寿命长、频率稳定性好、等效品质因数比 *LC* 滤波器高、适用的频率范围宽、精度高，特别是用在多路通信、调幅接收及各种无线电通信和测量仪器中时，能提高抗干扰能力。所以其目前已取代了相当大一部分电磁振荡器和滤波器，并且这一趋势还在不断发展中。

5. 压电变压器

压电变压器是利用压电效应的电能和机械能相互转换的特性制备而成的，由输入端和输出端两部分组成，其电极化方向相互垂直。输入端沿厚度方向极化，施加交变电压后做纵向振动，由于逆压电效应，输出端就会有高压输出。

压电陶瓷变压器是一种新型固态电子器件，与传统的电磁式变压器相比，具有结构简单、体积小、质量小、变压比大、稳定性好、无电磁干扰及噪声、效率高、能量密度大、安全性高、无绕组、不可燃烧、无漏磁现象及电磁辐射污染等优点。

依据压电陶瓷变压器的工作模式，压电陶瓷变压器可分为如下几类：Rosen 型压电陶瓷变压器、厚度振动模式压电陶瓷变压器、径向振动模式压电陶瓷变压器等。

近年来又出现了一些性能更好的压电变压器，如两输入端的三阶振动模式 Rosen 型压电陶瓷变压器和大功率多层压电陶瓷变压器。目前压电陶瓷变压器主要用于 AC – DC、DC – DC 等功率器件及高压发生器件上，如液晶显示器中的冷阴极管、霓虹灯管、激光管和小型 X 光管、高压静电喷涂、高压静电植绒和雷达显示管的驱动等。

6. 压电超声马达

压电超声马达是利用压电陶瓷的逆压电效应产生超声振动，将材料的微变形通过共振放大，靠振动部分和移动部分之间的摩擦力来驱动，无须通常的电磁线圈的新型微电动机。

与传统电磁马达相比，其具有成本低、结构简单、体积小、高功率密度、低速性能好（可以实现低转速运行而不用减速机构）、转矩及制动转矩大、响应快、控制精度高，以及无磁场和电场，没有电磁干扰和电磁噪声等特点。

压电超声马达由于自身的特点和性能上的优势，广泛应用于精密仪器、航天航空、自动控制、办公自动化、微型机械系统、微装配、精密定位等领域。目前，日本在该领域处于技术领先地位，已将压电超声马达普遍用于照相机、摄像机的自动调焦，并形成规模系列产品。

7. 压电俘能器

各国科技工作者一直在努力寻找和开发新能源来解决使用传统能源时存在的问题。俘能技术是一种利用俘能器从其周围环境中获取能量的技术，也有学者称之为能量收集技术。当前，从环境俘获能量来驱动无线装置和器件已经被公认是具有前途的研究方向。

压电俘能器就是利用压电材料、结构或系统，将环境中的机械振动能量转化为电能，并存储和利用。压电俘能器是可以用于间断性供能的器件，主要特点如下。

①占用空间较小。由于压电俘能器的能量是从环境中俘获的，所以对于长期供能的器件来说，其体积可比电池大大缩小。

②寿命长。压电俘能器的使用寿命依赖于俘能结构和环境，因此，其寿命相对于电池来说也大大延长，避免了电池充电或频繁更换的情况，这使得俘能器用于无线网络、嵌入式系统、微系统器件等的能源成为可能。

③节省能源。理论上环境中的振动能取之不尽，可以通过俘能来提高自然界中的能源利用效率，实现系统"自供能"。

④能量管理方便。使用俘能技术，可以将俘获的能量及时提供给电子设备作为动力，其能量存储密度无须过高，并且能够合理释放能量。避免了当供能部件（如电池）的能量密度增加到一定程度时产生爆炸等安全问题。

目前，压电俘能器的应用主要有压电发电鞋、路面或地板压电发电系统、公路发电系统、海浪压电发电系统等。

（1）压电发电鞋

美国麻省理工学院媒体实验室开发了压电发电鞋，分别在鞋的前底面与鞋跟使用压电材料，底面使用挠性聚偏氟乙烯压电聚合物材料。新加坡国防科技局和新加坡大学的研究者也尝试在鞋里安装压电材料，让鞋子变成充电器。压电鞋的出现使人们边走路边发电的想法变成现实。重庆的一家科技公司也研制了一款智能应用发电运动鞋。该款发电运动鞋是将行走中产生的动能经"压电陶瓷技术"转换发电，并将电能存储于鞋内的微型电池中。鞋面上配有 USB 接口，插上手机、相机等移动设备，就能输送鞋内储存的电能，实现移动充电。此外，这款运动鞋还能提供海拔检测、气压检测、温度检测、GPS（全球定位系统）求救、计步器、运动轨迹记录等功能。

（2）路面或地板压电发电系统

将压电装置铺设于路面内，车辆通过时路面振动产生电能，所产生的电能经过电路调整可充当道路灯具和其他设施的工作电源，或提供给储能装置加以存储和利用。将压电材料制成地板，使用在车站等人流密度较大的场所，行人经过可使地板发生变形，从而获得电能。现在，歌舞灯成了一个发电的好场所。这个构想是由伦敦的一家名为 Bar Surya 的歌舞厅实施的。该歌舞厅的地板上安装弹簧，当人在上面跳舞压弹簧的时候，就能够发电。发出来的电就会被电池储备起来，然后为舞厅内的设施供电。该舞厅的主人 Andrew Charalambous 透露，这套系统能给歌舞厅节省 60% 的电能。

在日本，人们已经开始利用压电瓷砖发电。图 3.44 是东京车站，人们正从这种特殊的瓷砖上踏过。地铁、机场、大商场这些地方每天都会有成千上万的人流通过，例如，仅涩谷车站一处，平均每个工作日都会有 240 万的客流量。"体重为 60 kg 的一般人在走一两步的 1 s 之内只能发出 0.1 W 的电。但是走上好长一段距离，并且成千上万的人都走的话，就能发出大量的电了。"来自日本的 Yoshiaki Takuya 这么说道。因此，每一步都很关键，并且其结果很可观。这种办法应该在全世界范围得到实施。

图 3.44　安装于地铁闸机出入口的发电地板

（3）公路发电系统

西安交通大学曹秉刚等人发明了一种利用公路振动能量的发电方法及道路灯具系统。以色列技术研究院下属的一家公司正研究在不影响车子正常行驶的情况下，将运动着的车子的动能转化为电能的道路发电形式。其方法就是，在普通路面的沥青中植入大量的压电晶体，通过汽车驶过时的压电转换来发电，1 km 的路面能产生 100～400 kW 的电力。我国的公路到 2017 年末，总里程达到 477.35 万千米，其中高速公路达到 13.65 万千米，里程规模居世界第一，一级公路 2.07 万千米，二级公路 0.95 万 km，独立桥梁及隧道 883 km。若将这些道路用于压电转换发电，所产生的电能将十分巨大。

（4）海浪压电发电系统

我国海域辽阔，总面积 470 万平方千米，海岸线漫长，约 1.8 万千米，波浪能资源非常丰富。尤其在几个相对发达的沿海区域，如浙江、广东、福建等地，海洋能蕴藏量大、能量密度高，具有较好的开发应用价值，并且这些地区经济建设发展迅速，对能源需求大，再生洁净能源的开发利用有利于经济的可持续发展。现在可利用的海洋能量主要有波浪能和海流能。

波浪能是指海洋表面波浪所具有的动能和势能。波浪的能量与波高的平方、波浪的运动周期及迎波面的宽度成正比。波浪能是海洋能源中能量最不稳定的一种能源。台风导致的巨浪，其功率密度可达每米迎波面数千千瓦，而波浪能丰富的欧洲北海地区，其年平均波浪功率也仅为 20～40 kW/m，中国海岸大部分的年平均波浪功率密度为 2～7 kW/m。全世界波浪能的理论估算值也为 109 kW 量级。利用中国沿海海洋观测台站资料估算得到，中国沿海理论波浪年平均功率约为 1.3×10^7 kW。但由于不少海洋台站的观测地点处于内湾或风浪较小位置，故实际的沿海波浪功率要大于此值。其中浙江、福建、广东和台湾沿海为波能丰富的地区。

海流能是指海水流动的动能，主要是指海底水道和海峡中较为稳定的流动及由于潮汐导致的有规律的海水流动。海流能的能量与流速的平方及流量成正比。相对于波浪而言，海流能的变化要平稳且有规律得多。海流能随潮汐的涨落每天 2 次改变大小和方向。一般来说，最大流速在 2 m/s 以上的水道，其海流能均有实际开发的价值。全世界海流能的理论估算值约为 IQ 8 kW 量级。利用中国沿海 130 个水道、航门的各种观测及分析资料，计算统计获得中国沿海海流能的年平均功率理论值约为 1.4×10^7 kW。其中辽宁、山东、浙江、福建和台湾沿海的海流能较为丰富，不少水道的能量密度为 $15 \sim 30$ kW/m^2，具有良好的开发值。值得指出的是，中国的海流能属于世界上功率密度最大的地区之一，特别是浙江的舟山群岛的金塘、龟山和西堠门水道，平均功率密度在 20 kW/m^2 以上，开发环境和条件很好。

　　海浪压电发电是把压电聚合物安装在海上的一个巨大的浮体和海底的锚之间的锚链内，当浮体随海浪上下浮动时，压电聚合物发生形变，产生低频率的高压电，通过电子元件变成高压电流。美国新泽西州普林斯顿的海洋电力技术公司研究成功一种从海洋汲取电能的新方法，价廉又无污染。海洋能量转换装置如图 3.45 所示。

图 3.45　海洋能量转换装置

　　美国海洋电力技术公司的这项发明，被称为水力压电发电机（HPE），是第一个应用压电原理发电的装置。水力压电发电机由一组片状、卷筒状或缆绳状的压电聚合物组合而成，悬放在海洋内，海浪上下波动时，安装在浮子与锚之间的压电聚合物受力，产生高压、低频的电能，从压电聚合物上的电极引出。这个电能通过固态电子电路转换成高压直流电，通过水下电缆送上岸。在岸上，交流电再转换成交流电，并输入电网。据估算，一个100 MW的发电系统，其浮体可能要覆盖约 7.7 km^2 的海面，它发出的电力足够提供一个两万人的城市用电。压电发电机的发电成本是很有竞争力的，在有些地方每千瓦时的电只需要 $1 \sim 3$ 美分。因为海浪是免费的，而压电聚合物很少需要甚至不需要维修。压电聚合物对有腐蚀性的海水有良好的抗腐蚀性，且不透水，设计寿命可以达 20 年，并且可以回收利用。现在，该公司研究成功的 $1 \sim 10$ kW 的小型水力压电发电装置，可以取代海上采油平台的燃油发电机，墨西哥的古尔夫海上油井已经使用了该公司的这种发电设备。美国海洋电力公司还要研制10 ～ 100 kW 的水力压电发电机，足够为航船和天气浮标站提供所需的电力。他们还想研制更大功率的水力压电发电装置，可为一个 20 万人口的城市提供足够电力的 100 MW 发电系统，其固定压电聚合物的浮子可覆盖 7.7 km^2 的海面。

目前使用的压电陶瓷材料主要以 PZT 为基材料，其压电性能大大优越于其他压电陶瓷材料，并且可以通过掺杂改性和工艺控制调节材料的电学性能，以满足各种应用需求。

当前工业上应用的各种含铅压电陶瓷材料中，氧化铅的含量约占材料总质量的 60% 以上，这些材料在元件制造、加工、储运、使用及其废弃物处理过程中，对人体和环境造成的危害是不言而喻的，因此，无铅系环境友好型压电陶瓷材料是近年来研究与开发的重要方向和热点课题。

目前，对无铅系压电材料的研究主要经历了从钛酸钡基、钛酸铋钠基、铋层状结构、铌酸盐基和钨青铜结构无铅压电陶瓷的研究过程，其中铌酸盐基无铅压电陶瓷是最有应用前景的无铅压电材料。虽然无铅压电陶瓷的开发和研究已经取得了较大的进步，但要让无铅压电陶瓷完全取代铅基压电陶瓷还无可能，无铅系压电陶瓷的研究与开发还将任重而道远。

3.4　光致变性材料

光致变性材料，是指受到光照作用后，其物理、化学性质发生变化的一类材料。如光致变色材料、光电转换材料、光致形变材料和光致发光材料等。

3.4.1　光致变色材料

1. 光致变色材料简介

光致变色现象指的是化合物在受光照射后，其吸收光谱发生改变的可逆过程，具有这种性质的物质称为光致变色材料。这种材料在受到光源激发后，能够发生颜色变化。某些化合物在一定的波长和强度的光作用下，分子结构会发生变化，从而导致其对光的吸收峰值即颜色的相应改变，且这种改变一般是可逆的。

光致变色的材料早在 1867 年就有所报道，但直至 1956 年 Hirshberg 提出光致变色材料应用于光记录存储的可能性之后，才引起了广泛的注意。第一个成功的商业应用始于 20 世纪 60 年代，美国的 Corning 工作室的两位材料学家 Amistead 和 Stooky 首先发现了含卤化银（AgX）玻璃的可逆光致变色性能。随后人们对其机理和应用做了大量研究并开发出变色眼镜。变色镜片在阳光下经紫外线和短波可见光照射，颜色变深，光透过率降低；在室内或暗处镜片光透过率提高，褪色复明。镜片的光致变色性是自动的和可逆的。变色眼镜能通过镜片变色调节透光度，使人眼适应环境光线的变化，减少视觉疲劳，保护眼睛。变色镜片变色前分无基色片和浅颜色的有基色片两种；变色后的颜色主要有灰色和茶色两种。但由于其较高的成本及复杂的加工技术，不适于制作大面积光色玻璃，限制了其在建筑领域的商业应用。

人们最熟知的光致变色材料就是通常感光照相使用的卤化银体系，分散在玻璃或胶片中的银微晶在紫外光照下呈黑色，但在黑暗下加热又逆转，变成无色状态。卤化银变色玻璃的特点是不容易疲劳，经历 30 万次以上明暗变化后，依然不失效，是制作变色眼镜常用的材料。变色玻璃还可用于信息存储与显示、图像转换、光强控制和调节等方面。

2. 光致变色材料的分类

光致变色材料分为有机类和无机类两种。有机类有螺吡喃衍生物、偶氮苯类衍生物等。该类变色材料的优点是：发色和消色快，但热稳定性及抗氧化性差，耐疲劳性低，且受环境影响大。无机类有掺杂单晶的 $SrTiO_3$，能光致变色，它克服了有机光致变色材料热稳定抗氧性差、耐疲劳性低的缺点，且不受环境影响。但无机光致变色材料发色和消色较慢、粒径较大。

（1）有机光致变色材料

有机光致变色材料种类繁多，反应机理也不尽相同，主要包括：①键的异裂，如螺吡喃、螺唔嗪等；②键的均裂，如六苯基双咪唑等；③电子转移互变异构，如水杨醛缩苯胺类化合物等；④顺反异构，如周萘菁蓝类染料、偶氮化合物等；⑤氧化还原反应，如稠环芳香化合物、哗嗪类等；⑥周环化反应，如俘精酸酐类、二芳基乙烯类等。下面介绍几种主要的有机类光致变色化合物。

①螺吡喃类。螺吡喃是有机光致变色材料中研究和应用最早、最广泛的体系之一，在紫外光照射下，无色螺吡喃结构中的 C—O 键断裂开环，分子局部发生旋转且与吲哚形成一个共平面的部花青结构而显色，吸收光谱相应红移。在可见光或热的作用下，开环体又能恢复到螺环结构。C—O 键的断裂时间处于皮秒级，变色速度极快。但是部花青在室温下存放几分钟至几小时就会自动转化为无色的螺环结构，另外，在可逆过程中会发生光化学副反应，从而影响可逆转化的循环次数，这些不足限制了螺吡喃在光分子开关方面的应用。

②俘精酸酐类。俘精酸酐是芳取代的二亚甲基丁二酸酐类化合物的统称，是最早被合成的有机光致变色化合物之一。1999 年，Kiji 等报道了通过 1,4 - 双杂环取代的丁炔 - 1,4 - 二醇的碳基化的方法来合成双杂环俘精酸酐化合物。反应以 Pd 为催化剂，在高温高压下进行。该方法开辟了一条合成双杂环俘精酸酐的新路径，但合成条件苛刻，难以推广。闻起强等首次报道了通过两步传统的 Stobbe 缩合反应合成双呋喃俘精酸酐化合物。其所得结果与 Kiji 报道的不同之处在于：Kiji 方法所得的双杂环俘精酸酐化合物的结构为 22 式，而闻起强等合成的双呋喃俘精酸酐化合物的结构为 EE 式，两个反应中心的距离分别是 0.339 4 nm 和 0.340 6 nm，有利于光致变色周环化反应的发生。此目标产物和成色体的最大吸收峰分别为 368 nm 和 489 nm，在一定的实验条件下仅观察到成色体和开环体之间的转化，这预示着此化合物可能具有良好的抗疲劳性能。

③二芳基乙烯类。二芳基乙烯类具有非常好的热稳定性、化学稳定性及优良的灵敏度和抗疲劳性，其研究正受到国内外材料工作者越来越多的关注。

④偶氮苯类。偶氮苯类化合物光致变色性能良好，并且有超高存储密度和非破坏性信息读出等特点。偶氮苯类化合物的变色是由于含有—N—N—、形成顺反异构结构。光或热的作用可使顺式和反式偶氮苯之间发生转化，反式结构一般比顺式结构稳定。热作用下的顺反异构反应通常是从顺式到反式，但在光作用下两种异构方向都能进行。

（2）无机光致变色材料

①过渡金属氧化物。这类物质主要有 WO_3、MoO_3、TiO_2 等。WO_3 三氧化钨作为一种重

要的无机光致变色材料，具有稳定性好、成本低等优点，但其光致变色效率较低。

②金属卤化物。金属卤化物具有一定的光致变色性。如碘化钙和碘化汞混合晶体、氯化铜、氯化镉、氯化银等。当照射掺有 La、Ce、Gd 或 Tb 的氟化钙时，会发生稀土杂质的光谱特征吸收，其变色机理是金属离子变价。如掺 Ce 的氟化钙晶体会产生晶格缺陷，使无色的 Ce^{3+} 变为粉红色的缺陷。

③稀土配合物。目前对稀土配合物光致变色的研究较少。1978 年，俄国学者 G. Keneva 等报道了稀土离子与羧酸、邻菲咯啉（phen）的水溶液有可逆的光化学反应，其后，又有一些科研工作者对这方面的工作进行了进一步的研究。近来，郑向军等研究了镧系元素 – N,N – 二甘氨酸（MPG）– 邻菲咯啉三元配合物体系水溶液的光致变色性质。太阳光或汞灯照射下，溶液由黄色转变成绿色，而在避光处保存时，绿色褪去，变成黄色溶液。这个体系变色的响应时间和颜色的深浅与光的强度、光照时间及溶液的 pH 有关。光照强度增大，光照时间延长，体系变色快，颜色深。pH 较高时，体系变色深；pH 较低时，体系几乎不变色；但过高的 pH 会导致镧系离子以氢氧化物沉淀的形式析出。有关此三元配合物的变色机理有待进一步的研究。

3. 典型光致变色材料

（1）光致变色玻璃

光致变色玻璃是在适当波长光的辐照下改变其颜色，而移去光源时，则恢复其原来颜色的玻璃，又称光色玻璃。变色玻璃是在玻璃原料中加入光色材料制成的。此材料具有两种不同的分子或电子结构状态，在可见光区有两种不同的吸收系数，在光的作用下，可从一种结构转变到另一种结构，导致颜色的可逆变化。常见的含卤化银变色玻璃，是在钠铝硼酸盐玻璃中加入少量卤化银（AgX）做感光剂，再加入微量铜、镉离子做增感剂，熔制成玻璃后，经适当温度热处理，使卤化银聚成微粒状而制得。当它受紫外线或可见光短波照射时，银离子还原为银原子，若干银原子聚集成胶体而使玻璃显色；光照停止后，在热辐射或长波光（红光或红外）照射下，银原子变成银离子而褪色。

①无机光致变色玻璃的变色机理及性能。

第一代光致变色玻璃材料的变色机理是卤化银在光辐射作用下，发生光分解成为银和卤素，银原子和氯原子之间发生一种电子交换，通过氯化银和周围的环境来表现。在没有光线的条件下，氯化银呈离子态，对光的散射极小，因银离子是透明的，所以镜片也是透明的；而在光照下，卤化银产生光化学反应而析出游离态银原子和卤素原子，不稳定电子离开了氯离子，与银离子结合为金属银并吸收光，在可见光区引起透过率减少（暗化或着色），镜片则变深，其光致变色过程如图 3.46 所示。光照射停止后，银原子与其附近的卤素原子发生可逆化合反应，又

图 3.46 卤化银光致变色过程

形成透明的亚微观晶相卤化银，玻璃恢复透明状态，这种光致变色的过程是可逆的。

$$AgCl \underset{h_{\nu_2}}{\overset{h_{\nu_1}}{\rightleftharpoons}} Ag^+ + Cl^-$$

经过适当的退火和热处理工艺的光致变色玻璃，均具有优良的光致变色性能。在所有的无机光致变色材料中，卤化银光致变色玻璃具有优良的可逆变色性能和抗疲劳性能，实验证明，可以进行几千次的变暗褪色过程而性能不会变坏。

②有机光致变色玻璃的变色机理及性能。

有机光致变色玻璃的变色机理是由所掺杂的光致变色材料的种类所决定的。常见光致变色材料的变色机理可分为键的异裂和均裂、质子转移互变异构、顺反异构反应、氧化还原反应、周环反应等。如螺噁嗪光致变色玻璃受紫外光激发变为蓝色，其变色机理取决于螺噁嗪光致变色化合物。

如图 3.47 所示，在紫外光或夏季强烈的太阳光照射下，光致变色玻璃中的螺噁嗪 spirooxazine（SO）分子中螺 C—O 键发生异裂，引起分子的结构及电子组态发生异构化和重排，通过螺 C 原子连接的两个环系由正交变为共平面，形成一个大的共轭体系 photomerocyanine（PMC），在可见光区有吸收峰，在可见光或热的作用下，PMC 发生关环反应回到 SO，构成一个典型的光致变色体系，这个过程是可逆的。螺噁嗪光致变色玻璃在较强的太阳光照射下，由无色透明变为清晰的蓝色，光线减弱，则蓝色逐渐褪去，颜色的深浅随着辐射光强度而变化，光强则深，光弱则浅。螺噁嗪类化合物在有机光致变色化合物中抗疲劳性能较高，耐紫外线照射稳定性好。所以，螺噁嗪光致变色玻璃具有较高的抗疲劳性能，具有广泛的应用前景。

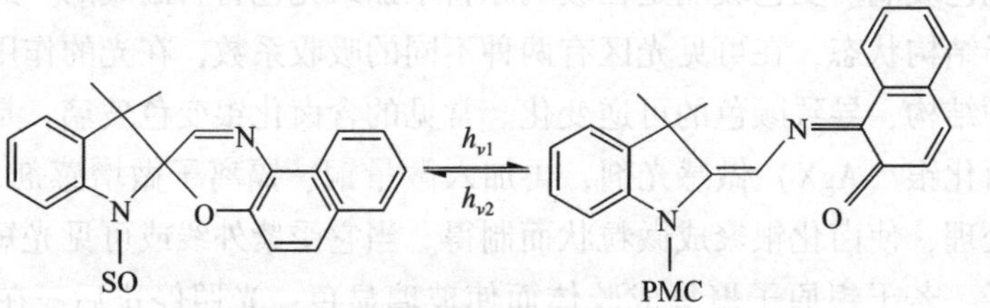

图 3.47　螺噁嗪光致变色过程

含有溴化银（或氯化银）和微量氧化铜的玻璃也是一种变色玻璃。当受到太阳光或紫外线的照射时，其中的溴化银发生分解，产生银原子（$AgBr = Ag + Br$）。银原子能吸引可见光，当银原子聚集到一定数量时，射在玻璃上的光大部分被吸收，原来无色透明的玻璃就会变成灰黑色。当把变色后的玻璃放到暗处时，在氧化铜的催化作用下，银原子和溴原子又会结合成溴化银（$Ag + Br = AgBr$），因为银离子不吸收可见光，于是，玻璃又会变成无色透明。

如果把窗玻璃都换上光致变色玻璃，晴天时，太阳光射不到房间里来；阴天或者早晨、黄昏时，室外的光线不被遮挡，室内依然亮堂堂的。这就仿佛窗户挂上了自动遮阳窗帘。一些高级旅馆、饭店里已经安上了变色玻璃。汽车的驾驶室和游览车的窗口装上这种光致变色玻璃，在直射的阳光下，连变色眼镜都不用戴，车厢里一直保持柔和的光线，避免了日光耀眼和暴晒。

（2）光致变色纤维

光致变色纤维是指在太阳光和紫外光等的照射下颜色会发生可逆变化的纤维。一般可通过在纤维中引入光敏剂，如二苯基硫代咔唑衍生物和汞、钯等二价或三价金属化合物，或在成纤聚合物中添加含结晶水的钴盐，而使制取的纤维在不同的空气湿度环境中呈现不同的色泽。也可先合成具有光致变色性质的聚合物，如将能在可见光下发生氧化－还原反应的、色泽可逆变化的硫堇化合物衍生物导入聚合物，然后纺织成纤维。

光致变色纤维在太阳光或紫外光等的照射下颜色会发生变化，当光线消失之后，又会可逆地变回原来的颜色。

1899 年，Marckwald 发现某些固体和液体化合物有光敏性能，最早光敏纤维的例子：越战期间，美国氰胺公司开发了可以改变颜色的作战服。

目前国际上研究开发光致变色织物的国家主要有日本、美国、英国和韩国等，其中又以日本的研究最为成熟，并且已申请了很多专利。美国等一些欧美国家在光致变色服装的研究方面也取得许多进展，早在 20 世纪 70 年代初，美国就将光致变色化合物应用到衣物中，以达到军事伪装的目的。美国太阳活性公司销售的太阳活性线在室内没有紫外线照射时呈白色，当放到室外时，则紫外线活化了光致变色化合物，使线变化而产生出特定的色泽。当将线离开紫外线 1～1.5 min 时，它又能恢复到白色。澳大利亚的一些研究人员研究出了变色快、耐水洗次数达 1 000 次的光致变色织物。当前海外市场上销售的主要是日本钟纺和东丽生产的光致变色服装，取得了很好的市场效应。

我国光致变色纺织品的研究则相对滞后。涂赞润等合成了一种具有良好性能的螺环类光致变色染料，该产品变色灵敏、色泽鲜艳、耐水、耐酸碱，可用于各种纤维织物印花整理。姜惠娣等采用绿色环保型螺环类微胶囊变色染料及低温型黏合剂配制了一种能够用于真丝绸印花的印花浆。孟继本等采用螺环类光致变色化合物和元明粉、黄源胶、山梨醇及增稠剂等助剂制成光致变色染料，适用于生产各种纤维面料、毛线及服装。东华大学采用共混熔融纺丝法制得了两种具有较好光致变色能力的光敏变色聚丙烯纤维，一种经阳光照射后会由白色变为蓝色，另一种纤维经阳光照射后由黄色变为绿色。蒋莹莹利用印花涂层技术将螺噁嗪光致变色化合物处理在织物上，使其具有光致变色功能。

自从 1899 年发现某些固体和液体的化合物有光敏性能以来，各种光敏材料的研究就引起了人们极大的兴趣。日本首先开发出光致变色复合纤维，并以此为基础制得了各种光敏纤维制品，如绣花丝绒、针织纱、机织纱等，用于装饰皮革、运动鞋、毛衣等，受到人们的广泛喜爱。在军事上，用变色纤维可做成伪装服。战士穿了这种伪装服，可以随地貌不同，交替变换成相应的颜色。例如，在树林里，军装呈深绿色；来到草坡上，变成麻黄色；伏在野草未发的大地上，浑黄如土；在江河湖海上，却又与秋水长天共一色了。真可谓服装界的"变色龙"。在民用领域，可用光致变色纤维制作登山服、滑雪服、泳装及圣诞树棉团、假发、童装、睡袋等。

目前光致变色织物都是通过某种处理手段使有机光致变色化合物附着在织物表面或者纤维里面，使其具有光致变色功能。虽然机理复杂，但是光致变色的主要原因是分子结构的改变。

鉴于绝大部分有机光致变色体系，其光致变色都是基于单分子的反应，可以通过光致变色反应公式和紫外可见光吸收光谱图来讨论其变色过程。

光致变色指一种化合物 A 受波长为 λ_1 光的照射，进行特定化学反应生成产物 B，其吸收光谱发生明显的变化，而在另一波长为 λ_2 的光照射下或热的作用下，又恢复到原来的形式。即在光诱导下物质 A 向其异构体 B 转化而发生变色。物种 A 和物种 B 具有不同的吸收光谱和能级结构。通常光照使物种 A 吸收能量转化为能量较高的物种 B，一般情况下，B 可自发或在另一波长的光照下再转化为 A。

光致变色是一种可逆的化学反应。如果某物质在光作用下发生不可逆反应而导致颜色变化，则其属于一般的光化学范畴，而不属于光致变色范畴。

4. 光致变色材料的应用

光致变色材料中最典型的商业化产品是变色眼镜，20 世纪 70 年代由美国康宁公司推出。在制作过程中，向玻璃熔液加入了卤化银，由于玻璃是过冷液体，卤化银的微细粒子均匀分散于其中。当受到紫外线或短波可见光等激活光照射时，卤素离子放出电子，该电子被银离子捕获，变色玻璃中的卤化银粒子吸收能量发生分解，生成尺寸很小的胶体银，胶体银粒子与卤元素阻挡了光线的透过，使变色镜变暗，呈现灰黑色。当撤去照射光后，玻璃中的胶体银与卤元素重新结合在一起，生成无色的卤化银，又变得透明起来。玻璃中的胶体银的形状、浓度、其他金属杂质含量、照射光的强度和环境温度对变色过程的影响都很大。

(1) 信息存储元件

利用光致变色化合物受不同强度和波长光照射时可反复循环变色的特点，可以将其制成计算机的记忆存储元件，实现信息的记忆与消除过程。其记录信息的密度大得难以想象，并且抗疲劳性能好，能快速写入和擦除信息。这是新型记忆存储材料的一个新的发展方向。中国研究者利用新型热稳定螺噁嗪类材料进行可擦除高密度光学信息存储研究，取得了新进展。他们设计合成了一种具有良好开环体热稳定性的新型螺噁嗪分子 SOFC。这类新型光致变色材料用于信息存储表现出良好的稳定性，并且可以进行信息的反复写入和擦除，并可应用于基于双光子技术的多层三维高密度光学信息存储，表现出很强的应用前景。

(2) 装饰和防护包装材料

用光致变色材料的涂料可以制作成各种日用品、指甲漆、服装、玩具、装饰品、童车或涂布到墙上、公路标牌和建筑物等的各种标示、图案，在光照下会呈现出色彩丰富、艳丽的图案或花纹，美化人们的生活及环境；为了适应不同的需要，可将光致变色化合物加入一般油墨或涂料用的胶黏剂、稀释剂等助剂中，混合制成丝网印刷油墨或涂料；还可以将光致变色化合物做成透明塑料薄膜，贴到或嵌入汽车及飞机的屏风玻璃或窗玻璃上，日光照射马上变色，使日光不刺眼，保护视力，保证安全，并可起到调节室内和汽车内温度的作用。还可以溶入或混入塑料薄膜中，用作农业大棚农膜，增加农产品、蔬菜、水果等的产量。

(3) 自显影全息记录照相

这是利用光致变色材料的光敏性制作的一种新型自显影干法照相技术。在透明胶片等支持体上涂一层很薄的光致变色物质（如螺吡喃、俘精酸酐等），其对可见光不感光，只对紫外光感光，从而形成有色影像。这种成像方法分辨率高，不会发生操作误差，并且影像可以反复录制和消除。

（4）国防上的用途

光致变色材料对强光特别敏感，因此可以用来制作强光辐剂量计。它能测量电离辐射，探测紫外线、X 射线、Y 射线等的剂量。如将其涂在飞船的外部，能快速、精确地计量出高辐射的剂量。光致变色材料还可以制成多层滤光器，控制辐射光的强度，防止紫外线对人眼及身体的伤害。如果把高灵敏度的光致变色体系指示屏用于武器上，可记录飞机、军舰的行踪，形成可褪色的暂时痕迹。还可以用作军事上的隐蔽材料，如军事人员的服装和战斗武器的外罩等。

3.4.2　光电转换材料

1. 基本概念

（1）光电材料

光电材料是指能产生、转换、传输、处理、存储光信号的材料，主要包括半导体光电材料、有机半导体光电材料、无机晶体和石英玻璃等。

（2）光电效应

光电效应是指光照射到物体上使物体发射电子，或使电导率发生变化，或产生光电动势等，这种因光照而引起物体电学特性的改变统称为光电效应。它主要分为两大类：一类是物质受到光照后向外发射电子的现象，称为外光电效应，这种效应多发生于金属和金属氧化物；另一类是物质受到光照后所产生的光电子只在物质的内部运动而不逸出物质外部的现象，称为内光电效应，这种效应包括光电导效应和光生伏特效应。

2. 太阳能发电

光电转换材料可以通过光生伏特效应将太阳能转换为电能，主要用于制作太阳能电池。太阳是一个巨大的能源库。地球上一年中接收到的太阳能高达 $1.8 \times 10^{18} kW \cdot h$。研究和发展光电转换材料的目的是利用太阳能。光电转换材料的工作原理是将相同的材料或两种不同的半导体材料做成 P – N 结电池结构，当太阳光照射到 P – N 结电池结构材料表面时，形成新的空穴 – 电子对，在 P – N 结电场的作用下，空穴由 N 区流向 P 区，电子由 P 区流向 N 区，接通电路后，就形成电流。这就是光电材料的工作原理。目前运用最广的光电转换就是太阳能电池。其发电系统主要由太阳能电池板、太阳能控制器蓄电池及逆变器组成。

太阳能电池板是太阳能发电系统中的核心部分，也是太阳能发电系统中价值最高的部分。其作用是将太阳能转化为电能或送往蓄电池中存储起来或推动负载工作。太阳能电池板的质量和成本将直接决定整个系统的质量和成本。

太阳能控制器的作用是控制整个系统的工作状态并对蓄电池起到过充电保护、过放电保护的作用。在温差较大的地方，合格的控制器还应具备温度补偿的功能。其他附加功能如光控开关、时控开关都应当是控制器的可选项。蓄电池一般为铅酸电池，一般有 12 V 和 24 V 这两种。小卫星系统中也可用镍氢电池、镍镉电池或锂电池。其作用是在有光照时将太阳能电池板所发出的电能储存起来到需要的时候再释放出来。逆变器在很多场合都需要提供 AC 220 V、AC 110 V 的交流电源。由于太阳能的直接输出一般都是 DC 12 V、DC 24 V、DC 48 V。为能向 AC 220 V 的电器提供电能，需要将太阳能发电系统所发出的直流电能转换成交流电能，因此需要使用DC - AC逆变器。在某些场合需要使用多种电压的负载时，也要用到DC - DC变换器，如将24 V DC的电能转换成5 V DC的电能。

太阳能发电有两种方式：一种是光 - 热 - 电转换方式，另一种是光 - 电直接转换方式。

①光 - 热 - 电转换方式。该方式利用太阳辐射产生的热能发电，是将太阳辐射能通过集热系统聚集吸收转化为热能，其热能可直接应用，也可进一步经过热传输系统将聚焦收集的高温热能传给热机，由热机转化为机械能，然后带动发电机发电。一般是由太阳能集热器将所吸收的热能转换成工质的蒸气再驱动汽轮机发电。前一个过程是光 - 热转换过程，后一个过程是热 - 电转换过程，与普通的火力发电一样。太阳能热发电的缺点是效率很低而成本很高，估计它的投资至少要比普通火电站高5～10倍。一座1 000 MW的太阳能热电站需要投资20亿～25亿美元，平均1 kW的投资为2 000～2 500美元。因此，其目前只能小规模地应用于特殊的场合。而大规模利用在经济上很不合算，还不能与普通的火电站或核电站相竞争，如图3.48所示。

图3.48　太阳能发电的光 - 热 - 电转换

②光 - 电直接转换方式。该方式是利用光电效应将太阳辐射能直接转换成电能。光 - 电转换的基本装置就是太阳能电池。太阳能电池是一种由于光生伏特效应而将太阳能直接转化为电能的器件。当太阳光照到光电二极管上时，光电二极管就会把太阳的光能变成电能，产生电流。当许多个电池串联或并联起来时，就可以成为有比较大的输出功率的太阳能电池方阵了，如图3.49所示。太阳能电池是一种大有前途的新型电源，具有永久性、清洁性和灵活性三大优点。太阳能电池寿命长，只要太阳存在，太阳能电池就可以一次投资而长期使用，与火力发电、核能发电相比，太阳能电池不会引起环境污染，太阳能电池可以大中小并举，大到百万千瓦的中型电站，小到只供一户用的太阳能电池组，这是其他电源无法比拟的。

太阳能电池对光电转换材料的要求是转换效率高、能制成大面积的器件，以便更好地吸收太阳光。已使用的光电转换材料以单晶硅、多晶硅和非晶硅为主。用单晶硅制作的太阳能电池，转换效率高达20%，但其成本高，主要用于空间技术。多晶硅薄片制成的太阳能电池，虽然光电转换效率不高（约10%），但价格低廉，已获得大量应用。此外，化合物半导体材料、非晶硅薄膜作为光电转换材料，也得到研究和应用。

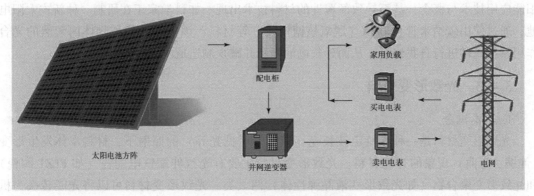

家用负载
买电电表
卖电电表
太阳电池方阵
配电柜
并网逆变器
电网

图 3.49　太阳能的光 - 电转换

随着传统燃料能源的减少及对环境造成的危害越来越严重，能源问题日益成为制约国际社会经济发展的"瓶颈"，越来越多的国家制定了大力发展太阳能的计划。例如，美国的"光伏建筑计划"、欧洲的"百万屋顶光伏计划"、日本的"朝日计划"，以及我国发展的"光明工程"等，都极大地促进了太阳能的发展。当前太阳能电池产品主要应用在以下领域。

①用户太阳能电源：用于边远无电地区，如高原、海岛、牧区、边防哨所等军民生活用电，如照明、电视、收录机等；3～5 kW 家庭屋顶并网发电系统；光伏水泵，解决无电地区的深水井饮用、灌溉。

②交通领域：如航标灯、交通、铁路信号灯、交通站、光缆维护站、广播、通信、寻呼电源系统、农村微波电话光伏系统、小型通信机、士兵供电等。

③石油、海洋、气象领域：石油管道和水库闸门阴极保护太阳能电源系统、石油钻井平台生活及应急电源、海洋检测设备、气象/水文观测设备等。

④太阳能制氢加燃料电池的再生发电系统，海水淡化设备供电，卫星、航天器、空间太阳能电站等。

太阳能的应用，存在的主要问题是能量转换效率、成本、寿命及储能的难题。围绕此实际问题，作为关键点的材料技术也主要围绕能量转换效率、制备成本和工作寿命展开新材料的探索与开发，同时解决储能的难题。一方面，需要进一步提高光电转换效率，同时，需要继续降低电池制备成本，并提高电池工作寿命；另一方面，开发新的材料体系和更为简单、环保的制备方法。此外，作为太阳能光热转换关键材料技术的光谱选择性吸收涂层也要进一步开发和研究。

全球光伏发电已进入规模化发展新阶段，太阳能热利用也正在形成多元化应用格局。太阳能在解决能源可及性和能源结构调整方面均有独特优势，将在全球范围得到更广泛的应用。2016 年 12 月，国家能源局发布的《太阳能发展"十三五"规划》提出，到 2020 年年底，太阳能装机 1.1 亿千瓦，其中，光伏发电装机将达到 1.05 亿千瓦以上，太阳能热发电装机将达到 500 万千瓦，太阳能热利用集热面积将达到 8 亿平方米，太阳能年利用量计划达到 1.4 亿吨标准煤以上。2016 年 9 月，国家能源局发布了《关于建设太阳能热发电示范项目的通知》，确定第一批太阳能热发电示范项目共 20 个，其中塔式 9 个，槽式 7 个，总计装机容量 134.9 万千瓦。这将进一步促进太阳能材料广泛、深入的研究，并有可能出现新的太阳能应用技术与概念，甚至导致颠覆性的材料技术出现。如科学家正在研制一种新式太阳电池，通过使用碳纳米管和 DNA（脱氧核糖核酸）等材料，该电池能像植物体内天然的光合作用系统一样进行自我修复，从而延长电池寿命并减少制造成本。

3.4.3 光致形变材料

1. 基本概念

光致形变材料是一种在特定波长光（紫外、可见光等）的照射下，材料本体发生形变（伸缩、弯曲）现象的智能材料。光致形变材料主要有光致伸缩铁电陶瓷（如 PLZT 陶瓷）和光致形变聚合物（如光致形变液晶弹性体）两大类。光致形变材料可以将光能转换为机械能，具有非接触、远程、多选择性的控制方式，可望在光敏开关、光学传感器、光驱动马达及其他将光能直接转变为动能等高效利用光能领域获得应用。

2. PLZT 光电功能陶瓷

（1）PLZT 光电功能陶瓷的物理特性

PLZT – 锆钛酸铅镧陶瓷属 PZT 锆钛酸铅系压电陶瓷。1970 年，美国研究人员 Haertling G. H. 用球磨和热压烧结工艺把 La 元素掺杂到 PZT 陶瓷中制备了透明的光电陶瓷 PLZT。PLZT 陶瓷的光学特性可被电场或者通过拉伸或压缩而改变，在光致电场作用下会产生光致形变。PLZT 陶瓷在不同组分比例下呈现出不同的特性，如电光效应、热释电效应、反常光生伏特效应、光致伸缩效应等。通常认为，光致伸缩效应是反常光生伏特效应和逆压电效应叠加形成的，机理如图 3.50 所示。

普通的 PLZT 材料是各向同性的晶体，尽管内部各晶粒存在自发极化，但极化方向在陶瓷内部是随机无序的，所以 PLZT 陶瓷整体对外不显极性。但是当 PLZT 陶瓷两端被镀上电极，在一定温度条件下经过强直流电场极化后，PLZT 陶瓷就具有较强的剩余极化强度，因此便具备和压电材料、热释电材料以及铁电材料共同存在的性质，包含正压电效应和逆压电效应，热释电效应以及电光效应，光致伸缩效应和反常光生伏特效应等。这里面各种效应是相互紧密联系的，PLZT 陶瓷与压电材料、热释电材料以及铁电材料的关系如图 3.51 所示。

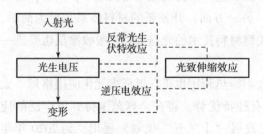

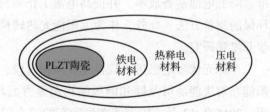

图 3.50　不考虑热释电效应情况下
PLZT 陶瓷的光致伸缩效应

图 3.51　PLZT 陶瓷与压电材料、热释
电材料及铁电材料的关系

在一些文献中，高能光束的获得是通过高压汞灯加上红外滤光片和透紫外滤光片来实现的，用此种方式产生的高能光束的光谱中仍然含有红外波段，而 PLZT 陶瓷在红外照射下将产生热量，光热导致 PLZT 陶瓷温度升高，陶瓷本体温度的变化进一步诱发热释电效应和热

弹性效应。因此，在含有红外波段的高能光照射下，PLZT 陶瓷的内部会形成光 – 电 – 热 – 力等相互作用的多种能量场，如图 3.52 所示。

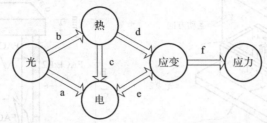

a—反常光生伏特效应：部分光能转化为电能（光→电）；b—光焦热效应：部分光能转化为热能（光→热）；
c—热释电效应：部分热能转化为电能（热→电）；d—热膨胀效应：部分热能转化为机械能（热→机械能）；
e—正压电效应：部分热变形转化为电能（机械能→电）；f—逆压电效应：反常光生伏特效应、
热释电效应和正压电效应综合作用引起的电能向机械能转化（电→机械能）。

图 3.52　PLZT 陶瓷多能场耦合关系

以上过程可以概括为：当高能紫外光照射在 PLZT 陶瓷表面时，一方面由于反常光生伏特效应，PLZT 陶瓷两端产生光生电压，光生电压在逆压电效应作用下产生光致形变；另一方面，被高能紫外光照射的 PLZT 陶瓷在光焦热效应作用下温度升高，引起热释电效应并产生光生电压，部分热能引起热变形，在压电效应的作用下同样产生光生电压，所以，由光焦热效应引起的光生电压产生的光致形变与反常光生伏特效应引起的光致形变累加。此外，温度升高也会引起热变形，产生光致形变。由此可以看出，多场能耦合关系下的光致伸缩效应（光能转换为机械能）变得比较复杂，这是所选择的高能光源不同所致。如果采用 LED – UV（紫外发光二极管）光源，利用 LED（发光二极管）发光方式得到高纯度的 365 nm 波长的紫外光源，没有热辐射，属于一种冷光源。采用 LED – UV 光源并不会由于光焦热效应而产生热量，而伴随热量而衍生出的热释电效应和热弹性效应也将不被考虑。

（2）PLZT 光致伸缩效应的典型应用

由于光致伸缩效应，PLZT 陶瓷可以将光能直接转化为机械能，取消了中间的机械传动环节，避免了机械传动误差，简化了装置结构。可以通过光驱动实现"无电磁噪声污染"的光控系统，因此被广泛地应用在微驱动方面，还可以实现无线能量传输和远程光控，具有重要的应用前景。国内外许多学者就 PLZT 陶瓷光致伸缩效应的产生机制、性能优化及其应用开发等方面做了广泛而深入的研究，并取得了显著的成果。

Uchino 等人在 1987 年利用 PLZT 双晶片的结构特性设计了一种光继电器，当光照到 PLZT 双晶片时，继电器处于导通状态，当光照到 PLZT 陶瓷片时，继电器断开，如图 3.53 所示；在 1989 年，他还设计了一种通过双晶片光致伸缩驱动器驱动的微型行走器，如图 3.54 所示。

从 20 世纪 90 年代开始，Chu 和 Uchino 等人对 PLZT 双晶片结构的两侧进行交替光照，研究双晶片结构的振动特性，指出 PLZT 双晶片结构可应用到光电话（photophone）装置中，实现"光 – 力 – 声"能场的转换。1993 年，Fukuda 等人基于 PLZT 陶瓷的光致伸缩效应设计了一种光控微夹钳，如图 3.55 所示，该微夹钳利用双晶片作为钳臂进行动作，PLZT 双晶片钳臂分别在紫外光照射下发生弯曲，微夹钳自由端可达 100 μm，并且该微夹钳能够不受电磁干扰，在显微外科手术等医学领域具有很大的应用前景。

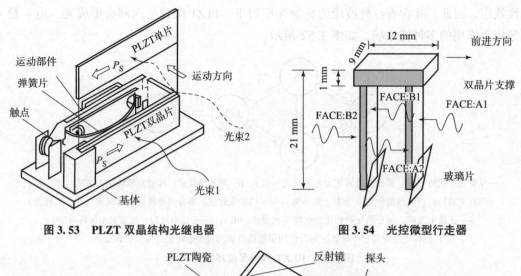

图 3.53　PLZT 双晶结构光继电器　　　　图 3.54　光控微型行走器

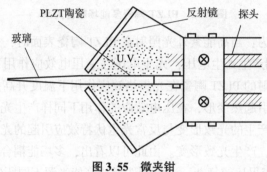

图 3.55　微夹钳

　　Poosanaas 等人在 2000 年基于电压源模型对反常光生伏特效应进行解释，在考虑二阶非线性磁化系数的情况下，计算出光生电场强度、光电流密度与光照强度的关系，并利用光致伸缩效应提出了一种"向日葵"装置，这个装置在太阳能板的两侧分别装上两个光致伸缩驱动器，当阳光倾斜照射时，会造成两边应力不平衡，直到阳光直射时，应力平衡，这样太阳能板会随着阳光旋转，能最大限度地发挥太阳能板的功效，如图 3.56 所示。

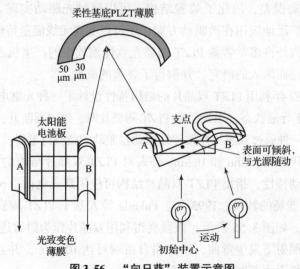

图 3.56　"向日葵"装置示意图

Morikawa 等人在 2002 年提出了一种利用 PLZT 陶瓷的反常光生伏特效应的新型光电机，紫外光照射时，会在 PLZT 陶瓷电极两端生成很高的光生电压，对光电机驱动，如图 3.57 和图 3.58 所示。

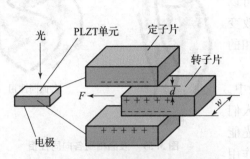

图 3.57　PLZT 陶瓷驱动光电机原理图

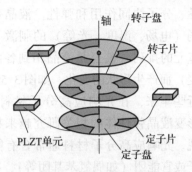

图 3.58　PLZT 陶瓷驱动光电机示意图

3. 光致形变高分子材料（光致形变聚合物）

光致形变高分子材料是在一定波长光作用下外形或尺寸发生变化的高分子材料。光致形变型高分子以光做激发源，是"外接触"感应方式，操作简单，可用于不适合热感应的场所。目前这类材料还处于研究阶段，可望用于光传感器、微型机器人、光微镊子、光印刷材料、光记录材料、光驱动分子阀和药物缓释剂等，从而使其成为目前研究的一大热点。

自 20 世纪 60 年代，人们就开始了非晶态高分子材料的光致收缩和膨胀的研究。光响应高分子材料通常含有光敏基团，在吸收特定波长的光后，能发生某些化学或物理反应，产生一系列结构和性能的变化，从而表现出特定的功能。光致形变高分子材料的主要原理是以一定的方式把光致变色基团（PGG）引入某些高分子材料中，受到光照射时，材料吸收光能后会发生分子异构化，引起高分子材料整体尺寸或形状的改变。如含有偶氮苯结构的聚酰亚胺在光的作用下，偶氮结构发生顺反异构变化，材料发生收缩；含有苯并螺吡喃结构的高分子在光照时，分子链的极性增加使得高分子-高分子、高分子-溶剂的相互作用发生显著改变，使材料收缩。

Lendlein 等人认为，成为光致形变型高分子的条件是：①PGG 以一定的方式引入高分子体系中；②当这些基团和分子发生可逆的光异构化时，这种变化能够传递给高分子链，引起分子链的构象发生变化，材料在宏观上表现出光致形变；③体系有交联结构，稳定材料原有形状。

典型的光致形变高分子材料是光致变形液晶弹性体。液晶弹性体兼具液晶材料的各种优异性能及聚合物交联网络的特征，因此具有良好的外场响应性、分子协同作用和弹性。将偶氮类生色团引入液晶弹性体后，在紫外光作用下，弹性体会产生伸缩或弯曲等不同方式的形变。目前，这类材料所产生的光致收缩的实验值已超过 20%，理论计算值则高达 400%，在开发微型、大位移、高速、恢复性好的执行器与人工肌肉等领域显示出良好的应用前景。

液晶弹性体是指非交联型液晶高分子经适度交联，并在各向同性态或液晶态显示弹性的高分子材料。液晶弹性体结合了液晶的各向异性和高分子网络的橡胶弹性，因此具有良好的外场响应性、分子协同作用和弹性。液晶弹性体可以在外场（电场、温度、光等）的刺激下通过改变介晶基元的排列（甚至是液晶相到各向同性相的相转变）而产生形状的变化，如图 3.59 所示。

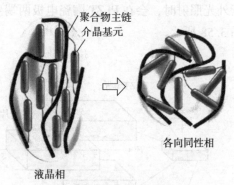

聚合物主链
介晶基元
各向同性相
液晶相

图 3.59 液晶相到各向同性相的相转变示意图

近些年来，在光响应高分子材料的发展中，光致形变液晶弹性体的相关研究越来越引起人们的重视。光响应高分子材料通常含有能吸收光能的分子或官能团（如偶氮苯基团等），在光的作用下会发生某些化学或物理反应，产生一系列结构和形态变化，从而表现出特定的功能。光致形变作用则是通过光诱导宏观物体产生形状变化，把光能转化为机械能的一种方式。这种作用有助于实现对利用此类材料构筑的人造肌肉和马达等的远程光诱导调控。

虽然 LCE 已经大大提高了光致形变率，但很多问题的解决还不能令人满意。目前光致形变型高分子的研究方向主要是以下方面。

①进一步提高光能量转换率和光致形变率。

②增强介晶单元的定向排列及液晶相的有序性与聚合物网络的耦合，耦合的增强，可以用很小的扰动产生较大的形变。

③由二维的形变向三维的形变发展，制备出各种光致响应器。

④需要提高材料的生物相容性和抗疲劳性。

3.4.4 光致发光材料

1. 基本概念

光直接照射到材料上，被材料吸收并将多余能量传递给材料，这个过程叫作光激发。

光致发光（photoluminescence，PL）现象是指物体依赖外界光源进行照射，从而获得能量，产生激发导致发光的现象。它大致经过吸收、能量传递及光发射三个主要阶段。光的吸收及发射都发生于能级之间的跃迁，都经过激发态。能量传递则是由于激发态的运动。紫外辐射、可见光及红外辐射均可引起光致发光，如磷光与荧光。光致发光是冷发光的一种，指物质吸收光子（或电磁波）后重新辐射出光子（或电磁波）的过程。从量子力学理论上，这一过程可以描述为物质吸收光子跃迁到较高能级的激发态后返回低能态，同时放出光子的过程。

2. 光致发光过程

发光材料通常以纯物质作为主体，称为基质，再掺入少量杂质，以形成发光中心，这种少量杂质称为激活剂。激活剂对基质起激活作用，从而使原来不发光或发光很弱的基质材料产生较强发光的杂质。

光的吸收和发射均发生在能级之间的跃迁过程中，都经历激发态，而能量传递则是由于激发态运动。激发光辐射的能量可直接被发光中心（激活剂或杂质）吸收，也可能被发光材料的基质吸收。在第一种情况下，发光中心吸收能量向较高能级跃迁，随后跃迁回到较低的能级或基态能级而产生发光。对于这些激发态能谱项性质的研究，涉及杂质中心与晶格的相互作用，可以用晶格场理论进行分析。随着晶体场作用的加强，吸收谱及发射谱都由宽变窄，温度效应也由弱变强，使得一部分激发能变为晶格振动。在第二种情况下，基质吸收光能，在基质中形成电子－空穴对，它们可能在晶体中运动，被束缚在发光中心上，发光是由于电子－空穴的复合而引起的。当发光中心离子处于基质的能带中时，会形成一个局域能级，处在基质导带和价带之间，即位于基质的禁带中。对于不同的基质结构，发光中心离子在禁带中形成的局域能级的位置不同，从而在光激发下，会产生不同的跃迁，导致不同的发光色。

实际上光致发光材料的发光过程较复杂，一般由以下三个过程构成。

①基质晶格或激活剂（发光中心）吸收激发能。

②基质晶格将吸收的激发能传递给激活剂。

③被激活的激活剂发出荧光而返回基态，同时伴随有部分非发光跃迁能量以热的形式散发。

3. 光致发光材料的分类

光致发光材料分为荧光灯用发光材料、等离子体显示平板（PDP）用发光材料、长余辉发光材料和上转换发光材料。

发光二极管是固体光源，具有节能、环保、全固体化、寿命长等优点，是 21 世纪人类解决能源危机的重要途径之一。白光 LED 以其省电（为白炽灯的 1/8，荧光灯的 1/2）、体积小、发热量低、可低压或低电流启动、寿命长（120 000 h 以上）、响应快、抗震耐冲、可回收、无污染、可平面封装、易开发成轻薄短小产品等优点得到了迅猛的发展。白光 LED 广泛应用于城市景观照明、液晶显示背光源、室内外普通照明等多种照明领域，被认为是替代白炽灯、荧光灯的新一代绿色照明光源。

（1）获取白光 LED 的方法

获取白光 LED 的主要途径有以下三种：①利用三基色原理和已能生产的红、绿、蓝三种超高亮度的 LED，按光强 1∶2∶0.38 的比例混合而成白色。但 LED 器件光输出会随温度升高而下降，不同的 LED 下降程度差别较大，结果造成混合白光的色差，限制了用三基色 LED 芯片组装实现白光的应用。②蓝色 LED 芯片与可被蓝光有效激发的发黄光荧光粉结合，组成白光；这时 LED 用荧光粉吸收一部分蓝光，受激发后发射黄光，发射的黄光与剩余的蓝光混合，通过调控二者的强度比后，可以获得各种色温的白光。③采用发紫外光的 LED 芯片和可被紫外光有效激发而发射红、绿、蓝三基色的荧光粉，产生多色混合组成白光 LED。此外，也可选用两基色、四基色，甚至五基色荧光粉来获得白光。

荧光粉性能的好坏直接影响白光 LED 的性能。制备白光发光二极管大多离不开稀土荧光粉，主要有黄色荧光粉和三基色荧光粉等。因此，获得化学性质稳定和性能优异的荧光粉是实现白光 LED 的关键。

（2）LED 用黄色荧光粉

蓝色 LED 芯片和一种或多种能被蓝光有效激发的荧光粉有机结合可组成白色 LED。其中发展最成熟的是蓝色 LED 与黄色荧光粉的组合，一部分蓝光被荧光粉吸收后，激发荧光粉发射黄光，发射的黄光和剩余的蓝光混合，调控它们的强度比，即可得到各种色温的白光。这种方法驱动电路设计简易、生产容易、耗电量低。

当今使用最多的是 InGaN 蓝光 LED，发射峰值 450~480 nm，采用蓝光 LED 激发黄光荧光粉获得白光。荧光粉使用的是三价铈激活的稀土石榴石体系（YAG）荧光粉，它的吸收和激发光谱与 InGaN 芯片的蓝色发光光谱匹配较佳，发射光谱覆盖绿至黄（橙黄光）的光谱范围，缺少红色成分，色调偏冷，不能达到室内照明的要求。为解决这一问题，可以在 YAG 黄色荧光粉中掺入适量的红色荧光粉。

长余辉发光材料是在自然光或人造光源照射下能够存储外界光辐照的能量，然后在某一温度（指室温）下缓慢地以可见光的形式释放，是一种存储能量的光致发光材料。长余辉发光材料称作蓄光材料或夜光材料。长余辉发光材料在弱光显示、照明、特殊环境（交通、航天、航海、印染、纺织、艺术品等）等方面有重要的应用。

稀土离子掺杂的碱土铝（硅）酸盐长余辉材料已进入实用阶段。市场上可见的产品除了初级的荧光粉外，主要有夜光标牌、夜光油漆、夜光塑料、夜光胶带、夜光陶瓷、夜光纤维等，主要用于暗环境下的弱光指示照明和工艺美术品等。长余辉材料的形态已从粉末扩展至玻璃、单晶、薄膜和玻璃陶瓷；对长余辉材料应用的要求也从弱光照明、指示等扩展到信息存储、高能射线探测等领域。长余辉发光材料属于电子俘获材料，其发光现象是由材料中的陷阱能级所致。由于能级结构的复杂性及受测试分析手段所限，长余辉材料的发光机理还没有十分清晰、统一的理论模型。比较典型的理论模型有空穴模型、电子陷阱模型和位型坐标模型三种，其中位型坐标模型是得到较多认可的。

上转换发光材料是一种吸收低能光辐射，发射高能光辐射的发光材料。上转换发光是指两个或两个以上低能光子转换成一个高能光子的现象。上转换发光材料的发光机理是借助双光子或多光子的耦合作用；其特点是所吸收的光子能量低于所发射的光子能量，这种现象违背斯托克斯（Stokes）定律，因此这类材料又称为反斯托克斯发光材料。在一些文献中，上转换发光材料特指将红外光转换成可见光的材料。

上转换发光材料主要的应用领域有全固态紧凑型激光器件（紫、蓝、绿区域）、上转换荧光粉、三维立体显示、红外量子计数器、温度探测器、生物分子的荧光探针、光学存储材料等。自 20 世纪 60 年代发现上转换发光材料以来，人们对上转换发光进行了广泛的研究。90 年代后，随着应用领域的拓宽，上转换发光的研究又重新活跃起来，特别是纳米微粒的上转换发光的研究，引起了世界各国的高度重视。国内外研究方向主要集中在以氧化钇为发光基质材料，掺杂稀土金属镱、铒等离子的纳米微粒材料的制备方法及其发光机制、发光效率改进等方面。

4. 光致发光材料的应用

光致发光最普遍的应用为日光灯。它是灯管内气体放电产生的紫外线激发管壁上的发光粉而发出可见光的。其效率约为白炽灯的 5 倍。此外，"黑光灯"及其他单色灯的光致发光广泛地用于印刷、复制、医疗、植物生长、诱虫及装饰等技术中。上转换材料则可将红外光转换为可见光，可用于探测红外线，如红外激光的光场等。

光致发光可以提供有关材料的结构、成分及环境原子排列的信息，是一种非破坏性的、灵敏度高的分析方法。激光的应用更使这类分析方法深入微区、选择激发及瞬态过程的领域，使它又进一步成为重要的研究手段，应用到物理学、材料科学、化学及分子生物学等领域，逐步出现新的边缘学科。

光致发光可以应用于带隙检测、杂质等级和缺陷检测、复合机制及材料品质鉴定。

3.5　电致变性材料

3.5.1　电致变色材料

1. 电致变色简介

电致变色是指材料的光学属性（反射率、透过率、吸收率等）在外加电场的作用下发生稳定、可逆的颜色变化的现象，在外观上表现为颜色和透明度的可逆变化。这种材料颜色的变化使得电致变色材料成为一种典型的智能材料。具有电致变色性能的材料称为电致变色材料，用电致变色材料做成的器件称为电致变色器件。电致变色器件具有双稳态、无视盲角、对比度高、制造成本低、工作温度范围宽、驱动电压低、色彩丰富等优点，可应用于电致变色智能窗、汽车自动防眩目后视镜、电致变色眼镜、护目镜、智能卡、智能标签、仪表显示、户外广告等领域。

电致变色实质是一种电化学氧化还原反应，是材料的化学结构在电场作用下发生改变，进而引起材料吸收光谱的可逆变化。例如聚吡咯、聚噻吩、聚苯胺等及其衍生物，在可见光区都有较强的吸收带。同时，在掺杂和非掺杂状态下，颜色要发生较大变化，其中中性态是稳定态。导电聚合物既可以氧化（p 型）掺杂，也可以还原（n 型）掺杂。在作为电致变色材料使用时，两种掺杂方法都可以使用，但以氧化掺杂比较常见。掺杂过程可以通过施加电极电势来完成。其中材料的颜色取决于导电聚合物中价带和导带之间的能量差，以及在掺杂前后能量差的变化。

早在 20 世纪 30 年代就有关于电致变色的初步报道。从 20 世纪 60 年代国外学者普朗特首先提出电致变色概念以来，电致变色现象就引起了人们的广泛关注。1969 年，Deb 首次用无定型 WO_3 薄膜制作电致变色器件，并提出了"氧空位机理"，Deb 也因此被认为是这一现象的发现者。后来在 70 年代，人们发现 MoO_3、TiO_2、IrO、NiO 等许多过渡金属氧化物同样具有电致变色性质，并意识到电致变色现象独特的优点和潜在的应用前景，出现了大量的有关电致变色机理和无机变色材料的报道。70 年代中期到 80 年代初期，对电致变色现象的研究多局限于电子显示器件及其响应时间上。在此期间，美国科学家 C. M. Lampert 和瑞典科学家 C. G. Granqvist 等提出了以电致变色膜为基础的一种新型节能窗，称为灵巧窗（smart window）。80 年代以来，有机变色材料的研究和变色器件的制备成为一个日益活跃的研究领域，积极寻找和竞相研究电致变色材料已成为该年代材料科学界迅速兴起的热点。

C. M. Lampert 提出的灵巧窗被认为是电致变色研究的一个里程碑。1994 年，第一届国际电致变色会议召开，会议讨论内容涉及电致变色器件、材料的电致变色特性、电致变色应用中的电解质，以及电致变色器件中的导电聚合物等。2002 年，Ntera 公司公布了它们的研发工作。Ntera 公司将在纳米材料方面的经验和电致变色技术结合起来，从而创造了一种与其他技术根本不同的显示技术，解决了许多与电致变色有关的传统问题。其 NanoChromicTM 显示技术具有出色的潜力，可以生产出反射率和对比度均领先业界水平的真正的纸质（paper quality）显示器，即人们所说的"电子纸"（electronic paper），实现了电致变色应用的历史性突破。日本索尼公司开发的电致变色显示器和电沉积型显示器技术作为电子墨水及其电子纸显示器，其基本结构与 Ntera 公司的纳米变色电子墨水技术相似，具有高达 99% 以上的库仑效率和相当高的对比度，其循环使用寿命可以达到 800 万~3 000 万次，并且长期使用不会产生青铜色。国内的科学家近些年来也开始涉足该领域的研究工作，并已取得令人瞩目的进展。

2. 电致变色材料的分类

电致变色材料主要有无机电致变色材料和有机电致变色材料两大类。

（1）无机电致变色材料

无机电致变色材料主要指某些过渡金属的氧化物、配合物、水合物及杂多酸等。无机电致变色材料的典型代表是三氧化钨，目前，以 WO_3 为功能材料的电致变色器件已经产业化。常见的过渡金属氧化物电致变色材料中属于阴极变色的主要是Ⅵ族金属氧化物，有氧化钨、氧化钼等；属于阳极变色的主要是Ⅷ族金属氧化物，如铂、铱、锇、钯、钌、镍、铑等元素的氧化物或者水合氧化物，其中钨和钒氧化物的使用比较普遍。氧化铱的响应速度快、稳定性好，但是价格高昂。无机电致变色材料的离子电导和电子电导对电致变色也起重要作用。这类材料的稳定性好，与常规无机非金属材料的结合性能优异，是制备电致变色玻璃的主要材料之一。

（2）有机电致变色材料

根据电化学理论，某些小分子在电极电势作用下发生氧化还原反应，如果反应后其吸收光谱和摩尔吸收系数发生较大变化，则这种物质就可以作为电致变色材料。可以发生电致变色的有机物质非常广泛，从研究成果和实用角度考虑，有机小分子电致变色材料主要包括有机阳离子盐类和带有机配位体的金属配合物。

紫罗精类衍生物属于阴极变色材料，当对其施加负电压时，可令其发生还原反应，改变其氧化态而显色。其中全氧化态为稳定态，多数呈现淡黄色；单氧化态为变色态，其最大吸收波长在可见光区，吸收特定波长的可见光后呈现强烈的补色；得到两个电子的全还原态摩尔吸收系数不大，颜色不明显。其显示的颜色与连接的取代基种类有一定关系，主要是取代基的电子效应在起作用。当取代基为烷基时，单还原产物呈现蓝紫色，芳香取代基衍生物通常呈现绿色。颜色的深浅取决于材料的摩尔吸收系数值，摩尔吸收系数的大小与分子的结构类型有关。单氧化态的紫罗精自由基阳离子的摩尔吸收系数非常高，在较低浓度下就可以产生强烈的颜色变化。紫罗精具有非常好的氧化还原可逆性，在反复氧化还原过程中能够保持结构的稳定性。大部分的紫罗精单阳离子自由基通过自旋成对而形成反磁性的二聚体。二聚体与单体的吸收光谱也不同。如甲基紫罗精阳离子自由基的单体在水溶液中是蓝色的，而二聚体是红色的。

导电高分子也是一类重要的电致变色材料，其种类繁多且颜色变化多样，具有代表性的为聚吡咯衍生物、聚噻吩衍生物及聚苯胺衍生物等。有机电致变色材料具有变色速度快、记忆效应强、能量损耗低、颜色多样、不同状态下透过率差值高等优点。

3. 电致变色的工作原理

电致变色的工作原理：电致变色材料在外加电场作用下发生电化学氧化还原反应，得失电子，使材料的颜色发生变化。

电致变色材料在外加电场作用下发生电化学氧化还原反应，得失电子，使材料的颜色发生变化。电致变色器件的典型结构器件结构从上到下分别为玻璃或透明基底材料、透明导电层［如氧化铟锡（ITO）］、电致变色层、电解质层、离子存储层、玻璃或透明基底材料。器件工作时，在两个透明导电层之间加上一定的电压，电致变色层材料在电压作用下发生氧化还原反应，颜色发生变化；而电解质层则由特殊的导电材料组成，如包含高氯酸锂、高氯酸钠等的溶液或固体电解质材料；离子存储层在电致变色材料发生氧化还原反应时起到储存相应的反离子，保持整个体系电荷平衡的作用，离子存储层也可以为一种与前面一层电致变色材料变色性能相反的电致变色材料，这样可以起到颜色叠加或互补的作用。如电致变色层材料采用的是阳极氧化变色材料，则离子存储层可采用阴极还原变色材料。

4. 电致变色器件及性能指标

电致变色器件按照结构可以分为三类：第一类为溶液型电致变色器件，电致变色材料在器件工作过程中始终溶解在电解液中，通常电致变色材料是有机小分子；第二类为半溶液型电致变色器件，器件工作过程中，电致变色材料溶解于电解液时为透明态，电致变色材料在电极表面富集时为着色态，通常其电致变色材料为芳香类紫精化合物、含有甲氧基的芴类化合物等；第三类为固态电致变色器件，器件工作过程中，电致变色材料始终处于固体状态，通常其电致变色材料为金属氧化物、普鲁士蓝、含有机酸基团的紫精及导电高分子等。目前，对于电致变色器件性能评价，主要包括以下 5 个指标。

（1）电致变色反差

电致变色反差为在特定波长处电致变色前后光密度或透过率变化的百分数。光密度变化量（ΔOD）被定义为 $\Delta OD = \lg T_b / T_c$，其中 T_b 为褪色状态的透过率，T_c 为着色状态下的透过率。

（2）电致变色效率

电致变色效率 η 定义为单位面积消耗的电量所引起的吸光度变化的程度，$\eta = \Delta OD / q = \lg T_b / (q T_c)$。

（3）开关速度

开关速度是一种对电致变色材料的着色/褪色过程的时间要求，这对应用于动态显示和开关器件而言特别重要。

（4）稳定性

电致变色材料的稳定性也称为氧化还原循环过程的抗疲劳性，随着循环次数的增加，电致变色反差逐步变小。从应用的角度来说，对抗疲劳性的要求是非常严格的，经过 10^6 次的循环，电致变色反差不应该有明显的损失。

（5）光学记忆

电致变色材料的光学记忆特性是当电场去掉后电致变色材料的光谱态保留的时间。

5. 电致变色材料及器件的应用

电致变色器件也具有十分诱人的使用前景。这种器件具有的透光度可以在较大范围内随意调节，多色连续变化，还有存储记忆功能、驱动变色电压低、电源简单、省电、受环境影响小等特性，因此具有十分广阔的应用前景。它可以用作大面积数字、文字和图像显示装置；除在照相机和激光等光通量电子调节阀、建筑物门窗、收音机、汽车交通工具等上使用外，它还可以做图像记录、信息处理、光记忆、光开关、全息照相、装饰材料和安全防护材料。近年来已研制开发出多种电致变色器件，主要有信息显示器件、电致变色灵巧窗、无眩反光镜、电色储存器件等，此外，还包括变色太阳镜、高分辨率光电摄像器材、光电化学能转换和储存器、电子束金属版印刷技术等高新技术产品，前景十分诱人。

（1）电致变色显示

电致变色材料具有双稳态的性能，用电致变色材料做成的电致变色显示器件不仅不需要背光灯，而且显示静态图像后，只要显示内容不变化，就不会耗电，达到节能的目的。电致变色显示器与其他显示器相比，具有无视盲角、对比度高、制造成本低、工作温度范围宽、驱动电压低、色彩丰富等优点，在仪表显示、户外广告、静态显示等领域具有很大的应用前景。爱尔兰、日本、德国的一些企业已经开始了电致变色显示方面的产业化研究。目前，通过丝网印刷技术制备的电致变色显示器件已经在智能卡、智能标签等领域得到了应用。

（2）电致变色智能窗

电致变色智能玻璃在电场作用下具有光吸收透过的可调节性，可选择性地吸收或反射外界的热辐射和内部的热的扩散，减少办公大楼和民用住宅在夏季保持凉爽和冬季保持温暖而必须消耗的大量能源。同时，起到改善自然光照程度、防窥的目的。解决现代不断恶化的城市光污染问题，是节能建筑材料的一个发展方向。

电致变色玻璃的调光原理是：在自然状态下（断电不加电场），它内部液晶的排列是无规则的，液晶的折射率比外面聚合物的折射率低，入射光在聚合物上发生散射，呈乳白色，即不透明。当加上电场（通电）以后，有弥散分布液晶的聚合物内液滴重新排列，液晶从无序排列变为定向有序排列，使液晶的折射率与聚合物的折射率相等，入射光完全可以通过，形成透明状态。

现在美国也把电致变色玻璃作为节能玻璃开发项目的一个部分，并已经把电致变色玻璃用于建筑玻璃上。此外，电致变色智能窗（smart windows）在飞机、汽车等方面也有很大的应用前景。

1986 年，日产公司的 T. Kase 等首次推出用于汽车的 ECD 窗户，使调光玻璃成为电致变色材料最早实现商品化的产品。

1992 年，日本丰田汽车公司中心研究院以聚苯胺和 WO_3 作为电致变色材料研制出用于汽车窗户的 ECD 并商品化。所研制出来的 ECD 在外加电压 $-1.8 \sim +1.6$ V 范围内能有效地调节光透过率。

2002 年，德国成功研制出应用在汽车智能玻璃窗上的导电高分子电致变色材料，在不同的电压作用下可呈现出蓝、绿、灰等不同的颜色，并首先在奔驰高等轿车上使用。

2004 年，英国伦敦地标建筑——瑞士再保险大厦"小黄瓜"采用电致变色玻璃幕墙，成为世界上最节能的建筑，如图 3.60 所示。

2005 年，意大利法拉利公司展出的"Ferrari Superamerica"敞篷跑车的挡风玻璃和顶棚玻璃采用了电致变色技术，如图 3.61 所

图 3.60　伦敦瑞士再保险大厦"小黄瓜"采用电致变色玻璃幕墙

示，可对透过率进行 5 级调整。驾驶员可以完全控制光线进入车顶的强度。一共有 5 种不同的色阶，只需按一个键，稍等片刻便可以从最亮调到最暗。

图 3.61　"Ferrari Superamerica"敞篷跑车的电致玻璃

2008 年 7 月，波音 787 客机客舱窗玻璃淘汰了机械式舷窗遮阳板，采用了电致变色技术。PPG Aerospace 公司展示了波音 787 飞机上使用的该公司的电致变色窗技术，该项技术能够使乘客通过触动按钮变暗或弄亮他们跟前的窗口，从而获得舒服的旅行体验。电致变色玻璃窗可以让乘客调整由暗到亮 5 个不同级别的光度，如图 3.62 所示。PPG Aerospace 公司副总裁 David Morris 说："乘客将能够控制进入机舱的太阳能热量，为了更舒服，乘客可以减少机舱内太阳光及热发散量，同时还可以减轻加热及空调系统的压力。由于不再有窗影产生，飞机内部空间也将更加吸引人。"这套舷窗系统允许乘客为舷窗设定不同级别的透光度，也可以由乘务员统一控制。电控变色舷窗不仅提供了透光控制功能，还使内饰更加美观，并改进了飞机的舒适性。

2009 年，世界上首个太阳能电池驱动的电致变色玻璃幕墙在美国应用。

电致变色窗户是一种在施加电压时变暗，去掉电压时变成透明的新型智能节能窗，如图 3.63 所示。像悬浮颗粒装置一样，电致变色窗户也可以调节为不同的可见度。它们不像液晶技术那样只有透明和不透明两种选择。电致变色窗户的核心是具有电致变色特性的特殊材料。本质上讲，电流在这种材料中激发了化学反应。这一反应（像任何化学反应一样）可以改变材料的特性。在这种材料中，反应改变了材料反射和吸收光线的方式。在某些电致

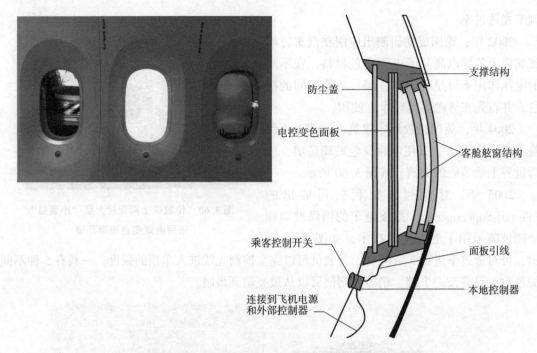

图3.62 波音787客机的电致变色舷窗遮阳板

变色材料中,化学反应使材料变成不同颜色。在电致变色窗户中,材料在有色(反射某种颜色的光线)和透明(不反射任何光线)之间变化。从最根本上来讲,电致变色窗户需要这种电致变色材料和电极系统,以将其化学状态从有色变为透明,然后再变回有色。有多种方法可以做到这一点,它们使用不同的材料和电极系统。

图3.63 电致变色智能窗

像其他智能节能窗一样,电致变色窗户也是在两块玻璃之间夹入特定材料制成。下面是一个基本的电致变色窗户系统内部的材料及它们的排列顺序:玻璃或塑料板;导电氧化物;电致变色层,如氧化钨;离子导体/电解液;离子库;另一层导电氧化物;另一块玻璃或塑料板。在这一设计中,起作用的是氧化反应。这是一种化合物中的分子失去电子的反应。夹在电致变色层中的离子可以使它从不透明变为透明。这些离子使它可以吸收光线。电源通过电线与两个导电氧化层相连，电压驱动离子从离子库层穿过离子导电层，然后进入电致变色层。这使玻璃变得不透明。关闭电压后，离子从电致变色层流入离子库层。当离子离开电致变色层时，窗户重新变得透明。

对于电致变色智能节能窗，只需要电流来使它完成到不透明的初始变化。维持某一特定暗度不需要恒定的电压，只需要施加足够的电压使其变化，然后再用足够的电压恢复原状即可。因此，该方法的能效性很高。事实上，据 Sage Electronics 称，一所房子全部采用电致变色窗户所花的电费与使用一只 75 W 电灯泡的电费相当。虽然从技术上可以归为电致变色材料，但是这种正在开发的新型反射性氢化物的作用方式有很大不同。它们不是吸收光线，而是把光线反射出去。镍镁合金制成的薄膜可以在透明和反射状态之间进行来回切换。这一切换可由低电压电流（电致变色技术）或者注入氢气和氧气（气致变色技术）启动。此外，这种材料还有可能比其他电致变色材料更加节能。日常生活中，我们到处都能看到窗户，但很少会停下来思考它们。利用智能节能窗技术取得的进展，我们将开始用全新的眼光看窗户。

（3）汽车自动防炫目后视镜

强烈的太阳光及尾随汽车远光灯的强光照射会使汽车的后视镜产生令人炫目的反光，对道路交通造成很大的安全隐患。用电致变色材料制备的自动防炫目后视镜，可以通过电子感应系统，根据外来光的强度调节反射光的强度，达到防炫目的目的。美国的一家公司已经为全世界多款汽车提供了 1 000 多万套的电致变色自动防炫目后视镜。如果汽车防炫目后视镜技术能与光伏器件联系起来，利用光伏器件对外来光的感应产生的电能来调节防炫目后视镜的变色，可达到节能、防污染的双重目的。

（4）电致变色眼镜、护目镜

电致变色智能眼镜采用目前世界上正在兴起的电致变色技术和电子传感器技术，镜片感应到阳光的变化时，会自动在瞬间产生变化，阳光强，镜片就变暗，阳光弱，镜片就变亮，也可以根据个人的喜好进行调节。

日本东京尼康公司于 20 世纪 90 年代推出新式男装太阳眼镜，其中率先应用电致变色镜片进行光线强度调节，采用的是氧化物电致变色材料。一般的太阳镜片对紫外线敏感，遇到强光时，镜片颜色会自动变暗。但镜片颜色根据光线强度自行调节的速度太慢，需要 30 ～ 60 s，恢复透明约需 20 min。而电致变色镜片颜色变暗只需 9 s，恢复透明只需 4 s。使用者只需按下装在眼镜框两边的微型按钮，就能使镜片按需要调节光的强度：右边按钮能使镜片颜色变暗，左边按钮能使镜片恢复透明。美国华盛顿大学的化学家也开发出一种基于聚合物的电致变色太阳镜，镜片可以分别呈现红色、绿色、蓝色或者透明等多种颜色，滤光效果达 55%～95%，佩戴者根据实际需要或者个人喜好瞬间即可转换镜片的色彩。

目前，国内外公司生产的电致变色智能眼镜已经用在了安全头盔护目镜、飞行员头盔、滑雪护目镜、军用防沙尘调光护目镜和时尚眼镜方面，具有防紫外、保护眼睛、调节眼睛舒适度等功能，得到了滑雪爱好者、机动车驾驶者、飞行员、军队和时尚爱好者的喜欢。

（5）电致变色纸

最初的电致变色纸是将电致变色材料嵌入特定纸张内，在着色态和透过态间切换，从而可以使纸张重复使用。1989 年，Rosseinsky 和 Monk 用伏安法研究浸渍染料（普鲁士蓝和紫精）和足够浓度的离子电解质的纸张，电致变色过程在纸张内部产生。NTera 已经开发出一种称为"电致变色纸张"的产品，这是一款基于紫精化合物的显示器件。2011 年，理光（Rioch）集团发布了实现 64 灰阶全彩显示的电致变色显示器，元件构造为黄色、蓝绿色、深红色 3 原色，电致变色层纵向层叠成 3 层，背板采用的是低温多晶硅（LPTS）TFT（薄膜晶体管），面板尺寸为对角 3.5 in，像素为 240×320，写入也比较顺畅，几秒左右擦写一次画面，在目前发布的彩色电子纸中实现了非常自然的颜色。2013 年，Rioch 公司展示了基于电致变色技术的 3.5 in 全彩电子纸，如图 3.64 所示。

图 3.64　基于电致变色技术的 3.5 in 全彩电子纸

3.5.2　电流变液

1. 电流变液及电流变效应

电流变液（electorheological fluids，ERF）通常由固体颗粒和绝缘液体组成，其中固体颗粒具有高介电常数。当对电流变液施加电场时，电流变液的力学性能和流变性能会发生明显的变化。当撤去电场后，电流变液的状态又会恢复到未加电场时的状态，这种变化通常发生在毫秒量级，并且是连续可逆的。这种在电场作用下，电流变液发生的快速、可逆变化的现象通常称为电流变效应。具有电流变效应的分散体系统称为电流变体、电流变流体，或者 ER 体、ER 流体。电流变液的这种特殊性质使得其在离合器、阀门、阻尼器等力电耦合装置中具有很大的应用潜能。

电流变效应是在外加电场作用下电流变液的内部结构变化引起的。未施加电场时，固体颗粒随机分布在液体中，这时的电流变液表现出牛顿流体的性质，可以自由流动。当施加电场时，固体颗粒发生极化作用，颗粒间的偶极矩作用力使得颗粒沿着电场方向形成颗粒链结构。随着电场强度的增强，颗粒链结构进一步向链状结构演化，从而阻碍电流变液的流动。电流变液的力学性能也随之发生宏观上的变化，表现出很高的剪切屈服应力。当撤去外加电场时，电流变颗粒又回到随机分布的状态，电流变液也恢复到初始状态。

2. 电流变液的发展历史

电流变学起源于人们早期对电黏效应的探索和研究。19 世纪末，人们发现，当给一绝缘的纯液体施加一电场时，其表观黏度会增大，同时，人们发现向纯液体中加进一些微小颗粒制得悬浮液，其表观黏度也会变大，当悬浮液较稀时，其表观黏度与悬浮颗粒的体积分数成正比，当悬浮颗粒的表面带有电荷时，静电力对悬浮液的黏度也有贡献。由电黏效应所引起的黏度增大幅度较小，一般在 2 倍以内，它与由电流变效应所引起的黏度突变有本质的区别。

人们公认的电流变液创始人是美国学者 W. M. Winslow，从 1939 年开始，W. M. Winslow 就进行电流变液的相关研究工作。1949 年，Winslow 详细研究了将不同固体颗粒粉末分散于某些绝缘油中，得到了不同的悬浮体系。当对这些悬浮体系施加电场后，悬浮体系的表观黏度显著增加。当电场撤去后，悬浮体系又恢复到原来的低黏度状态。这一研究成果代表着电流变液的正式诞生。因此，经常将电流变效应称为 Winslow 效应。之后到 20 世纪 80 年代这段时间内，电流变效应的研究并没有引起广泛关注。这主要是因为这一时期的电流变液材料基本都含水且强度较低，大大限制了电流变液的应用领域。直到 20 世纪后期，电流变液在国际上逐渐引起了广泛关注并得到了迅速发展，越来越多的科研工作者才开始对电流变液进行研究。为了实现电流变液在工程技术中的应用，研究者们尝试了许多手段来提高电流变液的性能。为了提高电流变液的电流变效应，人们开始尝试采用不同的添加剂来激活电流变效应。水是人们最早使用的电流变效应激活剂。对于含水电流变液，一定量的水十分重要。基于水对电流变效应的作用，人们提出了解释电流变效应的水桥理论。该理论认为：水的表面张力大，可以起到黏结剂的作用，使电流变颗粒黏结起来；水的加入也会增加颗粒的介电常数，使颗粒间的相互作用增强。另外，水的加入也会促进粒子的界面极化形成双电层。虽然水的加入可以很明显地增强电流变效应，但水本身的缺点也导致含水电流变液出现了稳定性差、容易被击穿、温度工作范围有限（0～100 ℃范围内）等缺点。这些缺点很大程度上限制了电流变液在工程中的应用，也导致了电流变液在出现初期的研究停滞不前。20 世纪 80 年代，Block、Carlson 和 Fililisko 等人成功研制出无水电流变液，具备许多含水电流变液无法企及的优点，使得电流变液在工程中的应用成为可能，极大地促进了电流变液的研究进展，引发了电流变液的研究热潮。

无水电流变材料涉及无机、有机及复合无水电流变材料，颗粒的结构与组成直接影响电流变效应。无机电流变材料几乎包含了所有无定形和晶体材料，但只有少数的无定形或者离子晶体才能表现出显著的电流变效应。其中，二氧化钛和钙钛矿（如 $BaTiO_3$、$SRTiO_3$、$CaTiO_3$ 等）因具有高介电常数而成为高性能电流变材料的选择，因此，研究者们针对二氧化钛和钙钛矿电流变液进行了深入的研究。有机电流变材料主要是聚合电解质、聚合物半导体及碳质材料，因其具有良好的物化性能而成为人们研究的热点。无机或者有机电流变材料各有优缺点，性能比较单一，很难满足工程应用中的综合性能要求。为了解决这一需求，人们开始主动设计和研制复合电流变材料。典型的复合电流变颗粒具有多层核壳结构，可以通过调节和选择包裹层的材料和比例控制材料的介电性能与物化特性，进而调控电流变液的电流变性能。2003 年，香港科技大学的温维佳等研制出一种全新的由尿素包裹的纳米颗粒电流变液，其剪切屈服应力可以达到 140 kPa，远远超过了传统理论的强度预测上限，被称为巨电流变液。这种高剪切屈服应力的电流变液的研制成功使人们看到了电流变液在实际应用中的更大潜能，研究者们对此类电流变液进行了深入的研究。

经过 70 余年的发展，电流变材料种类繁多。其基本组成是固相、液相和添加剂。固相主要有无机金属氧化物、非金属氧化物、有机高分子材料和镀膜复合颗粒等；液相以硅油、变压器油、透平油等绝缘性能好的低黏度液体为主；添加剂有甘油、尿素、酒精等。当然，现这些电流变材料还存在某些不足，如固相颗粒的吸水性问题、沉淀问题、高强度电流变零电场黏度偏大等问题。电流变材料的研究目前仍是电流变研究领域的热点。

3. 电流变液的性能

根据电流变液在工程技术应用中的实际需求，评价电流变液性能优劣的参数主要包括以下几个方面。

（1）屈服应力

剪切屈服应力是评价电流变液性能优劣的最重要指标。图 3.65 是体积分数为 25% 的 TiO_2 电流变液的静态力学性质。可以看到，电流变液表现出剪切屈服现象，表现出类似固体的性质，并且剪切屈服应力与电场强度的大小相关。电流变液的剪切屈服应力满足

$$\tau_y \propto E^\alpha$$

一般来说，电场依赖指数 α 处于 $1\sim2$ 的范围内，此电流变液的 $\alpha = 1.26$，可以看到，剪切屈服之后电流变液的剪切应力降低。动态屈服应力是电流变液在动态剪切场中承受的最大剪切应力，不仅与电场强度有关，还与剪切速率有关，与静态屈服应力显然不同。因为实际应用中电流变液一般工作在动态条件下，显然动态屈服应力更加关键。屈服应力是电流变液在工程应用中首先考虑的性能参数，因为屈服应力的大小直接决定了一些电流变装置的性能，如传动器件所能传递的力矩大小与电流变液的屈服应力直接相关。目前电流变液在工程技术应用中受到限制很大程度上就是因为屈服应力偏低，不能满足实际应用需求。

（2）电流变效率

电流变效率（ER efficiency）是表征电流变液对电场响应能力的参数，其定义为

$$I = \frac{\tau_E - \tau_0}{\tau_0} \text{ 或 } I = \frac{\eta_E - \eta_0}{\eta_0} \tag{3.10}$$

式中，τ_E，η_E 分别为外加电场作用下某一剪切速率下的剪切应力和黏度；τ_0、η_0 分别为零场条件下对应剪切速率下的剪切应力和黏度。电流变效率反映了电场对电流变液性能的调控能力，越高的电流变效率代表着外加电场对电流变性能的可调控范围越宽。当电流变效率较低时，电流变液要达到同等剪切应力，必然需要较高的电场强度，这会导致能耗的增加。有些电流变液剪切屈服应力较高，但过高的零场黏度降低了其电流变效率，可控性较差，能耗也会增加，因此电流变液的零场黏度以较低为宜。

（3）响应时间

电流变液的响应时间是指电流变液从施加电场到表现出稳定的电流变效应所需的时间，它反映了电流变液对外加电场变化反应的快慢。电流变器件工作时需要连续可调，因此电流

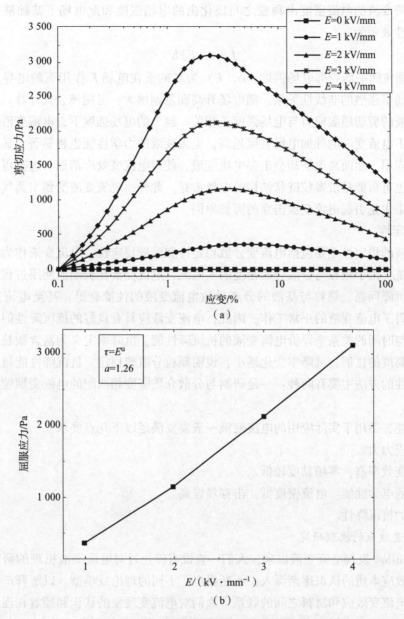

图 3.65　电流变液在准静态时的力学性质

变液的响应时间也很重要，一般来说，电流变液的响应时间在毫秒量级。一种常见的测试电流变液响应时间的方法是让电流变液处于恒定的剪切速率下，测试剪切应力达到最大值的 63% 所需要的时间。研究发现，电流变液的响应时间不仅与颗粒的介电性质、形貌相关，也与分散介质的介电性质、外加剪切场的剪切速率等因素相关。

（4）电学性能

电学性能是评价电流变材料优劣的重要指标。它不但决定了电流变器件的功耗，而且决定了电源的成本，通常以电流密度来评价电流变液电学性能的优劣。电流密度决定了电流变器件的能耗，通过电流变液的电流密度一般不超过几十 $\mu A/cm^2$。

通过电流变液的电流密度由颗粒之间极化出的电场强度和此电场下基础液的电导所决定，可以定性表示为

$$J = \sigma_f(\bar{E})\bar{E} \qquad\qquad (3.11)$$

式中，$\bar{E}$ 为颗粒间平均局部电场强度；$\sigma_f(\bar{E})$ 为基础液在电场 E 作用下的电导率。基础液的电导与电场呈强烈的非线性关系，随电场升高而急剧增大，可用该公式计算。

电流变液的剪切屈服应力与电场强度正相关。越大的电场强度下，电流变液的剪切应力越高。施加于电流变液的外加电场强度越高，电流变液的力学性能也越显著，显然有利于工程技术上的应用。然而高电场却会击穿电流变液，使得电流变效应消退。这有可能是电场击穿了基液，也有可能是沿颗粒链状结构的电场击穿。此外，电流变液受到水蒸气、导电离子等杂质的污染也是引起电流变被击穿的可能原因。

(5) 稳定性

电流变液的稳定性主要包括电流变分散稳定性和温度稳定性。电流变液作为一类典型的两相分散系统，由于颗粒与分散介质密度的不匹配，电流变液在长期的使用过程中存在着很严重的颗粒沉降问题。颗粒与基液的分离导致电流变液的性能衰退，甚至电流变效应的消失，严重妨碍了电流变液的正常工作。因此，电流变液应具有良好的抗沉降性能。一般通过测试沉降率与时间的关系来评价电流变液的抗沉降性能。沉降率定义为富含颗粒段的液体高度与总液体高度的比值，沉降率变化越小，说明颗粒分散越稳定，抗沉降性能越好。目前解决颗粒沉降性的方法主要有两种：一是研制与分散介质密度相匹配的电流变颗粒，二是添加分散稳定剂。

综上所述，适用于实际应用的电流变液一般需要满足以下几点要求。

①屈服应力大。

②电流变效率高，零场黏度较低。

③良好的电学性能：电流密度低，击穿场强高。

④良好的抗沉降性。

4. 电流变效应的机理研究

自从 Winslow 发现电流变液以来，人们一直没有停止过对电流变液机理的研究。随着人们对电流变效应本质的认识逐渐深入，不断提出了不同的理论或模型。以解释产生电流变效应的原因及电流变效应和材料之间的联系。人们对电流变现象的认识和理解在逐渐深化。从最初的双电层理论和水桥机理到极化模型和导电模型，以及解释巨电流变效应的"表面极化饱和模型"和一些其他模型，逐渐变得成熟和全面。

(1) 水桥模型

由于 ERF 都含有少量的水，或者 ERF 中的分散颗粒如沸石、钛酸钙等吸附少量的水或表面活性剂后都会很活泼，所以人们认为是水在电流变效应中起了关键的作用。Stangroom 把含水电流变液的电流变效应归因于颗粒间水桥的形成。在电场作用下，颗粒孔中离子从孔中移出并带动水到颗粒表面，在颗粒间搭建起水桥，如图 3.66 所示，从而使得颗粒相互作用力

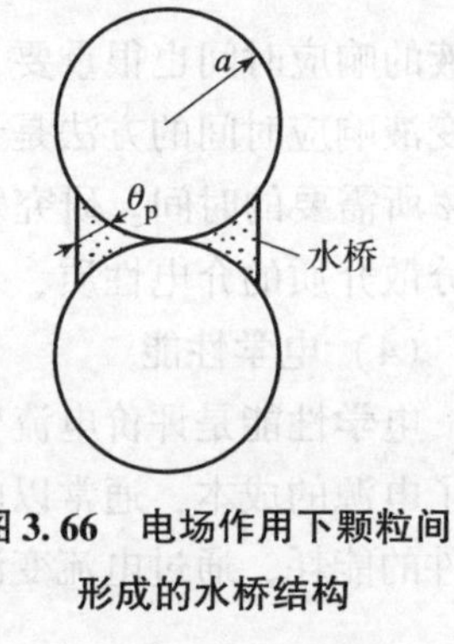

图 3.66　电场作用下颗粒间形成的水桥结构

增强。当撤去电场时，水因表面张力的作用而回到颗粒内部，水桥消失。See 等对水桥模型进行了修正，认为水总是能移动到颗粒间隙处，以使悬浮体系处于能量最小的状态。水桥模型为含水电流变液的电流变效应提供了很好的解释，但无法解释无水电流变液的电流变现象。

（2）双电层理论模型

任何两个不同的物相接触，都会在两相间产生电势，这是电荷分离引起的。两相都有过剩的电荷，电量相等，正负号相反，相互吸引，形成双电层。Klass 和 Martinek 提出了电流变液的双电层模型，他们认为电流变体的响应时间极短，不足以使微粒排列成纤维状结构。他们提出了双电层机理解释电流变效应。该理论认为，在无电场作用下，粒子周围存在一个吸附层，即双层。在电场作用下，双层粒子周围的双层沿着与双层上所带离子相反电荷的电极运动。电场作用下的粒子周围双层的非对称分布，将导致双层中电荷不平衡分布，其结果是电荷间相互吸引和排斥。双电层发生畸变并与相邻的电层发生重叠，如图 3.67 所示。当颗粒沿电场方向排列成链时，颗粒的电层形成首尾相连

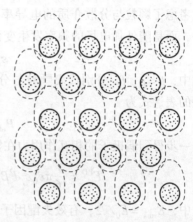

图 3.67　电场对双电层分布的影响

的结构，阻碍了颗粒间基础液的流动，从而产生了电流变效应。双电层模型可以较好地解释固液两相电流变液中体积分数、温度、电场频率对电流变效应的影响。主要缺点是没有说明为什么双层的相互作用和交叠导致电流变体流变性质几个数量级的突变。

（3）介电极化模型

电流变液是由相对介电常数不同的固液两相组成的悬浮体系。介电极化理论认为电流变效应是由电流变液中的分散相颗粒相对于连续相（分散介质）的极化所产生的。这种极化是一种涉及多因素的复杂过程。以介电极化为基础，人们提出了不同的模型，如偶极子极化模型、动态极化模型、介电损耗模型等，对电流变液的机理进行了深入的探讨。介电极化模型是人们普遍接受的电流变效应的机理解释。

①偶极子极化模型。偶极子极化认为电流变效应可以描述为：在外加电场作用下，由极化产生的颗粒电荷分布导致了偶极子的形成，然后邻近的偶极子相互作用，形成沿电场方向排布的链状结构。随着电场强度的增强，链状结构相互作用，进而形成纤维结构。若要使电流变液流动，必须使纤维结构破坏。因此，需要足够大的剪切应力来克服颗粒间的偶极子作用力，宏观上电流变液则呈现出黏度增大的现象。两颗粒间的电偶极矩表达为

$$P = 4\pi\varepsilon_0\varepsilon_f\beta a^3 E_0 \tag{3.12}$$

式中，$\beta = \dfrac{\varepsilon_p - \varepsilon_f}{\varepsilon_p + 2\varepsilon_f}$，代表介电失配因子，$\varepsilon_p$ 和 ε_f 分别是颗粒和基液的介电常数；a 为颗粒直径 d 的一半；ε_0 为真空介电常数；E_0 是电场强度。

两颗粒间偶极矩的相互作用力大小为

$$F_{ij} = \frac{3p^2}{4\pi\varepsilon_0\varepsilon_f r_{ij}^4}(3\cos^2\theta_{ij} - 1)e_r + e_\theta\sin 2\theta_{ij} \tag{3.13}$$

式中，r 为两颗粒间距；θ 为两颗粒中心连线与电场方向的夹角。偶极子模型是一种理想化的模型，认为颗粒间的间距足够大，不考虑多颗粒间的相互作用，并且电场分布均匀。

②动态极化模型。由于电流变液都有一定程度的导电性。在直流电场作用下，极化过程主要是界面极化，颗粒的极化程度完全取决于电导率。在高频电场下，因为弛豫过程的存在，颗粒的界面极化很弱，颗粒的极化较少受到电导率的影响，而主要由介电常数控制。当电场频率适中时，电导率和介电常数都起一定作用。基于此考虑的 Maxwell – Wagner 模型同时考虑了颗粒与分散介质的电导率和介电常数两个因素的作用。假设它们不再是固定不变的，而是随外加电场的频率发生变化。颗粒和分散介质的介电常数可以写成

$$\varepsilon_k^*(\omega) = \varepsilon_k - j(\sigma_k/\varepsilon_0\omega) \tag{3.14}$$

式中，$k = p$、f，分别代表颗粒与分散介质；σ 为电导率；ω 为电场角频率。由此得到偶极矩的表达式为

$$P_{\text{eff}} = 4\pi\varepsilon_0\varepsilon_f a^3(\beta^* e^{ja})E_0 e_z \tag{3.15}$$

进一步得到偶极子的相互作用力在复量下的表达式：

$$F^{\text{PD}} = \frac{3}{16}\pi\varepsilon_0\varepsilon_f d^2\beta_{\text{eff}}^2 E_{\text{rms}}^2 \left(\frac{d}{r_{ij}}\right)^4 \left[(3\cos^2\theta_{ij} - 1)e_r + e_\theta\sin2\theta_{ij}\right] \tag{3.16}$$

式中，$E_{\text{rms}} = E_0/\sqrt{2}$；有效失配因子的表达式为

$$\beta_{\text{eff}}^2 = \beta_d^2 \frac{\left[(\omega\tau_{\text{MW}})^2 + (\beta_c/\beta_d)^2\right]^2 + (\omega\tau_{\text{MW}})^2 \left[1 - (\beta_e/\beta_d)^2\right]^2}{\left[1 + (\omega\tau_{\text{MW}})^2\right]^2} \tag{3.17}$$

式中，$\beta_d = \dfrac{\varepsilon_p - \varepsilon_f}{\varepsilon_p + 2\varepsilon_f}$；$\beta_c = \dfrac{\sigma_p - \sigma_f}{\sigma_p + 2\sigma_f}$；Maxwell – Wagner 弛豫时间为

$$\tau_{\text{MW}} = \varepsilon_0 \frac{\varepsilon_p + 2\varepsilon_f}{\sigma_p + 2\sigma_f} \tag{3.18}$$

Maxwell – Wagner 模型等效失配因子代替了偶极子模型中的失配因子，是一个涉及固体颗粒和分散介质的介电常数与电导率及电场频率的函数。该模型不仅考虑了极化强度，还考虑了建立极化的时间，因此也称为动态极化模型。该模型能很好地解释电流变液在不同频率的电场和剪切场下的电流变现象。

③介电损耗模型。该模型理论认为，介电常数负责极化过程，是电流变效应的第一过程；介电损耗负责分散颗粒的转动过程，因此，大的介电损耗是电流变效应的必需条件。大的介电常数可以保证电流变结构的稳定性和强度，也是电流变效应的必要条件。之后，又在理论上推导出分散相颗粒的介电损耗正切最大值应大于 0.1。如图 3.68 所示，不论是电流变颗粒还是非电流变颗粒，在电场作用下，颗粒都会发生极化作用。但只有电流变颗粒才会发生转动，使得颗粒沿电场方向排布，而正是介电损耗控制电流变颗粒转动的。

对于异质材料，总的介电极化可以表示为

$$P = P_{\text{I}} + P_{\text{D}} + P_{\text{A}} + P_{\text{E}} \tag{3.19}$$

对应的介电常数表示为

$$\begin{aligned}\varepsilon &= \varepsilon_{\text{S}} + \varepsilon_{\text{I}} + \varepsilon_{\text{D}} + \varepsilon_{\text{A}} + \varepsilon_{\text{E}} \\ &= \varepsilon_{\text{S}} + \varepsilon_{\text{I}} + \varepsilon_{\text{D}} + \varepsilon_\infty\end{aligned} \tag{3.20}$$

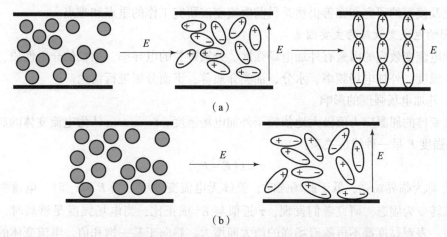

图 3.68　电场作用下电流变颗粒和非电流变颗粒的行为示意图

式中，ε_I、ε_D、ε_A、ε_E 分别代表着界面极化、Debye 极化、原子极化和离子极化。由于介电损耗来源于慢极化，即这里的界面极化，因此，越大的介电损耗意味着界面极化越强，该材料表现出明显的电流变效应。

（4）导电模型

近年来，人们认识到颗粒和主体油的导电率对 ER 性能的影响很大，因此，研究者提出的导电模型中考虑了主体油的非欧姆导电率，认为电场与颗粒间相互作用力 F 的关系在低电场时为二次方关系，而在高电场时降至线性关系，并且颗粒间相互作用力 F 随颗粒导电率和主体油导电率的比值增加而增加。研究者假设 $\sigma_p/\sigma_f \ll 1$，主体油的电导率和电场不呈线性关系。球之间的部分可以分为两个不同的区域：①当 $x > \delta$ 时，球表面是等压的，离开球的电流可以忽略不计；②当 $x < \delta$ 时，主体油中的电场由于这个区域液体薄膜的导电率提高而变得饱和，因此，大部分电流通过这个领域。导电模型认为，电流变链中的一个基本单元由半径为 R、中心相距 $d = 2R + C$ 的两个半球粒子和周围的悬浮介质组成。由于 $\sigma_p \gg \sigma_f$，故可将球形粒子近似为等势体，球面为势面，这样得到两个球面之间区域的"区域场"强度 E。导电模型是目前较为认可的一个模型。

（5）其他理论模型

新研制的巨电流变液具有极高的剪切屈服应力，无法再使用传统电流变理论对剪切屈服应力进行分析。研究者们也提出了一些理论模型来解释巨电流变液剪切屈服应力如此显著的原因。温维佳等提出了饱和极化模型来解释巨电流变效应。陆坤权等提出了极性分子取向和成键模型，认为极性分子在强局域电场中的取向及与极化电荷的相互作用使得颗粒间的作用力大大增强，并在理论上预测极性分子型的电流变液剪切屈服强度可达到 MPa 量级。

颗粒的极化导致电流变效应是研究者们公认的理论。但随着对电流变液研究的日趋深入和新型电流变材料的不断研发，已提出的理论模型并不能很完善地解释实验中的现象。一种理论模型通常只能解释某些特定的实验现象，并不能综合解释电流变液的实验结果。此外，理论模型的不完善也在很大程度上限制了电流变液在工程技术中的实际应用。因此，关于电流变理论及模型的研究和完善仍然是目前电流变液研究工作的重点和难点。

5. 影响电流变效应的主要因素

影响电流变效应的因素有外加电场强度、分散颗粒的电导率、颗粒的介电性质、悬浮体的浓度、温度、外加电场频率、水分、油类介质等，下面分别进行讨论。

(1) 外加电场强度的影响

电流变体的屈服应力值极大地依赖于外加电场强度。Sangroom 认为电流变体的屈服应力 τ 和电场强度 E 呈一种线性关系：

$$\tau = k(E - E_e) \tag{3.21}$$

式中，E_e 称为临界场强，低于此场强时，流体无电流变效应。当 $E > E_e$ 时，电流变流体才会从液态转变为固态。研究者们发现，τ 近似与 E^2 成正比，当电场强度足够高时，流体的屈服应力、表观黏度都不再随着场强的增大而增大，趋向于某一饱和值。电流变体的屈服应力值与外加电场强度关系如图 3.69 所示。E_e 值一般在 200 V/mm 以下，不超过400 V/mm。E_1 值为 3.0 kV/mm。当 $E > 3.0$ kV/mm 时，即使流体的屈服应力值有所增大，增大的幅度也不会很大。

(2) 分散相

外加电场时，电流变体的响应在很大程度上取决于分散相，其影响因素有分散颗粒的电导率、体积分数、介电性质及化学性质等。

①分散颗粒的电导率的影响。Block 研究了不同电导率的稠环芳酿类自由基聚合物的电流变效应，发现流体的屈服应力值和材料的电导率有很大的关系。当颗粒的电导率为 10^{-7} S/m 左右时，流体的静态屈服应力值最大；低于或高于 10^{-7} S/m 时，其屈服应力值均会显著降低。

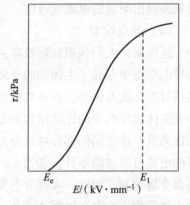

图 3.69　电流变体的屈服应力与外加电场强度关系

②分散颗粒的体积分数的影响。悬浮颗粒的体积分数对悬浮体的屈服应力、表观黏度等影响很大。对于电流变体，其影响关系比较复杂。Klingenberg 根据电流变体的成纤化模型得到流体的屈服应力基本上与体积分数的一次方成正比。Klass 认为体积分数对电流变效应的影响缘于颗粒周围双电层之间的相互交叠。UcJima 研究了结晶型的纤维素分散在卤化绝缘油中的电流变体的相对黏度（为场黏度和非场黏度之比）和颗粒的质量分数之间关系，发现二者并不存在单一的递增关系，而存在一个最大值。当质量分数为 10% 时，体系的相对黏度值达到最大。

③分散颗粒的介电性质的影响。对于由不同介电常数、不同电导率的两种组分组成的悬浮体，只要加电场，出现在低频的界面极化总是存在的。已有许多人研究了多种电流变体的介电系数随着外加电场频率的变化而变化的情况，通常粒子介电常数和介电损耗均较大时，电流变效应才较强，此时介电常数越大的粒子，电流变效应越强。

④分散颗粒的化学性质的影响。应该能够保持水分，并能使离子在其中运动。

（3）水分的影响

在非水型电流变体问世以前，人们一直认为少量水的存在对流体的电流变效应是至关重要的。Deinega 等研究了黏土矿物类和聚乙烯醇类电流变体的屈服应力与水分含量的关系。随着水分含量的增加，电流变效应增强，然后达到最大值，之后电流变效应迅速减弱。流体的屈服应力达到最大值时，所对应的水的含量因悬浮颗粒的不同而不同。这被认为是各种粒子吸附水的能力不同造成的。屈服应力最大值时的湿度接近粒子束缚水的含量，超过该湿度，体系中出现自由水，电导率迅速增大，自由电荷在颗粒间的运动导致极化相互作用力降低，甚至出现相互排斥的情况，因此电流变效应随之减弱。

（4）电场频率的影响

电流变效应与所加电场的频率有很大的关系。在某一固定交流电场下，有些电流变液的表观黏度（或剪切应力）随频率的增加而呈单调增加，直至 3 000 Hz，并在高频时达到最大，趋于稳定。高频时电流变液的剪切速率是直流场中剪切速率的几倍，甚至可以高出一个数量级，这对电流变液的实际应用非常重要。

电流变液的频率响应说明在交流场下，电流变液的极化密度随频率增加，将增强颗粒间的相互作用。

6. 电流变液的应用

在电场作用下，电流变液的力学性能会发生显著的变化，并且这些变化具有可控、可逆、快速和低功耗等优良的特性，使电流变液可以有效解决工程应用中的能量传递和控制等问题，从而极具实际应用价值。基于电流变效应，电流变液可以应用于各种力电耦合器件，主要包括阻尼器、减震器、离合器、驱动器、液压阀等。电流变液在电流变器件中的工作模式可以分为剪切模式、压缩模式和流动模式三种。剪切模式中，电极板直线或者旋转运动，电流变液受剪切作用而在极板间流动；压缩模式中，电极板沿垂直于极板方向运动，电极板间距逐渐减小，电流变液受到电极板的挤压作用，产生阻碍极板运动的阻力；流动模式中，电极板保持固定，形成一个流动管道，管道两端的压力差驱使电流变液流动，可以通过调节电场强度来实现对流动阻力的控制。电流变液的应用主要涉及以下领域。

（1）减震器

这类器件主要利用电流变液在电场作用下表观黏度的变化，使它们的阻尼力或者阻尼系数可以连续无级调节，进而达到使振动能量衰减和被吸收的目的。其主要用于设计和制造出主动控制或半主动控制的阻尼无级调节的减震器和隔振器。

（2）传动器件

这类器件主要利用电流变液在电场作用下力学性能的变化，实现转矩和转速可调控的动力传递过程。通过外加电场的控制，改变电流变液的黏度，进而改变主、被动器件之间传递的力或力矩。其不仅可以避免传统器件中常见的冲击载荷和噪声，而且具有结构简单、低损耗和响应快速等优点。这类器件中常见的是电流变离合器和制动器。

Papadopoulos 设计制造了多盘式的电流变制动器或离合器，通过对输入和输出部件之间施加电场来改变电流变液的黏度，从而调节制动器的输出转矩或者离合器的角速度。

（3）液压阀

电流变液在电场作用下表观黏度快速增加，甚至能发生液体向固体的转变。利用这种快速响应的稠化、固化效应可以研制开关控制器件，如压力和流量可控的电流变阀。其主要优点是没有运动部件、响应快速、结构简单、易于控制。

日本东京工业大学的 Yoshida 等提出并开发了一种使用电流变液的微型阀并验证了其有效性。台湾大叶大学的 Lee 等设计了利用电流变阀控制墨滴喷射的打印机，通过施加的电压来控制流经电流变阀的电流变液的黏度，调节流动阻力，进而控制墨滴的喷出量。香港科技大学的温维佳研究组通过软光刻技术，采用 PSMS 材料，成功制作了巨电流变液控制的多管道微阀，适用于大多数微流体应用，并在此基础上研发了通用的逻辑门系统。

（4）声学应用

作为一种智能材料，电流变液的许多物理性质都表现出电场可调控的特征。在施加外加电场时，电流变液的屈服应力、模量和微观结构都呈现出对电场强度的依赖关系。因此，对于声波而言，其在电流变液介质中的传播也受到外加电场的调制。Chioi 等进行了电流变液智能结构中的噪声控制实验，结果表明，通过应用电场控制可以有效降低噪声水平。

（5）光学应用

通过研究电场作用下电流变液的结构转变，发现介电常数具有各向异性。在电场作用下，电流变颗粒由于介电失配而极化，通过颗粒间电偶极矩的相互作用，颗粒沿电场方向形成链状结构，引起电流变液各向异性的增强和宏观性质的变化。因此，电流变液的光学性质参数也表现出各向异性，也会表现出双折射、旋光和非线性光学效应等。在电场作用下，电流变液有着不同的光学透射行为。基于这种特性，可以使用不同的电流变液制造出不同需求的光学设备。Wen 和 Wang 等研制了可电场调控的用于显示的电子墨水，进而可用于设计可调控的电子显示屏。

（6）其他应用

除上述研究较多的应用外，科研工作者还将电流变液应用于生物相关的智能结构中。温维佳课题组将巨电流变液应用到微流体领域，设计了电场可控的微流体芯片和器件。

虽然研究人员对电流变液的使用进行了诸多尝试，然而电流变液的应用并没有得到有效的推广。这除了电流变材料本身的限制，材料的性能不能满足实际应用的需求的原因外，对电流变液力学行为的研究和理解不够深入也是很重要的原因。电流变器件的设计是在对电流变液力学行为研究的基础上进行的，如果机理解释和力学模型不够准确，必然会妨碍电流变器件的设计。

7. 目前电流变技术存在的问题及发展方向

（1）电流变技术存在的问题

电流变学虽然已有几十年的发展历史，但直到目前为止，只有很少商品化的电流变元器件得到应用。这主要是由于电流变理论尚未完善、成熟，电流变技术在工程应用中还存在一些需要解决的问题。

就电流变学本身而言，虽然提出了各种用于解释电流变效应机理的理论模型，但还不能全面、确切地描述电流变现象，不能得到满足不同类型的电流变流体的完整理论；悬浮微粒和连续相的极化性能与电流变效应之间的关系尚待系统研究。

在工程应用方面也存在一些亟待解决的问题，如：

①在零电场下黏度过高，有电场下的屈服强度不够，不能够传输足够的力矩。要求在场强低于 3 kV/mm，容积比 φ 小于 40% 的情况下，抗剪切应力达到 20 kPa，而目前仅能达到 5 kPa。

②在离合器和减震器中，都存在由于磨损及吸收冲击能，以及流体本身在高压下工作，而导致电流变流体的温度升高。许多电流变流体在使用温度超过 100 ℃时，屈服强度明显下降。为了保证电流变流体正常的工作温度，必须设计一个适当的散热系统。

③稳定性不够理想。悬浮微粒易发生凝聚、沉降，使流体出现分层现象，导致其电流变效应丧失。

④易被污染失效。很多电流变流体在空气中放置一段时间后，屈服应力值会大幅度下降。这可能是吸水的缘故，也有可能是金属颗粒或别的有害杂质的污染造成的。此外，如果在电流变流体中混有金属微粒，还会引起严重的放电现象。

⑤需要高压电源来控制，从而给应用带来不便。高压电源必须体积小、质量小。同时，使用高压电源时，必须妥善解决它的绝缘问题。旋转的部件上施加高压也存在一定的技术问题。

总之，电流变效应的机理尚不清楚，电流变流体的应用尚未达到工业设计的要求，导致电流变元器件研究进展缓慢。

（2）电流变技术的发展方向

目前，人们已掌握了一些设计化学性能稳定、腐蚀小的无水电流变流体的方法，但由于电流变流体仍还存在一定电场下的屈服应力，即电流变流体强度或活性不够高，漏电流密度或能耗不够低等一系列问题，电流变流体距实用还有一定的距离。因此，现在研究电流变流体的热点和关键是彻底弄清楚产生高强度电流变流体中的悬浮微粒相互之间的作用机制，优化电流变流体的组成，即针对应用背景的需要，开发出高活性、高稳定性、低能耗的无水电流变流体。这是电流变学领域的研究人员目前研究的重点和下一阶段研制开发的目标，主要表现在以下几方面。

1）电流变效应机制研究、应用响应的模型设计及计算机模拟进一步探索电流变效应机制，力求建立电流变流体结构变化、流变性质与体系组成的电学性质间的关系，建立并逐步完善电流变流体性能的评价指标。结合电流变流体的不同应用场合，深入进行计算机辅助设计（CAD）及性能表征的计算机辅助工程（CAE）研究，建立电流变流体材料组成与性能的专家系统。

2）电流变流体材料设计与制备研究，加速电流变流体在机械工程领域的实用化进程。对电流变流体的研究主要集中在不含水的悬浮微粒的研制上，如硅铝酸盐、各种复合电解质和聚合物半导体高分子材料等。由于悬浮微粒中不含水，避免了在使用中因水分损失而造成的电流变流体性能不稳定；使用温度也可以在 0 ℃以下或 100 ℃以上；还可以减小使用中的漏电流，降低电能消耗。悬浮微粒是现今电流变流体研究的重点领域，依据电流变流体液 - 固态转变的极化模型，电流变流体的固体态抗剪屈服强度在很大程度上取决于悬浮微粒的物性，悬浮相微粒选择合适还可以避免其偏析、沉浮等问题。尤其是对于多相体系，重点解决体系稳定性问题，优化电流变流体材料组成，追求优良的综合性能，获得高活性（工作场强低、剪切应力高、工作温度范围宽）、低能耗（漏电流低）。今后的研究方向表现在如下四个方面。

①半导体高分子、硅铝酸盐及复合电解质等悬浮微粒均可不含水分，高分子半导体的密度还可以做成和连续介质的密度相近，但它的电流变效应还有待进一步提高。目前的固态抗剪屈服强度在电场强度 3 kV/mm 时，约为 3.5 kPa。

②研究在金属及氧化物微粒表面沉积绝缘层作为电流变流体的悬浮微粒，这类悬浮相使用温度高，但表面沉积层一旦磨损或破损，电流变流体的稳定性就会降低，以至失效。

③研究液晶弥散型电流变流体。液晶电流变流体的最大优点是不存在悬浮微粒的偏析、沉浮及吸水问题，因而性能稳定，但其液 – 固态转变的响应时间长。

④研究复合悬浮微粒型电流变流体，特别是液晶掺杂、偶联剂增强性复合悬浮体系。

3）探索电流变流体在其他领域（如光学工程等）中的应用，促进电流变流体的工程化应用进程，从而推动电流变学及电流变技术的发展。

3.5.3　电致发光材料

1. 电致发光简介

电致发光（又称电场发光，EL）是通过加在两电极的电压产生电场，被电场激发的电子碰击发光中心，从而引起电子在能级间的跃迁、变化、复合而导致发光的一种物理现象。一般认为是在强电场作用下，电子的能量相应增大，直至远远超过热平衡状态下的电子能量而成为过热电子。过热电子在运动过程中可以通过碰撞使晶格离化，形成电子 – 空穴对，当这些被离化的电子 – 空穴对复合或被激发的电子回到基态时，便发出光。电致发光包括注入式电致发光和本征型电致发光。

（1）注入式电致发光

直接由装在晶体上的电极注入电子和空穴，当电子与空穴在晶体内再复合时，以光的形式释放出多余的能量。注入式电致发光的基本结构是结型二极管。

（2）本征型电致发光

其分为高场电致发光与低能电致发光。其中高场电致发光是荧光粉中的电子或由电极注入的电子在外加强电场的作用下，在晶体内部加速，碰撞发光中心并使其激发或离化，电子在回到基态时辐射发光。

2. 电致发光的原理和器件结构

按发光原理，电致发光可以分为高场电致发光和低场电致发光。高场电致发光是一种体内发光效应。发光材料是一种半导体化合物，掺杂适当的杂质引进发光中心或形成某种介电状态。当它与电极或其他介质接触时，其势垒处于反向时，来自电极或界面态的电子进入发光材料的高场区，被加速并成为过热电子。它可以碰撞发光中心使之被激发或被离化，或者离化晶格等。再通过一系列的能量输运过程，电子从激发态回到基态而发光。低场电致发光又称为注入式发光，主要是指半导体发光二极管。1960 年，人们发现 GaAs 的 P – N 结二极管在正向偏压下发生少数载流子注入，并在 P – N 结附近，两种载流子发生复合而发光。由于这种半导体材料禁带较窄，因此发出的是红外光。随后，利用这一原理不断开拓较宽禁带的半导体材料 GaP、GaInP、GaAlAs、GaN 等，陆续研制成红色、黄色、绿色和蓝色的发光二极管。近年来，在电致发光领域，有机薄膜电致发光异军突起。一般认为，有机电致薄膜发光过程有以下 5 个步骤。

①载流子的注入。在外加电场的作用下，电子和空穴分别从阴极和阳极向夹在电极之间的有机功能薄膜层注入。电子从阴极注入有机物的最低未占据分子轨道（LUMO），而空穴从阳极注入有机物的最高占据分子轨道（HOMO）。

②载流子的迁移。注入的电子和空穴分别从电子传输层和空穴传输层向发光层迁移。

③载流子的复合。电子和空穴结合产生激子。

④激子的迁移。激子在有机固体薄膜中不断地做自由扩散运动，并以辐射或无辐射的方式失活。

⑤电致发光。当激子由激发态以辐射跃迁的方式回到基态时，就可以观察到电致发光现象，发射光的颜色是由激发态到基态的能级差决定的。

电致发光器件的基本结构属于夹层式结构，激发光层被两侧电极像三明治一样夹在中间，一侧为透明电极，以便获得面发光。由于阳极功函数高，可以提高空穴注入效率，所以一般使用的阳极多为 ITO。在 ITO 上再用蒸发蒸镀法或旋转涂层法制备单层或多层膜，膜上面是金属阴电极，由于金属的电子逸出功影响电子的注入效率，因此要求其功函尽可能低。现以目前研究较多的有机电致发光器件为例进行说明。大多数有机电致发光材料是单极性的，同时具有均等的空穴和电子传输性质的有机物很少，一般只具有传输空穴的性质或传输电子的性质。为了增加空穴和电子的复合概率，提高器件的效率和寿命，OLED（有机发光二极管）的结构从简单的单层器件发展到双层器件、3 层器件甚至多层器件。采用这种单极性的有机物作为单层器件的发光机材料，会使电子与空穴的复合自然地靠近某一电极，复合区越靠近这一电极，就越容易被该电极所淬灭，而这种淬灭有损于有机物的有效发光，从而使 OLED 发光效率降低。而采用双层、3 层甚至多层结构的 OLED，能充分发挥各功能层的作用，调节空穴和电子注入发光层的速率，只有使注入的电子和空穴在发光层复合，才能提高器件的发光效率。由于大多数有机物具有绝缘性，只有在很高的电场强度下才能使载流子从一个分子流向另一个分子，所以有机膜的总厚度不能超过几百纳米，否则，器件的驱动电压太高，会失去 LED 的实际应用价值。

3. 电致发光材料的分类

从发光材料角度，可以将电致发光分为无机电致发光和有机电致发光。无机电致发光材料一般为等半导体材料。有机电致发光材料依据有机发光材料的相对分子质量的不同，可以区分为小分子和高分子两大类。小分子 OLED 材料以有机染料或颜料为发光材料，高分子OLED 材料以共轭或者非共轭高分子（聚合物）为发光材料，典型的高分子发光材料为 PPV及其衍生物。

有机电致发光材料依据在 OLED 器件中的功能及器件结构的不同，又可以区分为空穴注入层（HIL）材料、空穴传输层（HTL）材料、发光层（EML）材料、电子传输层（ETL）材料、电子注入层（EIL）材料等。其中有些发光材料本身具有空穴传输层或者电子传输层的功能，这样的发光材料通常称为主发光体；发光材料层中少量掺杂的有机荧光或者磷光染料可以接受来自主发光体的能量转移和经由载流子捕获的机制而发出不同颜色的光，这样的掺杂发光材料通常称为客发光体或者掺杂发光体。从发光原理角度，电致发光材料可以分为高场电致发光材料和低场电致发光材料，还可以分成薄膜型电致发光材料和分散型电致发光材料。

4. 电致发光的发展及展望

1963 年，Pope 等人以电解质溶液为电极，在蒽单晶的两侧加 400 V 直流电压时，观察到了蒽的蓝色电致发光。随后，Helfrich 等人对蒽单晶的电致发光做了进一步研究。由于电解质溶液电极制作工艺复杂，1969 年，Dresener 等人在有机电致发光器件中引入固体电极。这些早期的有机 EL 器件，单晶难以生长，驱动电压很高（400~2 000 V），几乎没有实际用途，但这些早期的研究建立了对有机电致发光全过程的认识。1973 年，Vityuk 等人以真空沉积的蒽薄膜替代了单晶；1982 年，Vincett 等人使用铝和金作为阴极和阳极、0.6 μm 的蒽薄膜作为发光层制作了有机电致发光器件，驱动电压大大降低（30 V 左右），但这时的器件寿命还很短，发光效率还很低。

真正使有机电致发光获得划时代的发展是在 20 世纪 80 年代。1987 年，美国 Eastman Kodak 公司的 Tang 等人以空穴传输效果较好的芳香二胺作为空穴传输层、8 - 羟基喹啉铝作为发光层、透明的 ITO 导电膜和镁银合金分别作为阳极和阴极，制作了有机发光二极管，该器件为双层薄膜夹心式结构，发绿光，其驱动电压低于 10 V，发光效率为 1.5 lm/W，发光亮度高达 1 000 cd/m^2。这种超薄平板器件以其高亮度、高效率和低驱动电压等优点引起了人们的极大关注。随后，日本九州大学的 Adachi 等人在器件中引入了电子传输层做成了 3 层夹心结构，进一步降低了驱动电压并提高了器件的发光效率。

1990 年，英国剑桥大学 Bradley 等人首次用聚合物材料聚对苯乙炔（PPV）薄膜作为发光层制作了单层薄膜夹心式聚合物电致发光器件，器件的开启电压为 14 V，得到了明亮的黄绿光，内量子效率约为 0.05%。1993 年，Greenhma 等人在两层聚合物间插入另一层聚合物，实现了载流子匹配注入，发光内量子效率提高了 20 倍，这不仅拓宽了对 OLED 器件机制的理解，而且预示着 OLED 开始走向产业化。1998 年，Baldo 等人研究发现，使用一般有机材料或采用荧光染料掺杂制备的有机发光器件，由于受自旋守恒的量子力学跃迁规律约束，其最大发光内量子效率为 25%。他们采用磷光染料八乙基卟吩铂（PtOEP）对有机发光层材料进行掺杂，制备出的 OLED 发光效率达 4%，内量子效率达 23%，并且发光效率随掺杂浓度的增加而增大。1999 年，O'Brien 等人在研究激子传输规律后，提出用 BCP（一种传输电子的有机物）做空穴阻挡层，用磷光染料 PtOEP 掺杂，制备出的 OLED 发光效率达 5.6%，内量子效率达 32%。2000 年 8 月，该研究小组又将二苯基吡啶铱掺杂到 TAZ 或 CBP（电子传输材料）中，制备出有机发光器件的发光效率高达（15.4 ± 0.2）%，在低亮度条件下，内量子效率接近 100%。

近些年来，上海大学张志林、蒋学茵等在多色有机薄膜电致发光器件和白色电致发光器件方面取得了一定的成绩。吉林大学、中国科学院长春光机与物理研究所在有机/聚合物电致发光器件及稀土掺杂的有机电致发光器件方面做了很多有益的工作。清华大学、华南理工大学、浙江大学等著名学府也加入了有机电致发光器件这一研究行列。

随着研究的不断深入，产品化的有机发光显示器件不断涌现。1997 年，日本 Idemitsu Kosan 公司成功研制了灰度级为 256、分辨率为 240×960、60 帧/s、3 cm 的单色视频显示器，以及红绿蓝（RGB）多色有机电致发光显示器。同年，日本 Pioneer Electronics 生产出第一个商品化的 OLED 产品，即汽车通信信息系统仪表；随后，该公司又推出无源矩阵驱动、可显示视频图像的彩色 OLED 显示屏，这种高清晰显示器所显示的图像几乎可以和传统的阴极射线显示器相媲美。美国 Eastman Kodak 与日本 Sanyo 公司合作，采用低温多晶硅薄膜晶体管驱动制作出 OLED 显示器，该器件仅有 1 个硬币那么厚。此外，Philips 公司、Uniax 公司及德国 Covin 公司也研制出了高效率、高亮度、长寿命的有机 OLED 显示器。

电致发光显示的特点是主动发光冷光源，面发光且亮度均匀无光斑，功耗小，寿命长（大于 5 000 h），工作温度范围宽（−40 ~ +70 ℃），超薄，可根据要求任意剪裁形状和尺寸，其抗冲击性、抗震动性好。EL 电致发光屏广泛用于 LCD（液晶显示器）模块、手提电话、磁卡电话、电池供电的显示屏、智能手表、汽车仪表板、音响及电视遥控器，以及手持 GPS 接收器、便携式计算机等的主动显示或背光显示中。随着技术的发展，点阵式模块的出现，EL 大屏幕显示显像会迅速发展，在广告业、交通枢纽、会务显示等方面大显身手。

3.5.4　电致伸缩材料

1. 电致伸缩效应

电致伸缩效应是指电介质在电场中发生弹性形变的现象。这种现象可说明如下：电介质置于电场中时，它的分子发生极化，沿着电场方向，一个分子的正极与另一个分子的负极衔接。正负极相互吸引，使整个电介质在这个方向上发生收缩，直到其内部的弹性力与电引力平衡为止。如在一电介质物体两端表面间加上交变电压，并且其频率与物体的固有频率相同，它将发生机械共振。

电致伸缩效应是由电场中电介质的极化引起的，并可以发生在所有的电介质中。其特征是应变的正负与外电场方向无关。在压电体中，外电场还可以引起另一种类型的应变；其大小与场强成比例，当外电场反向时，应变正负也反号，这种效应是压电效应的逆效应，不是电致伸缩。外电场所引起的压电体的总应变为逆压电效应与电致伸缩效应之和。对于非压电体，外电场只引起电致伸缩应变。

一般地，电致伸缩所引起的应变比压电体的逆压电效应小几个数量级。要在普通电介质中获得相当于压电体所能得到的应变，外电场需高达 10 V/m。但在某些介电常数很高的电介质中，即使外电场低于 10 V/m，在机电耦合作用下，也可以获得与强压电体应变相近的应变。

任何电介质都有电致伸缩效应。由于电致伸缩效应一般比较微弱，长期以来未能在应用上引起重视。20 世纪 70 年代末发现高介电常数材料及铁电材料在略高于居里点附近具有特别大的电致伸缩应变。它们都属于钙钛矿型结构的弥散相变铁电体，如铌镁酸铅和钛酸铅固溶体。当外电场为 10 kV/cm 时，电致伸缩应变可达 10^{-5}，与优良的压电体所能提供的压电应变在数量级上相同。由于电致伸缩材料的重复性好、响应时间快、温度稳定性和经时稳定性好，特别适用于制作精密的微小位移调制器。

电致伸缩应变是由电场中电介质的极化引起的，发生在所有的电介质中，其特征是应变的正负与外电场方向无关。电致伸缩效应的优点在于它的电场 – 应变关系非常稳定，不会随时间及电场的反复循环而发生变化。

2. 电致伸缩的发展现状

目前研究较多的电致伸缩材料主要有两种：电致伸缩陶瓷和聚氨酯。

（1）电致伸缩陶瓷

1980 年以来，美国宾夕法尼亚大学的 L. E. Cross 和日本东京工业大学的内野研二等人合作研究，陆续发表了几篇 PMN – PT（铌镁酸铅 – 钛酸铅）体系的电致伸缩效应的论文，认为这种新的 PMN（铌镁酸铅）体系陶瓷材料具有较大的电致伸缩效应，可作为一种优良的换能器材料，因此，他们的研究不仅获得了美国海军的大量资助，而且使电致伸缩效应获得了广泛关注。大量的研究表明，弛豫铁电体具有良好的电致伸缩性能，并且其滞后、回零性和重复性好，因此其在微位移器等诸多方面有着广阔的应用前景。但是对电致伸缩材料的研究一开始只是停留在含铅体系上，经过各方的研究探索，开发了诸多具有良好综合性能的电致伸缩材料，而近几年国际上环保意识增强，开始对有毒含铅材料进行限制，无铅弛豫电致伸缩材料逐渐开始成为人们的研究重点，如钛酸钡钙基无铅铁电陶瓷。E. Burcsu 曾报道钛酸钡单晶的电致伸缩性能，在 20 kV/cm 的电场下能获得的最大应变为 0.8%。研究开发性能较好的无铅电致伸缩材料不仅具有一定的理论意义，而且对于工程应用来说具有不可估量的实用价值。

现在研究的电致伸缩陶瓷一般都是弛豫型铁电体陶瓷材料，电致伸缩效应与铁电 – 铁弹耦合效应引起其外形变化。它们的电致伸缩效应机理比较复杂，一般描述是该效应伴随电畴转向的同时发生晶轴的变换，或者认为该效应是由晶形的变化引起的，因而变形量要比逆压电效应大得多。

尽管电致伸缩效应存在于一切固体电介质中，但其大小不同。于实际应用而言，要求加一个不太强的电场就能产生足够大的应变，并且要求应变与电场没有滞后关系，重复性好，温度稳定性好，因此应该选择介电常数大并属于扩散相变的材料。由于具有弛豫特性的铁电材料在相变点附近介电常数随温度变化的趋势比较平缓，所以研究最多的电致伸缩陶瓷均为弛豫型铁电陶瓷材料。

电致伸缩陶瓷主要有铌镁酸铅、铌镁酸铅 – 钛酸铅、锆钛酸铅镧（PLZT）、锆钛酸铅钡（Ba – PZT）等，具有分辨率高、稳定性好、精度高、速度快等优点。电致应变量与电极化强化的平方成正比，电致伸缩频率为外加交变电场频率的两倍，电致应变量可达 10^{-3} 数量级。其不因电畴退极化引起老化现象，用于制作微位移驱动器、定位器，制造微动、定位的精密驱动、转换元件，在高技术领域用途广泛。

（2）聚氨酯

聚氨酯在平行于外加电场的方向收缩应变，在垂直于外加电场方向伸展应变。聚氨酯弹性体的机电性质随温度和频率的变化而变化，当温度从 – 50 ℃ 以 2 ℃/min 的速度上升到 85 ℃ 时，弹性体的应变系数有明显的增加；当频率从 10 Hz 上升到 100 Hz 时，系数有所降低。

电致伸缩应变的大小与用于研究的聚氨酯弹性体的厚度有关。在一定的厚度范围内，随着样品厚度的减小，应变与电场的关系保持不变，但应变系数增加，应变更为明显。

在电场作用下，聚氨酯膜的弯曲现象表现出一定的滞后现象，这种现象可以视为一种记忆功能。聚氨酯膜在外加电场移去后，记住了自身的弯曲度，并在随后电场再次作用的间隔（时间不超过 30 s）恢复。

往聚氨酯弹性体中掺入纳米钛酸钡，得到的复合材料的介电常数有一定的提高，并在 300 Hz 左右出现峰值，并且随着钛酸钡含量的提高而增加。复合材料的介电损耗在低频范围内也有所降低，钛酸钡的掺入可以提高复合材料的介电性能。

3. 电致伸缩材料的应用

电致伸缩效应的微位移器以其分辨率高、滞后小、响应快、无老化现象和稳定性好等突出优点受到人们的广泛关注，同时，它没有发热问题，对精密机械系统不会产生因发热而引起的附加误差和尺寸漂移，它能实现光学、电子、航空及光纤通信等领域精度为 0.01 μm 的超精定位，因此，在微米 – 纳米驱动和控制技术中占有越来越重要的地位。

电致伸缩的另一个特点是在应用中其重现性较好。在外加强直流偏置电场作用下，对于叠加的交变电场，电致伸缩材料的机电耦合效应的滞后及老化现象比常用的铁电性压电陶瓷要小得多。这个优点使得电致伸缩效应常用于压力测量、连续可调激光器、双稳态光电器件等方面。近年来，随着布里渊散射、次级光电效应的研究及激光自聚焦等非线性光学的发展，电致伸缩谐振子和传感器相继问世，电致伸缩现象逐渐引起了人们的关注。

在工程技术上应用压电晶体的电致伸缩效应可制成：①石英钟、稳定性高的变频振荡器和选择性好的滤波器等。②电话耳机、压电音叉（把电的振荡还原为晶体的机械振动，通过金属薄片发出声音）。③超声波发生器。将压电晶体片放在平行板电极间，在电极间加上频率与晶体片的固有频率相同的交换电压，使晶体片产生强烈振动而发出超声波。④压电厚度计和压电流量计。利用压电晶体产生的超声波测定物体的厚度和流体的流量。沿液体流动方向设置两个保持一定间隔的超声波换能器，一个发送信号，另一个接收信号，每隔 1/100 s 两者收发作用互换。因超声波在顺流和逆流情况下发送和接收时会出现与流速成比例的位相差，故只要指示出位相差，即可测出流速和相应的流量。

3.5.5　电活性聚合物（介电弹性材料）

1. 电活性材料简介

电活性聚合物（electroactive polymer，EAP）是一种新兴的具有广阔前景的智能材料，其电性能和力学性能特殊，在外加高压激励电压后，可以发生较大形变；但在外界电激励撤销后，大应变又能完全恢复成最初状态。所以，EAP 材料对于设计开发新型驱动器具有巨大的潜在应用前景。

电活性聚合物主要分为两种：电场型和离子型。最直观的区别是，电场型 EAP 一般在干燥环境下工作，是固态；离子型 EAP 在湿态环境下工作，为液态或离子态。电场型 EAP 的作用本质是由电荷间的作用诱导产生类似于压电效应的效果，这类材料在直流大电压激励下可以产生较大形变。离子型 EAP 的作用本质是离子迁移或分散使之在外加电压激励作用下产生位移。一般而言，离子型 EAP 所需激励电压值较小。

表 3.5 对比分析了电场型 EAP 和离子型 EAP 两类聚合物。由表中可以看出，除驱动电

压较高外，在实际驱动应用环境中，电场型 EAP 材料比离子型 EAP 具备更好的环境适应性，因此，在电驱动材料方面具有更高的研究价值。

表 3.5　电场型 EAP 和离子型 EAP 的对比

种类	优点	缺点
电场型	干、湿环境均可适用，环境适应性强； 响应速度快（毫秒级）； 在直流电激励下可以保持张力，产生的激励较大； 价格低廉，购买方便	需要较高的激励电压（一般需要数千伏），电压的极性能够决定激励方向
离子型	产生的位移较大	需在电解质中工作，工作温度低，限制了使用环境； 响应速度慢（秒级）； 在直流电激励下不能保持张力，产生的激励力较小，机电耦合效率低； 价格较高，购买不方便，体积大

介电型 EAP 材料是电场型 EAP 材料的一种，简称为 DE 材料。相比于现有常用的智能材料和传统的电动机驱动技术，其具有巨大优势：可直接对外做功，无须传动机构，无相对摩擦，无热，无噪声，工作环境适应性好，变形保持性能好且无能量损耗，弹性范围内所达到的应变大，应变能密度高，电－机能量转换效率高，有较快的响应速度，结构简单，质量小，价格低廉且加工制造方便，可以设计成多种形状等。

2. 介电型 EAP 材料的变形原理

DE 材料在实际应用于驱动系统时，其结构特点与平行板电容器的相同。在该材料（薄膜状）上、下表面涂敷柔性电极，由于薄膜厚度较小，通电后两极之间正、负电荷相互吸引，在上、下表面之间产生静电压力（麦克斯韦应力），薄膜材料受压后变薄。由于该类材料体积模量很大（此处近似看作不可压缩材料），厚度减小，其面积会相应地增大。断电后，静电压力提供的外载荷消失，薄膜材料在材料收缩力的作用下无法保持面积增大状态而渐渐恢复原状。

图 3.70 简单表示了介电型 EAP 材料电驱动的工作原理，即一个可恢复的驱动循环：施加合适的驱动电压→涂有电极的材料区域面积变大→断电→ 材料恢复原状。因此，介电型 EAP 材料具备了将电能转换为机械能，即对外做功的能力，因此可作为驱动器（驱动变形）的材料使用。

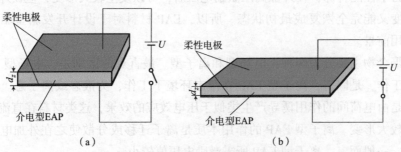

图 3.70　介电型 EAP 的变形原理示意图

(a) 断电状态；(b) 通电状态

介电型 EAP 在驱动过程中将两种形式的电能转化为机械能：首先，当介电型 EAP 薄膜材料受压变薄时，上、下表面涂有的电极随着厚度减小而靠近，电极间的电势能减小，转化为材料的应变势能和材料变形运动的机械能；其次，随着柔性电极面积增加，原有分布于平板表面的同种电荷之间的间距也增加，电荷间的电势能减少，同样是电能转化为应变势能和机械能。由于该材料的不可压缩特性（体积模量很大），在变形时，其总体积大小近似保持不变，通电后产生的静电压力 σ_s 可以用式（3.22）表示（将在随后的机电转换特性分析中给出详细的推导）：

$$\sigma_s = \varepsilon_0 \varepsilon_r \left(\frac{U}{d_z}\right)^2 \tag{3.22}$$

式中，ε_0 为真空中的介电常数（$8.85 \times 10^{-12} \, \text{F/m}$）；$\varepsilon_r$ 为介电型 EAP 材料的相对介电常数（相对介电常数受各种因素的影响，尤其是激励电压的交变频率，此外，相对介电常数也受到拉伸率的影响，将在后面做详细介绍）；U 是该驱动结构所需的直流激励电压值；d_z 为两层柔性电极之间的实际厚度（在驱动过程中厚度是变化的）。

由介电型 EAP 的变形原理可知，该驱动系统的实现除了 EAP 材料本身外，还需要性能良好的柔性电极和合适的激励电压。静电压力的大小与驱动电压及拉伸率（厚度）有关，在激励电压太小或厚度太大的情况下，材料几乎没有明显的变形。

3. 介电型 EAP 的机电转换特性

（1）介电型 EAP 机电转换理论

前面对介电型 EAP 的超弹性特性及黏弹性特性进行了分析，并建立了其相应的本构模型。根据介电型 EAP 的变形原理可知，介电型 EAP 驱动器是通过外加的激励电压使 EAP 膜发生变形，将电能转换为机械能，从而实现对外做功的。因此，介电型 EAP 驱动器的工作过程实际上是一个机电转换（耦合）作用的过程。

图 3.71 为一种圆形薄膜驱动器的原理示意图，主要用于分析介电型 EAP 材料及驱动器的基本特性。该驱动器结构简单，易于制作，并且便于对其变形过程进行观测，同时便于对介电型 EAP 驱动器基本特性进行理论分析与数值仿真计算。如图 3.71 所示，该圆形驱动器由介电型 EAP 薄膜（VHB4910）和两个柔性电极组成，在分析其机电转换（耦合）特性时，将其视为一个理想的机电系统，即该驱动器满足以下假设。

①电极为理想的柔性电极，即电极不会限制或影响介电型 EAP 材料的力学性能。

②介电型 EAP 薄膜为完全不可压缩材料。

当开关 K 闭合后，圆形薄膜驱动器与电源 U 即构成一回路。在电源电压 U 的作用下，在驱动器上、下两个电极上将分布极性相反、电荷量相等的电荷 Q（Q 表示电荷量），电荷量对时间的变化率即是回路中的电流 I。图中所示的介电型 EAP 驱动器可视为一个平行板电容器进行分析，在分析平行板电容器特性时，通常将电容器极板上的电荷及电压视为常量考虑。但是，根据介电型 EAP 的变形原理，当施加电压后，介电型 EAP 薄膜在麦克斯韦应力作用下，其厚度将发生变化，即平行板电容器的介电层（或平行板电容器的极板间距）将发生变化，这就意味着驱动器所构成的电容器将发生变化。因此，在分析其机电转换（耦合）特性时，将电极上的电压及电荷考虑为随 EAP 薄膜变形而发生变化的变量。对于不可压缩材料，这种变形可由其厚度变量 z 来描述，故电压 U 和电荷量 Q 为厚度 z 的函数。

图 3.71 所示的机电系统中，若忽略系统工作过程中的热能耗散，那么由电源所提供的电能 W_{ext} 一部分将转换为驱动器两个电极间所形成的电场能 W_{el}，另一部分将转换为使驱动器发生变形的机械能 W_m。根据介电型 EAP 的变形原理，上述 3 种能量将随着 EAP 薄膜厚度的变化而改变，故根据能量守恒原理，有

$$\frac{d(W_{ext}(z))}{dz} = \frac{d(W_{el}(z))}{dz} + \frac{d(W_m(z))}{dz}$$

$$(3.23)$$

电源所提供的能量 W_{ext} 对时间的微分，即为其输出功率：

$$\frac{dW_{ext}}{dt} = UI = U\frac{dQ}{dt} \qquad (3.24)$$

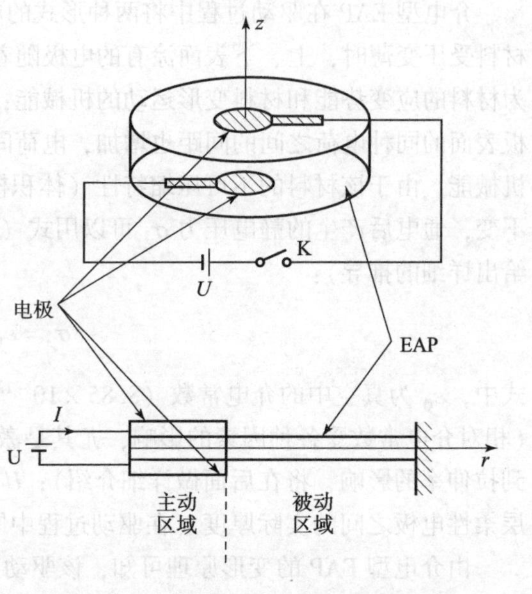

图 3.71 圆形薄膜驱动器的原理示意图

式中，Q 为电极上的电荷量。考虑到 EAP 驱动器的厚度 z 也随时间变化，也就是说，z 也是时间的函数，即 $z(t)$，则

$$\frac{dW_{ext}}{dz} = U(z)\frac{d(Q(z))}{dz} \qquad (3.25)$$

根据电容器的基本原理，有

$$Q(z) = C(z)U(z) \qquad (3.26)$$

式中，C 为电容的电容量，且

$$C = \frac{\varepsilon_0 \varepsilon_r A}{z} = \frac{\varepsilon_0 \varepsilon_r V_0}{z^2} \qquad (3.27)$$

式中，A 为驱动器电极所覆盖的面积；V_0 为驱动器主动部分的体积，即 Az，并且在驱动器变形过程中保持不变。

由式 (3.26) 及式 (3.27) 可得

$$\frac{d(Q(z))}{dz} = \varepsilon_0 \varepsilon_r V_0 \frac{d}{dz}\left(\frac{U(z)}{z^2}\right)$$

$$= \frac{\varepsilon_0 \varepsilon_r V_0}{z^2}\left(\frac{dU}{dz} - 2\frac{U}{z}\right) \qquad (3.28)$$

联立式 (3.25) 和式 (3.28) 可得

$$\frac{dW_{ext}}{dz} = \frac{\varepsilon_0 \varepsilon_r V_0 U}{z^2}\left(\frac{dU}{dz} - 2\frac{U}{z}\right) \qquad (3.29)$$

根据电容器的基本原理，存储在由驱动器所构成的电容器中的电场能可表示为

$$W_{el} = \frac{1}{2}CU^2 \qquad (3.30)$$

则根据式 (3.30) 及式 (3.27) 可得

$$\frac{\mathrm{d}W_{\mathrm{el}}}{\mathrm{d}z} = \frac{1}{2}\varepsilon_0\varepsilon_{\mathrm{r}}V_0\frac{\mathrm{d}}{\mathrm{d}z}\left(\frac{U(z)}{z^2}\right) = \frac{\varepsilon_0\varepsilon_{\mathrm{r}}V_0U}{z^2}\left(\frac{\mathrm{d}U}{\mathrm{d}z} - \frac{U}{z}\right) \tag{3.31}$$

联立式 (3.23)、式 (3.30) 和式 (3.31) 可得

$$\frac{\mathrm{d}W_{\mathrm{m}}}{\mathrm{d}z} = -\frac{\varepsilon_0\varepsilon_{\mathrm{r}}V_0U^2}{z^3} \tag{3.32}$$

则作用在驱动器上的外力 (静电力) p_z 为

$$p_z = -\frac{\mathrm{d}W_{\mathrm{m}}}{\mathrm{d}z}\cdot\frac{1}{A} = \varepsilon_0\varepsilon_{\mathrm{r}}\left(\frac{U}{z}\right)^2 \tag{3.33}$$

至此，式 (3.33) 给出了介电型 EAP 驱动器工作过程中的机电耦合 (转换) 关系。

(2) 介电型 EAP 机电特性有限元分析

为进一步详细分析介电型 EAP 在电压激励状态下的电荷分布、电场分布及应力分布情况，可采用 COMSOL Multiphysics 多物理场分析软件对介电型 EAP 圆形驱动器的电 – 力特性进行仿真分析。

仿真依据实物建立的圆形驱动器模型的主要参数如下：EAP 薄膜厚度为 $z_d = 60\ \mu\mathrm{m}$ (该值为 VHB4910 经预拉伸 4 倍后的实际测量值)，半径为 $r_d = 14\ \mathrm{mm}$；电极材料为石墨硅胶混合物 (实际制作的驱动器电极材料)，半径为 $r_{\mathrm{el}} = 7\ \mathrm{mm}$，厚度为 $z_{\mathrm{el}} = 20\ \mu\mathrm{m}$；介电弹性体部分的相对介电常数取 $\varepsilon_{\mathrm{r}} = 4.7$；偏置 (激励) 电压 $U = 3\ \mathrm{kV}$。

只用于分析材料性能而制作的圆形驱动器在周向受力和边界条件是完全相同的，因此不需要建立完整的驱动器模型，只需要取沿着半径的一个截面进行分析，一方面可以获得整个圆柱形结构的力学电学情况，另一方面又可以减少计算时间，降低对计算机计算的压力。图 3.72 所示是利用旋转对称简化之后的圆形介电型 EAP 驱动器。

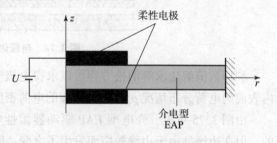

图 3.72　圆形驱动器简化模型

按照上面建立简化后的模型，随后将仿真所需各项设置选择如下：模块选择 "AC/DC 静电模块"，空间维度选择 "2D 轴对称"，单元类型选择 "拉格朗日二次型"。

该计算模型主要包括上、下两块柔性电极 (主动区域) 及其间的 DE 材料，通电后，薄膜两边电极的电荷分布与普通平行板电容器的类似，如图 3.73 所示。由于在电极的外表面电荷近似为 0 (右端点由于边缘效应除外)，因此，可以近似认为电荷仅分布在柔性电极的内表面及侧面。模型中，介电型 EAP 的相对介电常数取 $\varepsilon_{\mathrm{r}} = 4.7$。电极边缘空白处的介电常数则近似选择真空介电常数，即 $\varepsilon_{\mathrm{r}}' = 1$。同时，边界条件选择为电极间所施加的电压差 $U = 3\ \mathrm{kV}$，且模型关于旋转轴对称。考虑到柔性电极电荷分布的边缘效应，电极的边缘电荷密度要大一些，因此细化了电极边缘处的网格，如图 3.74 所示。

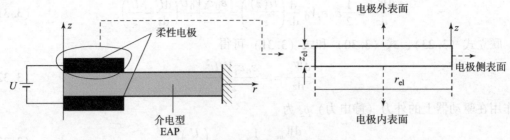

图 3.73　柔性电极局部放大图

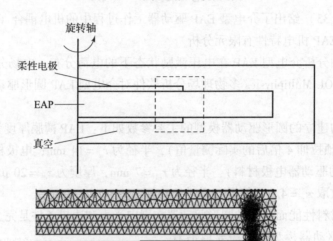

图 3.74　电极边缘的网格细化

利用数值解法求解泊松方程可以求得电极表面的电荷密度分布。图 3.75 所示为上极板内表面的电荷分布情况 $\rho_i(r)$ 及侧面的电荷密度分布情况 $\rho_l(z^*)$。

由图 3.75 可见，介电型 EAP 驱动器柔性电极内表面电荷沿电极径向是近似均匀分布的，但在边缘处由于边缘效应而发生了突变；同样，在电极的端部，电荷沿厚度方向的分布也较为均匀，仅在边缘处由于边缘及拐角效应而出现较大变化。由于边缘效应所引起的突变仅在端点附近，因此，对介电型 EAP 驱动器的整体机电特性影响不明显。

电极间作用在薄膜上的静电力是由于电极上的电荷相互作用而产生的，它的作用力方向平行于场方向，因此，该静电力方向与电场方向一致而与电极表面垂直（侧面和底面都有）。通过计算得到电极电场的分布云图，如图 3.76 所示，图中箭头指示了电场的方向。

静电力可用麦克斯韦应力张量 t_{ij}^M 来描述。柔性电极表面的应力张量 t_M 平行于电极的电场矢量方向，其大小可用电极间电场强度或电极上表面电荷密度来计算，具体关系如下式：

$$t_M = \frac{1}{2}\varepsilon_0\varepsilon_r E^2 = \frac{\rho_s^2}{2\varepsilon_0\varepsilon_r} \tag{3.34}$$

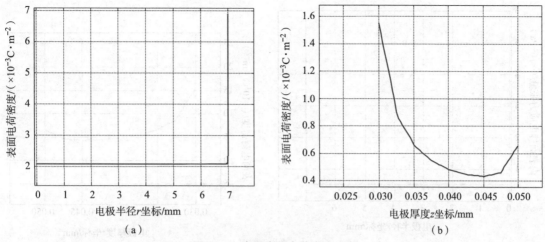

图 3.75　电极表面电荷密度分布

（a）内表面；（b）侧面

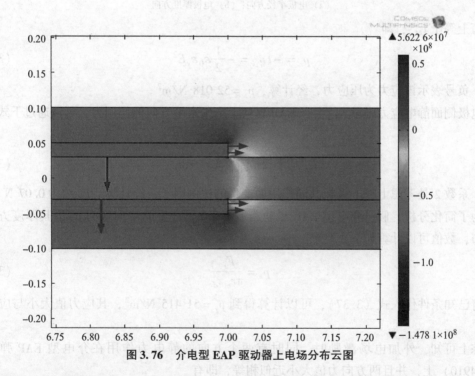

图 3.76　介电型 EAP 驱动器上电场分布云图

　　其中，可以通过数值解法求解泊松方程，得到电场强度 E 和电极表面的电荷分布密度 ρ_s。

　　由此可以分别求得电极内表面静电应力张量 $t_{M,i}$ 和侧面静电应力张量 $t_{M,l}$。需要注意的是，在计算电极侧面的静电应力分布时，其余部分设为真空状态，即相对介电常数 ε_r 取 1，图 3.77 为经计算绘制的电极内表面和侧面的静电应力分布图。

　　由图 3.77 可知，电极内表面的静电应力张量为常量，仅在端部存在突变情况。这些由边缘效应引起的突变仅存在于电极端点附近，对介电型 EAP 驱动器的整体机电特性没有显著影响，可忽略不计。因此，作用在驱动器介电弹性体上 z 方向的机械应力 p_z 为一常值，

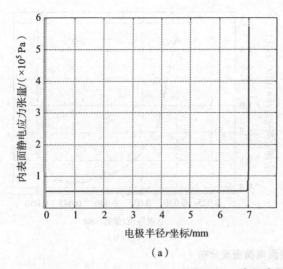

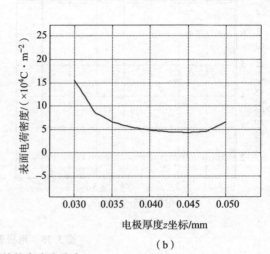

图 3.77 电极表面的静电应力分布

(a) 电极半径方向；(b) 电极厚度方向

其数值上等于 $t_{M,i}$，即

$$p_z = -t_{M,i} = -\frac{1}{2}\varepsilon_0\varepsilon_r E^2 \tag{3.35}$$

式中，负号表示该应力为压应力，经计算，$p_z = 52\ 018\ \text{N/m}^2$。

电极侧面静电应力张量 $t_{M,l}$ 会在 EAP 材料上产生水平方向的作用力，可以通过下式计算得到

$$F_r = \int_0^{z_{el}} 2\pi r_{el} t_{M,l}(z^*)\,\mathrm{d}z^* \tag{3.36}$$

式中，系数 2 是考虑上、下极板共同作用而产生的比例因子，经计算，F_r 约为 0.07 N。

为了简化分析，假设介电型 EAP 驱动器上由于 $t_{M,l}$ 产生的侧向应力 p_r 沿其厚度方向均匀分布，数值可以计算如下：

$$p_r = \frac{F_r}{\pi r_{el} z_d} \tag{3.37}$$

将已知条件代入式 (3.37)，可以计算得到 $p_r = 51\ 415\ \text{N/m}^2$，其应力值大小与应力 p_z 一致。

综上可知，外加电场激励时，同时有两个方向的静电力作用在介电型 EAP 弹性体 (VHB4910) 上，并且两方向力值大小近似相等，即有

$$p_r = p_z = -\frac{1}{2}\varepsilon_0\varepsilon_r E^2 \tag{3.38}$$

因此，介电型 EAP 驱动器在外电场作用下的应力状态如图 3.78 所示。

根据式 (3.33) 计算的麦克斯韦应力 p_{el} （这里为了区分由电源电压作用产生的静电力与电极作用在介电弹性体上的机械应力，采用了该符号）为 104 036 N/m^2。

根据上述计算结果，可以得到作用在介电弹性体上的机械应力及侧向应力与麦克斯韦应力之间存在如下关系：

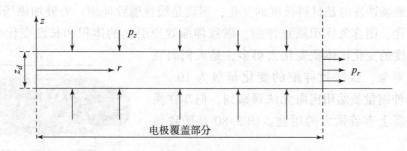

图 3.78　介电型 EAP 驱动器应力分布示意图

$$p_z = p_r = \frac{1}{2} p_{el} = \frac{1}{2} \varepsilon_0 \varepsilon_r \frac{U^2}{z_d^2} \tag{3.39}$$

由以上的仿真及计算可以得到如下结论：

①对于介电型 EAP 驱动器，静电力在驱动器平面内及垂直于其平面方向均有作用。

②在垂直于驱动器平面方向的机械应力约为由电源产生的麦克斯韦应力的一半。

3.6　磁致变性材料

3.6.1　磁致伸缩材料

1. 基本概念

磁性物质（铁磁性材料和亚铁磁性材料）在外磁场作用下，由于材料自身磁化状态的变化引起材料形状和尺寸的变化，去掉外磁场，则又恢复原来的形状和尺寸，这种物理现象称为磁致伸缩效应。它是 James P. Joule（焦耳）发现的，故它又被称作 Joule 效应（焦耳效应），其逆效应是压磁效应。1842 年，焦耳将铁丝放在磁场中磁化，观察到铁丝的长度发生变化。其变化的分数 $(\Delta l/l)_m$ 是由磁场引起的。为了和应力引起的应变 $(\Delta l/l)_\sigma$ 区别开来，用 $\lambda = (\Delta l/l)_m$ 表示磁致伸缩应变。λ 值随磁场的增大而增加，如图 3.79 所示。H_s 称为饱和磁场，λ_s 称为线性磁致伸缩系数，或简称为饱和磁致伸缩。

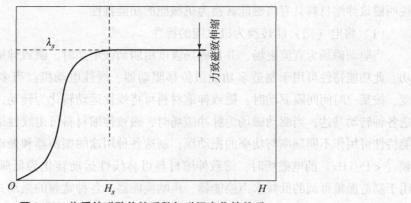

图 3.79　物质的磁致伸缩系数与磁场变化的关系

若外加磁场诱发的是材料长度的变化，则就是线性磁致伸缩；若外加磁场诱发的是材料体积的变化，则称为体积磁致伸缩。磁致伸缩效应引起的体积和长度变化虽然是微小的，但其长度的变化比体积变化大得多，是人们研究应用的主要对象。线磁致伸缩的变化量级为 $10^{-5}\sim$ 10^{-6}。磁致伸缩量虽然用肉眼无法观察到，但却在换能器和传感器上有着强大的用途。图 3.80 是磁致伸缩示意图。

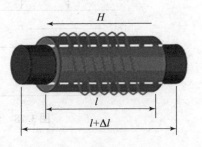

图 3.80　磁致伸缩示意图

自然界所有物质都具有磁致伸缩现象。材料的磁致伸缩应变 λ 有的是正值，有的是负值，分别表示材料在磁场中磁化时，其尺寸是伸长的还是收缩的。例如，铁材料随磁化强度的增加沿磁化方向伸长，λ 是正值；镍材料随磁化强度的增加沿磁化方向缩短，λ 是负值。部分物质的 λ 数值用现有仪器无法测量，则认为其 λ 为零。通常，人们希望材料的磁致伸缩值尽量大。现在把 $\lambda > \pm 50 \times 10^{-6}$ 的材料称为磁致伸缩材料。

2. 磁致伸缩效应的原理

磁致伸缩效应的本质是：强磁性物质在磁场作用下，内部产生畴壁位移（磁畴重新定位）与转动。磁畴位移与转动导致了材料结构的内部应变。结构内的应变导致了材料沿磁场方向的伸展（由于正向磁致伸缩效应）。在此伸展过程中，总体积基本保持不变，材料横截面积减小。

畴壁位移与转动均会引起源自轨道磁矩和自旋磁矩的交换耦合作用的变化，从而导致磁弹性能的变化。在磁弹性能最低的方向，相邻原子间距发生最大的位移，在宏观上表现为磁致伸缩效应。也就是说，在磁场的驱动下，物质磁畴结构的变化引起内部磁化强度（或磁通）的变化，并产生相应的线性应变。

3. 磁致伸缩材料的功能特性

材料的功能特性就是指材料具有使一种能量和信息与另一种能量和信息进行相互转换的功能。对于磁致伸缩材料来说，在磁场作用下，其磁畴结构发生变化，引起位移和应变，这说明磁致伸缩材料具有将磁能转换为机械能的功能特性。

（1）将电（磁）能转换为机械能的特性

当驱动磁场为直流磁场，并且磁场强度由弱到强增加时，磁致伸缩材料可实现位移而做功，此功能特性可用于制造多功能微位移驱动器、线性电动机；当多个直流磁场在不同角度，按某一时间间隔驱动时，磁致伸缩材料可将线性运动转化为转动，此功能特性可用于制造各种转动马达；当驱动磁场为脉冲磁场时，磁致伸缩材料可由线性运动转化为振动，此功能特性可用作不同频率与功率的振动源，制造各种用途的振源器和振动器；当驱动电源为低频（<15 kHz）的电磁场时，磁致伸缩材料可将线性运动转化为低频振动，此功能特性可用于制造振幅可调的低频水声换能器、声呐换能器、各种宽频的振动式音响等；当驱动电源为频率大于 20 kHz 的电磁场时，磁致伸缩材料可用于制造超声换能器，在超声技术方面具有广阔的应用前景。

（2）将机械能转化为电磁能的特性

利用此功能特性，可以用磁致伸缩材料制造多种类型的传感器，如位移传感器、水听器、反振动器、反噪声器、电子机械滤波器、磁弹性延迟线、能量收集器等，把自然界中各种形式的机械能转化为电磁能。一些利用这一功能特性的新概念性功能器件正在日新月异地发展。

（3）扭转力矩与电磁能的相互转换

利用这种效应，可以用磁致伸缩材料制造多种类型的传感器，如转矩传感器和用于密封容器或有毒物质反应罐里的液面高度和界面测量传感器等。转矩传感器，尤其是非接触式传感器，在运载工具（汽车、火车、搬运机械装置）上有广泛的应用。

（4）将机械能转换为热能的特性

利用此物理效应，可以用磁致伸缩材料制造各种形式的阻尼器件、反噪声器件、反振动器件等。

（5）快速锁定与快速解锁机械系统

近期发展的 Fe–Ga 磁致伸缩材料具有很大的拉胀效应，利用此拉胀行为可以实现非电机械的快速锁定与解锁机械系统，既安全，又可靠。

4. 磁致伸缩材料的发展

磁致伸缩现象是在 19 世纪 80 年代发现的。自从发现磁致伸缩现象以来，人们对磁致伸缩材料的研究一直没有停止，并且于 20 世纪中期发现镍（Ni）和钴（Co）等金属、铁氧体材料及 Fe–13Al 合金均有磁致伸缩性能。

纯镍是最早得到应用的磁致伸缩材料。第二次世界大战期间，美军用镍来制造声呐水声换能器。此后又广泛用镍片来制造电话接收机、转矩仪表、水听器和振动器。在同一时期，为了弄清楚镍的磁致伸缩行为，人们开始研究镍合金，如 Fe–Ni、Ni–V、Ni–Cr、Ni–Mn、Ni–C 等合金的磁致伸缩行为，但是 Ni 基合金磁致伸缩的量级始终不高。

20 世纪三四十年代，人们开始研究 Fe、Co、Fe–Ni、Fe–Co 和 Fe–Co–Ni 等合金的单晶或多晶体的磁致伸缩行为。Fe 单晶体的磁致伸缩量约为 20×10^{-6}。不同研究者报道的 Co 的磁致伸缩量约为 -50×10^{-6}，然而 75Co–25Fe、65Co–35Fe 多晶合金在 1.12×10^{-6} A/m 磁场下分别达到 114×10^{-6}、120×10^{-6}、130×10^{-6}，这在当时算是高磁致伸缩材料。但是，Fe–Co 合金难加工、磁化场高，没有得到应用。到 50 年代，人们对 Fe–Co 合金成分做了调整，研制出 49Co–49Fe–V（质量分数）合金，加工性能得到改善，磁致伸缩量可达到 70×10^{-6}。随后 Fe–Co（V）合金和 Ni 成为主流的磁致伸缩材料，并得到广泛应用。

从 20 世纪 50 年代开始，人们又继续研究 Fe 基二元合金的磁致伸缩性能，先后研究了 Fe–Ni、Fe–Co、Fe–Si、Fe–Al、Co–Ni 等合金的单晶体磁致伸缩，发现在 Fe 中添加 Al，随着 Al 含量的提高，Fe–Al 单晶体的磁致伸缩量呈线性提高，这一结果对 Fe 基磁致伸缩材料的发展起到了重要的促进作用。1961 年，人们将 Be 添加到 Fe 中，可以将 Fe–Be 单晶体的磁致伸缩量提高到 55×10^{-6}，这一研究结果是十分令人鼓舞的。Fe–Al 和 Fe–Be 的发现对 Fe 基磁致伸缩合金的发展起到了奠基作用。

一般而言，实用的超磁致伸缩材料应具有以下三个特点：①含有大量的稀土离子，这是获得超磁致伸缩的首要条件；②稀土离子参与的交换作用要远大于热运动能，以保证有较高的居里温度；③材料应具有不止一个易磁化方向，磁化时，畴壁移动过程可以对磁致伸缩值有贡献，并且材料要有小的磁晶各向异性，使得达到饱和磁化所需要的外磁场不很高。

20 世纪 60 年代中期，美国海军武器中心的 Clark 等人发现中重稀土金属铽（Tb）和镝（Dy）在温度 0 K 附近的磁致伸缩达 10^{-3} 的量级，而镝（Dy）单晶的磁致伸缩更是接近了 10^{-2} 的量级，比传统金属的典型值大 100～1 000 倍。但是，这样大的磁致伸缩只在极低的温度下才能出现，使得稀土金属无法在室温下应用。研究发现，稀土金属的居里温度低于室温，在室温下它们为顺磁状态，线磁致伸缩效应消失。针对这一问题，1969 年，Culen 提出稀土－过渡金属形成的化合物将具有较高的居里温度的预测，该想法在 1971 年得到了验证。Koon、Clark 等分别指出 $REFe_2$（RE 为稀土元素）型化合物在室温下有较大的磁致伸缩。$REFe_2$ 是具有立方 $MgCu_2$ 结构的 Laves 相化合物。其不仅低温磁致伸缩很大，室温磁致伸缩也保持较大，并且居里温度较高，故被称为稀土超磁致伸缩材料（rare earth giant magneto - strictive materials，RE - GMM 或 GMM）。然而，$REFe_2$ 磁晶各向异性过大。磁晶各向异性在磁致伸缩材料中起了很重要的作用。一方面，如果不存在磁晶各向异性，就不会有线性磁致伸缩；另一方面，这种各向异性阻碍了畴内磁化方向的转动，使饱和磁化变得困难。$REFe_2$ 如此大的磁晶各向异性常数，就使得达到材料的饱和磁化状态所需的外磁场相当高，给实用带来了困难。1972 年，Clark 等人根据对 $REFe_2$ 型化合物磁晶各向异性的研究结果，用磁致伸缩符号相同但磁晶各向性符号相反的稀土元素与铁形成赝二元化合物。这样大大降低了磁晶各向异性常数，从而降低了饱和磁化所需的外场，同时，又发现这种材料有很大的磁致伸缩。

稀土超磁致伸缩材料以其优异的性能迅速引起了全世界学者的浓厚兴趣。科研人员对这一新型材料做了大量的实验研究，各国政府也投入了大量资金予以支持，使得这种材料在近些年得到了迅猛的发展。美国前沿技术（Ease Technologies）公司 1989 年开始生产稀土大磁致伸缩材料，其商品牌号为 Terfenol - D；随后瑞典 Feredyn AB 公司也生产销售稀土大磁致伸缩材料，产品牌号为 Magmek 86；最近 20 多年来，日本、俄罗斯、英国和澳大利亚等也相继研究开发出 Tb - Dy - Fe 型磁致伸缩材料，并有少量产品销售。近几年来，国外研制了近千种应用器件，批准的美国专利已超过 100 件。我国几个重要研究单位于 20 世纪 90 年代前后开始研究 Tb - Dy - Fe 晶体磁致伸缩材料，如中国科学院物理研究所、中国科学院金属研究所、北京有色金属研究总院、钢铁研究总院、包头稀土院、北京科技大学等，虽然实验室研究达到了较高水平，但目前都没有实现规模生产。近些年来，稀土超磁致伸缩材料的应用研究在国内也得到了重视，在声呐、精密机械、高速阀门、航空航天等方面的应用取得了一些进展。有关磁致伸缩材料的制备工艺、磁致伸缩理论和新材料探索仍是近年来十分活跃的研究课题。

5. 磁致伸缩材料的分类

自从发现物质的磁致伸缩效应后，人们就一直想利用这一物理效应来制造有用的功能器件与设备。为此，人们研究和发展了一系列磁致伸缩材料，主要有三大类：①传统磁致伸缩材料，包括磁致伸缩的镍基合金、铁基合金和铁氧体，其磁致伸缩系数 λ 值较小，使得它们没有得到推广应用；②20 世纪末发展的以 Tb – Dy – Fe 和 Sm – Fe 材料为代表的稀土金属间化合物超磁致伸缩材料，其磁致伸缩系数比传统磁致伸缩材料大 1～2 个数量级，因此称为稀土超磁致伸缩材料；③2000 年，美国的 Guruswamy 等人报道了一种由 Fe 和 Ga 组成的二元合金，其具有较高的 λ，是一种新型的磁致伸缩材料。表 3.6 给出了这几种材料的分类和特点。

表 3.6　磁致伸缩材料的分类

材料	分类	组成	磁致伸缩系数 λ/10⁻⁶	特点
金属与合金铁氧体	传统磁致伸缩材料	镍基合金（Ni、Ni – Co、Ni – Co – Cr 等）和铁基合金（Fe、Fe – Ni、Fe – Al、Fe – Co – V 等）Fe₃O₄、Mn – Zn 铁氧体、Ni – Co 铁氧体、Ni – Co – Cu 铁氧体	20～80	磁致伸缩系数小，居里温度高，力学性能好
稀土金属间化合物	超磁致伸缩材料	Tb – Dy – Fe、Sm – Fe	1 500～2 000	磁致伸缩系数大，材料抗拉伸能力弱，质地较脆
FeGa 合金	新型磁致伸缩材料	Fe – Ga	约 400	磁致伸缩系数较大，强度高，脆性小

（1）金属与合金材料

金属与合金材料的特点是机械强度高，性能比较稳定，适合制作大功率的发射换能器。缺点是换能效率不高，如纯镍的电声转换效率约为 30%，这意味着要输出 10 kW 的声功率时，电振荡器输出功率就需要 30 kW 左右，这势必使超声频电振荡发生器要做得很庞大。此外，金属材料的涡流损耗也较大。典型材料有以下几种。

①镍。这是最早使用的磁致伸缩材料，其特点是在磁场强度或磁感应强度增大时，它的长度变小。镍的电阻率较低，涡流损耗较大（在制作时，可以通过把它压延成薄片后，以层间绝缘的方式叠制，来减少涡流损耗）。此外，其价格高昂，故目前已多采用其合金，如 45Ni – 55Fe 最为常用，还有镍钴铬合金等。

②铁铝合金。这种材料的价格比较低廉，因而受到广泛应用。其力学性能较脆是它的弱点，但仍可压延成片使用。此外，其耐蚀性没有太多影响，其性能接近低镍含量的铁镍合金。

③铁钴钒合金。这种材料的磁致伸缩效应比镍的还强，居里温度也比镍的高得多，并且具有恒磁性，但是它的性能与热处理关系极大（化学成分和热处理都是合金特定状态——磁畴形成的重要条件）。此外，还有铁钴合金（由等份量的铁和钴组成，具有很高的饱和磁导率）。

（2）铁氧体

铁氧体是一种具有高电阻率的铁氧非金属磁性材料，通常是以四氧化三铁（Fe₃O₄）为基体，再加入其他成分烧结而成，因而便于直接烧结成所需的几何形状。铁氧体材料的优点是电声效率高、电阻率高，从而使得涡流损耗和磁滞损失也较小，并且磁致伸缩效应显著，适合用作接收换能器。此外，其价格低廉也是重要的优点之一。典型的铁氧体材料有镍铁氧体、镍钴铁氧体、镍铜钴铁氧体等。

（3）新型磁致伸缩材料

①铁系非晶态强磁体。非晶态金属是一种原子排列杂乱无序（类似于液体）、结构稠密的固体金属，这是特异状态的物质，是由熔融金属高速冷却制成的。它具有较强的韧性和较大的变形能力，耐蚀性也很强。由于非晶态金属的原子排列无秩序，在原理上不会存在结晶体的磁性能各向异性。含有多量铁的非晶态强磁性体具有很大的磁致伸缩效应和高磁导率等，是优良的电声换能材料。

②四氧化三铁系材料。在四氧化三铁中添加了少量的氧化钴、氧化硅和氧化钛，可以消除四氧化三铁磁性能上的各向异性，控制它的低电阻抗值，获得较高的磁致伸缩性能，可用到高压力和变温度的苛刻工作环境中。

6. 稀土超磁致伸缩材料

（1）稀土

稀土元素最初是从瑞典产的比较稀少的矿物中发现的，按当时的习惯，称不溶于水的物质为"土"，故称为稀土。稀土元素又称稀土金属。稀土金属已广泛应用于电子、石油化工、冶金、机械、能源、轻工、环境保护、农业等领域。

稀土元素是指元素周期表中的镧系元素——镧（La）、铈（Ce）、镨（Pr）、钕（Nd）、钷（Pm）、钐（Sm）、铕（Eu）、钆（Gd）、铽（Tb）、镝（Dy）、钬（Ho）、铒（Er）、铥（Tm）、镱（Yb）、镥（Lu），以及与镧系的 15 个元素密切相关的两个元素——钪（Sc）和钇（Y），共 17 种元素。稀土元素（rare earth）简称为稀土（RE 或 R）。根据稀土元素原子电子层结构和物理化学性质、它们在矿物中的共生情况，以及不同的离子半径可产生不同性质的特征，17 种稀土元素通常分为两组：轻稀土（又称铈组），包括镧、铈、镨、钕、钷、钐、铕、钆；重稀土（又称钇组），包括铽、镝、钬、铒、铥、镱、镥、钪、钇。之所以称为铈组或钇组，是因为矿物经分离得到的稀土混合物中，常以铈或钇占优势。

中国是名副其实的世界稀土资源较大的国家之一。早在 1992 年邓小平南方谈话时就曾提道："中东有石油，中国有稀土，中国稀土资源占世界已知储量的 80%，其地位可与中东的石油相比，具有极其重要的战略意义，一定要把稀土的事情办好。"国务院新闻办 2012 年发布的《中国的稀土状况与政策》白皮书显示，我国以 23% 的稀土资源承担了世界 90% 以上的市场供应。中国稀土资源不但储量丰富，而且具有矿种和稀土元素齐全、稀土品位及矿点分布合理等优势，为中国稀土工业的发展奠定了坚实的基础。

稀土之所以异常珍贵，不仅是因为储量稀少、不可再生、分离提纯和加工难度较大，更是因为其广泛应用于农业、工业、军事等行业，是新材料制造的重要依托和关系尖端国防技术开发的关键性资源，被称为"万能之土"。工业上，稀土是"维生素"。在荧光、磁性、激光、光纤通信、储氢能源、超导等材料领域有着不可替代的作用。军事上，稀土是"核心"。目前几乎所有高科技武器都有稀土的身影，且稀土材料常常用于高科技武器的核心部位。例如美国当年的"爱国者"导弹，正是在其制导系统中使用了约 3 kg 的钐钴磁体和钕铁硼磁体，用于电子束聚焦，才能精确拦截来袭导弹；M1 坦克的激光测距机、F - 22 战斗机的发动机及轻而坚固的机身等，都有赖于稀土。一位前美军军官甚至称："海湾战争中那些匪夷所思的军事奇迹，以及美国在冷战之后，局部战争中所表现出的对战争进程非对称性控制能力，从一定意义上说，是稀土成就了这一切。"生活中，稀土"无处不在"。手机屏、LED、电脑、数码相机等，都使用了稀土材料。据说当今世界每出现四种新技术，其中之一必与稀土有关。

稀土的战略性地位目前无论是在军事上还是在工业、农业上，都难以被替代，这就意味着至少在未来新技术革命之后的相当长一段时期内，稀土在高端生产活动中的重要地位都将难以撼动，其技术应用领域也将是各国抓住高端生产活动的"兵家必争之地"。目前美国认定的 35 个战略元素和日本选定的 26 个高技术元素中，都包括全部稀土元素；日、英、法、德等工业发达国家都缺乏稀土资源，但它们都拥有世界一流的稀土应用技术。这些国家都把稀土看作是对本国经济和技术发展至关重要的战略元素。

（2）稀土超磁致伸缩材料

早期发现的磁致伸缩材料的磁致伸缩量都很小，磁致伸缩系数 λ 为 $(10 \sim 60) \times 10^{-6}$，这种磁致伸缩材料被称为传统的磁致伸缩材料，它包括 Ni、Ni - Co 合金、Fe - Al 合金等。但 1972 年美国的 Clark 博士发现二元稀土铁合金在常温下具有极大的磁致伸缩系数后，这种新型的磁致伸缩材料被称为超磁致伸缩材料。由于其为稀土构筑，因此也称为稀土超磁致伸缩材料。近几十年人们不断对超磁致伸缩材料进行研究并开发应用，其中最著名的就是美国生产的 Terfenol - D 型号商品，这种稀土超磁致伸缩材料的性能不仅远远好于传统的磁致伸缩材料，而且比压电陶瓷材料更优越。总的来说，超磁致伸缩材料具有以下几大特点。

①磁致伸缩系数 λ 非常大，是 Fe、Ni 等材料的几十倍，是压电陶瓷的 $3 \sim 5$ 倍。这样大的伸缩系数是使超磁致伸缩材料发展迅速的根本原因。

②超磁致伸缩材料的能量转换效率为 49% ～ 56%，而压电陶瓷的为 23% ～ 52%，传统的磁致伸缩材料仅为 9% 左右，所以可运用此特性制造高能量转换效率的机电产品。

③居里温度在 300 ℃ 以上，远比 PZT 的要高，因此，在较高的温度下工作仍可以保持性能的稳定。

④能量密度大，是 Ni 的 $400 \sim 800$ 倍，是压电陶瓷的 $12 \sim 38$ 倍，此特性适用于制造大功率器件。

⑤产生磁致伸缩效应的响应时间短，可以说磁化和产生应力的效应几乎是同时发生的，利用这一特性可以制造超高灵敏电磁感应器件。

⑥抗压强度和承载能力大，可在强压力环境下工作。

⑦工作频带宽，不仅适用于几百赫兹以下的低频，而且适用于超高频。

（3）稀土超磁致伸缩材料的优点

①高磁致伸缩系数。室温下可达 $(1\,500 \sim 2\,000) \times 10^{-6}$，最高可达 $2\,500 \times 10^{-6}$，比传统材料高数百倍。

②高机电转换效率。能量转换效率可达 70%，而镍基磁致伸缩材料不到 20%，压电陶瓷为 40% ～ 50%。因此，它是实现电（磁）- 机械能量转换的优异功能材料。

③输出应力大，能量密度大，应变产生的推力大，输出功率比 PZT 材料高数十倍。工作要求电压低，电池就可以驱动，有利于实现器件的轻量化、小型化及低成本。

④机械响应速度快，仅 10^{-6} s 级且可电控。

⑤磁致伸缩变形的线性范围大，有利于磁致伸缩量的准确控制，精度可达纳米级。

⑥频率特性好、频带宽，可在低频（几十赫兹）和高频下工作。

⑦居里温度高，可用于高温环境。

⑧具有逆磁致伸缩效应，可制作压力传感器，驱动器和传感器可合为一体。

⑨稳定性好，可靠性高，其磁致伸缩性能不随时间而变化，无疲劳，无过热失效问题。

7. 磁致伸缩材料的应用

磁致伸缩材料由于其优异的性能特点，受到相关学者的广泛关注，其应用范围涉及传感器、流体机械、磁电－声换能器、微型马达、超精密加工领域等，充分显示了磁致伸缩材料的巨大潜力。从目前发展的趋势可以看出，形态上的薄膜化、微型化将成为具有潜力的发展方向，而执行与传感功能融合形成的具有自感知功能的执行器将成为磁致伸缩材料器件研究的前沿。在未来对磁致伸缩材料的研究过程中，也有必要不断进行成分调整和掺杂研究，不断提高其响应速度、饱和磁致伸缩系数、可控性、刺激转换效率等，使磁致伸缩材料应用到地震工程、生物医学工程、环境工程、海洋探测与开发技术、微位移驱动技术、减振与防振系统、减噪与防噪系统、智能机翼、机器人、自动化技术、燃油喷射技术微传感器、微振动器及微马达等新领域中。其在国民经济和工业生产中起着越来越重要的作用。

（1）海洋探测与开发

在水下，声音的传播速度是 1 433 m/s，是在空气中传播速度的 4.3 倍，声信号是人们进行水下通信探测侦察和遥控的主要媒介。发射和接收声波的声呐装置，其核心元件一般由压电陶瓷或磁致伸缩材料制成。图 3.81 所示为声呐原理示意图。发展稀土超磁致伸缩材料对发展声呐技术、海洋开发与探测技术将起到关键性作用。Tb–Dy–Fe 材料与压电陶瓷 PZT 相比，有以下几个优点：输出功率大、工作温度高、低电压驱

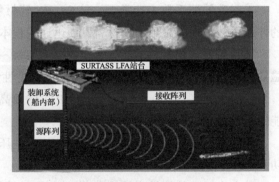

图 3.81　声呐原理示意图

动、滞后小、不老化、响应频率低、低频信号在水下衰减小、传送距离远等，从而使得 Tb–Dy–Fe 已经在声呐系统首先得到应用。由于声呐对潜艇的重要性，美国的磁致伸缩材料的研究由美国海军武器研究中心直接参与并控制，他们在磁致伸缩材料研究和军事应用方面都处于领先地位。Fe–Ga 合金具有优异的力学性能，使得用 Fe–Ga 合金制造的声呐装置在承受水下冲击和爆炸性能方面具有得天独厚的优势。

用超磁致伸缩材料制成的超声波发生器在捕鱼、海底测绘、建筑和材料的无损探伤方面有很好的应用前景。瑞典 ABB 公司和挪威一家公司合作开发油井测绘、海底测绘用的

Terfenol – D 声呐，将 Terfenol – D 的优良的低频声学特性和压电陶瓷的高频特性相结合，可以制作出性能更好的声振动传感器，其频响宽，单向性好。

（2）微振动器

由于 Fe – Ga 合金具有良好的可加工性、韧性和较大的抗拉强度，可以加工成所需的各种形状，只需要施加较低的磁场，便可使 Fe – Ga 合金材料产生变形，使得微型振动器的设计得以实现。这种振动器具有如下优点：①良好的力学性能；②结构简单且易于装配；③驱动线圈电阻小，驱动电压低；④涡流损耗小；⑤具有较大的工作温度范围。图 3.82 所示是微型振动器的示意图。

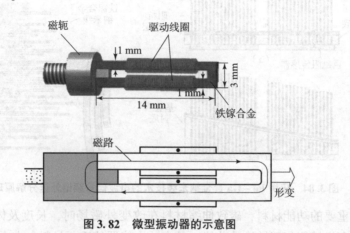

图 3.82　微型振动器的示意图

（3）高能快速微型位移执行器

超磁致伸缩材料不仅能输出较大的应力，而且响应速度快，因此可以用于高能快速微型机械的设计。用稀土超磁致伸缩材料制造的微位移驱动器，可用于机器人、自动控制、超精密机械加工、红外线、电子束、激光束扫描控制、照相机快门、线性电动机、智能机翼、燃油喷射系统、微型泵、阀门、传感器等。

（4）减振与防振

磁致伸缩材料可以用来做力学传感器，测量静应力、振动应力、扭转力和加速度等物理量。超磁棒可用于开发宏观的力传感器或压力传感器。日本东芝公司发明了用磁致伸缩薄膜做的动态范围大、响应快的扭矩传感器，其灵敏度比传统金属电阻薄膜制成的扭转应变计高 10 倍。利用逆磁致伸缩效应（机械能反转为磁能）原理，可为马达和精密仪器设计阻尼减振系统。无损检测利用磁致伸缩材料发射机械弹性波，机械弹性波在被检测件内传播遇到缺陷时，部分被反射回检测点，从而被传感器检测到。这种技术可以用来检测斜拉大桥桥梁钢索、工业管道等。图 3.83 所示为磁致伸缩导波检测器。

图 3.83　磁致伸缩导波检测器

（5）微型传感器

在微观领域里，薄膜和微机电系统结构制备技术显著地减小了超磁致传感器的尺寸和成本，提高了超磁致传感器的灵敏度和鲁棒性。特别是 Fe – Ga 具有较强的韧性，能够在硅衬底上外延沉积，使得它非常适合在微观传感器领域中应用。超磁致 Fe – Ga 合金纳米线在小型声传感器中同样具有广阔的应用前景。如图 3.84 所示，它能通过提高纵横比来外延分解声波信号的各种频谱，其灵敏度可以控制在较小的频带内。

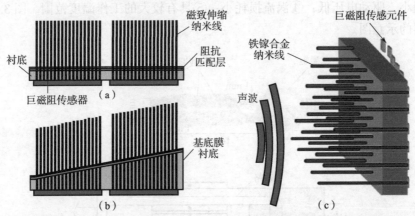

图 3.84　应用 Fe – Ga 合金纳米线技术的声波信号频谱外延分解原理图

作为一种重要的功能材料，磁致伸缩材料在改变外磁场时，长度及体积均会发生变化。它具有电磁能和机械能相互转换的功能，是声呐换能器的重要材料，在大桥桥梁减振、油井探测、海洋探测与开发、高精度数字机床、微位移传感器、高保真音响等方面有着广泛的用途。

（6）高保真平板扬声器

用超磁致伸缩材料制造的薄型（平板型）高保真扬声器如图 3.85 所示。其振动力大，音质好，高保真，可使楼板、墙体、桌面、玻璃窗振动和发音，可做水下音乐、水下芭蕾伴舞的喇叭等。

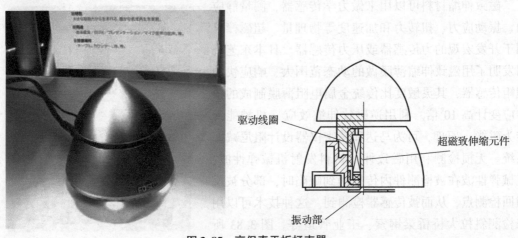

图 3.85　高保真平板扬声器

这是一种新型振动扬声器，只要把它放到桌子上，就能利用桌面取代振动板发出声音。其内置了采用可根据磁场变化进行伸缩的超磁致伸缩元件制作的激励器，将输入的声音转换成振动后，传给面板而发出声音。可以被变成喇叭的不只是桌面，除玻璃和混凝土等部分材料外，几乎所有材料都可以利用该装置发出声音。新装置颠覆了常规扬声器的设计理念，不仅体积大大减小，而且外形有更多的变化，可以设计出各种个性化的造型。由于装置接触到的整个面板都会发出声音，因此在音效上更加让人觉得身临其境。

利用磁致伸缩材料还可以制造反噪声与噪声控制系统、反振动与振动控制系统。将一个咖啡杯人力反噪声控制器安装在与引擎推进器相连接的部件内，使它与噪声传感器连接，可使运载工具的噪声降低到使旅客感到舒服的程度（≤20 dB），与豪华汽车中的噪声水平相当。反振动与振动控制应用到运载工具，如汽车等，可使汽车振动减小到令人舒服的程度。

用稀土超磁致伸缩材料制造的微位移驱动器还可用于机器人、自动控制、超精密机械加工、红外线、电子束、激光束扫描控制、照相机快门、线性电动机、智能机翼、燃油喷射系统、微型泵、阀门、传感器等。

有专家认为，稀土超磁致伸缩材料的应用可诱发一系列的新技术、新设备、新工艺。它是可以提高一个国家竞争力的材料，是 21 世纪的战略性功能材料。

3.6.2 磁流变液材料

1. 磁流变液简介

磁流变效应（MRE）：在外加磁场的作用下，流体的黏度会迅速发生显著变化，其表观黏度可增大两个数量级以上，使流体的流动屈服应力增大，由流体状态转变成黏塑性状态，呈现出类似于固体的力学性质。但当去掉外加磁场后，流体又从黏塑性状态迅速恢复到原来的流体状态，其中的响应时间仅为几毫秒。

磁流变液（magnetorheological fluid，MRF）是一种形态和性能受外加磁场约束和控制的固液二相功能材料，主要由纳米级和微米级磁性颗粒通过表面活性剂或分散剂稳定分散于某种特殊载液中而形成。它在无外加磁场时，表现为流动良好的牛顿流体，但在外加磁场作用下，流体的流变特性发生巨大变化，其表观黏度可在 10 ms 内增加几个数量级，并呈现出类似于固体的力学性质，且黏度变化是连续可逆的，即一旦去掉磁场，又变成可以流动的液体。因此，磁流变液是一种可控流体。它是由一定量的高磁导率、低磁滞性的微小软磁性颗粒分散在低黏度的油或水中混合而成的悬浮体，同时加入添加剂，提高混合物的稳定性、抗腐蚀性、润滑性、抗氧化性、pH、盐度及降低酸度。在外部磁场作用下，其性能（如磁学、电学、热学、声学、光学及流变学等性能）可发生显著、迅速（毫秒内）、连续且基本完全可逆的变化。

如图 3.86 所示，在零磁场情况下，流变液的颗粒杂乱无章地分布在液体中，无规则地自由流动。其力学性能与普通流体一样，是具有线性黏滞力的牛顿流体。在磁场作用下，MRF 可在毫秒级的时间内快速、可逆地由流动性良好的牛顿流体转变为高黏度、低流动性的宾汉塑性固体。磁流变液内的颗粒在两个磁极之间形成颗粒链，沿磁场方向呈"一"字状有规律地排列，这限制了流体的自由流动，使流体转变成一种具有一定抗压强度、剪切屈服强度和黏滞力的半固体，并且此过程可逆（图3.87）。当磁场撤离后，MRF又恢复成初始牛顿流体。

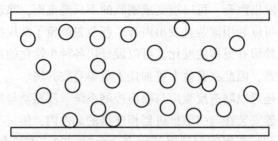

图3.86　无磁场作用下的自由流动的磁流变液

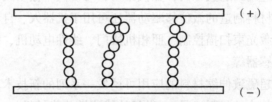

图3.87　磁场作用下的流动的磁流变液塑性固体

2. 磁流变液的理化特性

（1）磁流变液的基本组成

磁流变液主要由磁性颗粒、基础液和添加剂三部分组成。

1）磁性颗粒。在外加磁场作用下，磁流变液中的磁性颗粒产生链化作用，是磁流变液产生磁流变效应的核心。根据磁流变效应机理研究结论，磁性颗粒具有以下特点。

①通常磁性颗粒所用的磁性材料都属于铁、钴、镍等材料。

②磁性颗粒材料的饱和磁化为 0.21～0.24 T。

③磁性颗粒的形状为球形，直径一般为 10^{-7}～10^{-5} m。

④磁性颗粒的体积分数一般为 10%～40%。

在人们所知道的大量磁性材料中，可用于制备磁流变液的却只有少数几种：$\gamma - Fe_2O_3$、$CoFe_2O_4$、$NiFe_2O_4$、Fe_3O_4、Ni、Co、Fe、$Fe - Co$ 合金和 $Ni - Fe$ 合金等。在这些磁性材料中，只有 Fe_2O_4、$CoFe_2O_4$、$NiFe_2O_4$ 氧化稳定性较好。

2）基础液。基础液是磁流变液中磁性颗粒的载体，其作用是将颗粒均匀地分散在液体中，以使磁流变液在零磁场时具有牛顿流体的特性，而外加磁场时，又具有黏塑性流体的特性。要根据基础液的流变特性、摩擦特性和温度变化时的稳定性进行选择，常用的基础液有矿物油、硅油、合成油、水等。美国 Lord 公司已有商品化磁流变液产品上市，如 MRF-122-2ED、MRF-132DG、MRF-140CG、MRF-241ES、MRF-336AG 这五种磁流变液的基础液，前三种均为碳氢化合物，第四种为水，第五种为硅油。

3）添加剂。为改善磁流变液的性能而加入添加剂，如增强磁流变效应的表面活性剂、防止零磁场时颗粒凝聚的分散剂和防止颗粒沉淀的稳定剂。某磁流变液的基本物理化学性质见表3.7。

表 3.7 某磁流变液的基本物理化学性质

型号	Tider MRF 27/50	Tider MRF 8000/50
组成	二甲基硅油，羰基铁粉，稳定剂及助剂	二甲基硅油，羰基铁粉，稳定剂及助剂
颜色	灰黑色	灰黑色
外观	黏稠悬浮液	黏稠悬浮液
密度/$(g \cdot mL^{-1})$	3.07	3.09
固含量/%	81.79	81.24
闪点/℃	155	300

(2) 磁流变液的性能

研究磁流变液的性能及其影响因素对磁流变液的应用具有重要意义。对于工程应用，磁流变液的性能包括：

1) 流变学性能。不加磁场时，磁流变液表现出牛顿流体行为；外加磁场时，磁流变液表现出宾汉塑性体的行为。其本构方程为

$$\tau = \tau_y(H) + \eta \dot{\gamma}, \tau \geqslant \tau_y(H)$$

$$\dot{\gamma} = 0, \tau \leqslant \tau_y(H)$$

式中，τ 为磁流变液的剪切应力；$\tau_y(H)$ 为磁流变液的动态屈服应力，它随外加磁场 H 变化；η 为零磁场时磁流变液的黏度；$\dot{\gamma}$ 为磁流变液的剪切应变率。

当磁流变液的剪切应力超过其屈服应力时，磁流变液又以零磁场的黏度流动；当磁流变液的剪切应力小于其屈服应力时，磁流变液类似于固体运动。

2) 磁学特性。磁流变液的磁化曲线表现为：当磁场强度增加时，磁化强度先是迅速增加，然后缓慢增加，最终达到饱和磁化强度。Jolly 等人介绍了 Lord 公司生产的四种磁流变液的磁化曲线，磁感应强度随磁场强度的增加而增加；当磁场强度从零增加到 16 kA/m 时，磁感应强度也线性增加；磁场强度增加到 318 kA/m 时，磁感应强度非线性地迅速增加；磁场强度超过 318 kA/m 时，达到饱和感应强度。

磁流变液能产生很高的屈服强度，如美国 Lord 公司生产的磁流变液体 MRF - 241ES 的屈服应力接近 70 kPa；包含羰基铁粉的磁性悬浮液组成的磁流变液体的屈服应力可达 100 kPa。

3. 磁流变液应满足的指标

磁流变液主要由磁性微粒和基液组成。通常磁流变液所用的磁性材料都属于铁、钴、镍等多畴材料，基液可为油、水或其他复杂的混合液体。一般良好的磁流变液须具备如下性能：

①零磁场黏度低，以便在磁场作用下剪切屈服强度具有更大的可调范围。

②强磁场下剪切屈服强度高，至少应达到 20～30 kPa，这是衡量磁流变液特性的主要指标之一。

③杂质干扰小，以增加其使用范围。

④温度使用范围宽，即在相当宽的温度范围具有极高的稳定性。

⑤响应速度快，最好能达到毫秒级，以使磁流变液减震器作为主动和半主动控制器时，基本不存在时迟问题。

⑥抗沉降性好，长时间存放应基本不分层。

⑦能耗低，在较弱的磁场下可产生较大的剪切屈服强度。

⑧无毒、不挥发、无异味，这是由其应用领域决定的。

4. 磁流变液的研究概况

1948 年，Rabinow 首先提出了磁流变液的概念。磁流变液是将微米尺寸的磁极化颗粒分散于非磁性液体（矿物油、硅油等）中形成的悬浮液。在零磁场情况下，磁流变液表现为流动性能良好的液体，其表观黏度很小；在强磁场作用下，表观黏度可在短时间（毫秒级）内增加两个数量级以上，并呈现类似于固体的特性。这种变化是连续的、可逆的，即去掉磁场后，又恢复到原来的状态。然而，从 20 世纪 50 年代到 80 年代，由于没有认识到它的剪切应力的潜在性及存在悬浮性、腐蚀性等问题，磁流变液发展一直非常缓慢。进入 20 世纪 90 年代，随着制备技术的提高，磁流变液研究重新焕发了生机，成为当前智能材料研究领域的一个重要分支。20 世纪 90 年代，磁流变液在制备、固化机理、微观结构、力学分析等方面都取得了丰硕的研究成果，使人们对磁流变液的认识更加深入，直接导致近几年磁流变液在工程中的广泛应用。到目前为止，磁流变液技术已经渗透到机械、采矿、自动化仪表、印刷等行业，包括应用磁流变液制作的家庭健身器械、机械手的抓持机构、装配车间不规则形体的依托架、阀门和密封、机器人传感器、减震器等。应用磁流变液的流变特性制作的器件通常具有结构简单、功耗小、可控性强、易于集成到控制系统中等优点。

磁流变液在减振、振动控制、降噪等领域具有巨大的应用价值。采用磁流变液技术的阻尼器，因其具有能耗低、输出力大、响应速度快、结构简单、阻尼力连续顺逆可调，并可方便地与微机控制结合等优良特点，已经成为新一代高性能和智能化的减振装置，在汽车工业、机器人工业、高层建筑和桥梁等相关领域有着广泛的应用前景和巨大的市场潜力。在日本一个大型博物馆的建筑中，利用磁流变液阻尼器来减轻地震对其破坏；在中国洞庭湖大桥上已应用磁流变阻尼器进行斜拉索的减振。另外，全球著名的汽车零部件生产商 Delphi 公司生产的磁流变悬挂装置已经应用在 Cadillac 豪华轿车上；以生产赛车的防冲击减震器而著称的 Carrera 公司已经开发出第二代磁流变减震器。

目前国外已有十几个国家投巨资对该项目进行加速研究和开发，竞相发展这一技术。美国 Lord 公司的 Carlson 和 Weiss 等人在磁流变液性能研究和应用开发方面取得了较为突出的成就，使 Lord 公司在国际上第一个推出商用磁流变器。美国加州州立大学的 Zhu 和 Liu 等人对磁流变液的流变学特别是微观结构进行了大量深入的研究。美国 Notre Dame 大学的 Dyke 和 Spencer 等人将磁流变液阻尼器用于大型结构地震响应的控制。另外，白俄罗斯传热传质研究所的 Kordonski 等人在磁流变液的抛光和密封应用方面取得了较大的进展。德国 Kormann 等人在对颗粒直径、表面层等做了适当修饰改进后，已研制出稳定的纳米级磁流变液（具有和磁流体几乎完全相同的组成），在 0.2 T 的中等磁场作用下，屈服应力可达 4 kPa。Lord 公司以专业生产磁流变液和开发磁流变液商用器件而著称，同时，它也成立了自己的磁流变液研究小组。在磁流变液的制备方面，Lord 公司解决了许多技术问题，如沉降、长效性等。Lord 公司的产品已被作为实验、测试、应用的标准。Lord 公司开发出在 2 A 电流下能产生 180 kN 阻尼力的阻尼器，使得磁流变液在建筑、桥梁中用于抗击地震成为可能。Lord 公司目前已申请了几十项关于电磁流变液器件方面的专利。此外，Ford 公司的磁流变液小组长期从事磁流变液的机理及应用研究，也为磁流变液性能的提高及在汽车上的应用做出了贡献。

近些年来，磁流变液已受到美国军方的关注。美国 Army Tank – automotive and Armaments Command（TACOM）正在研制能由计算机控制的磁流变悬挂系统来更新当前的悍马战车。美国 Systems and Planning Analysis, Inc（SPA）正在为阿帕奇 AH – 64 直升机的机关炮研发半主动控制的磁流变反冲阻尼系统。该研究受到美国 Army Research Laboratory（ARL）的资助。麻省理工学院的 Gareth McKinley 教授正在使用磁流变液研制瞬时盔甲。正如电影《黑客帝国》所展示的那样，当危险来临时，这种盔甲立刻会变成一面坚不可摧的盾牌。该项目受到美国军方的 Army Research Office 资助。SatCon Technology Corporation 研制出了基于磁流变液的连续可变传动装置（magnetorheological fluid – based continuously variable transmission）。

我国的磁流变液研究工作起步较晚，近几年来，中国科技大学、复旦大学、重庆大学、西北工业大学、中国科学院物理研究所、重庆智能材料结构研究所等数十家科研机构和院校也相继开展此方面的研究工作。随着研究的深入和 MRF 性能的提高，该技术开始在机械工程、汽车工程、控制工程、精密仪器加工及航空航天等领域得到初步的应用，已显示了巨大的市场应用潜力。

除了可应用在减振、振动控制、降噪等领域外，磁流变液还可以用于假肢、抛光、洗衣机、减振阀等。另外两个比较特殊的应用为：在癌症治疗中应用磁流变液，这本质上是磁流变阀的应用，使肿瘤因为得不到血液而停止生长；声波在磁流变液中传播有两种模式并且可由磁场控制，因而在声学中也可以得到应用。

5. 磁流变液的制备

磁流变液一般由铁磁性固体颗粒、母液油和稳定剂三种物质构成。铁磁性（软磁性）固体颗粒有球状、棒状和纺锤状三种形态，密度为 7 ~ 8 g/cm^3，其中球形颗粒的直径在 0.1 ~ 500 μm 范围内。目前可用作磁流变液的铁磁性固体颗粒是具有较高磁化饱和强度的羰基铁粉、纯铁粉或铁合金。由于羰基铁粉饱和磁化强度为 2.15 T，并且物性较软，具有可压缩性，材料成本低，购买方便，已成为最常用的材料之一。磁流变液的母液油（分散剂）一般是非导磁且性能良好的油，如矿物油、硅油、合成油等，它们须具有较低的零磁场黏度、较大范围的温度稳定性、不污染环境等特性。稳定剂用来减缓或防止磁性颗粒沉降的产生。因为磁性颗粒的密度较大，容易沉淀或离心分离，必须加入少量的稳定剂。磁流变液的稳定性主要受两种因素的影响：一是粒子的聚集结块，即粒子相互聚集形成很大的团；二是粒子本身的沉降，即磁性粒子随时间的沉淀。这两种因素都可以通过添加剂或表面活性剂来减缓。由超精细石英粉形成的硅胶是一种典型的稳定剂，这种粒子具有很大的表面积，每个粒子具有多孔疏松结构，可以吸附大量的潮气，磁性颗粒可由这些结构支撑并均匀地分布在母液中。另外，表面活性剂可以形成网状结构吸附在磁性颗粒的周围，以减缓粒子的沉降。稳定剂必须有特殊的分子结构：一端有一个对磁性颗粒界面产生高度亲和力的钉扎功能团，另一端还需一个极易分散于某种基液中的适当长度的弹性基团。

将这三种物质按一定的比例混合均匀，即可形成磁流变液。良好的磁流变液必须具有下列性能：①优良的磁化和退磁特性，以保证磁流变液的磁流变效应是一种可逆变化。因此，这种流体的磁滞回线必须狭窄，内聚力较小，而磁导率很大，尤其是磁导率的初始值和极大值必须很大。②较大的磁饱和特性，以便使得尽可能大的"磁流"通过悬浮液的横截面，从而给颗粒相互间提供尽可能大的能量。③较小的能量损耗，在工作期间，全部损耗（如磁滞现象、涡流现象等）都应该是一个很小的量。④高度磁化和稳定的性能，这就要求磁流变液中的强磁性粒子的分布必须均匀，并且分布率保持不变。⑤极高的"击穿磁场"，以防止磁流变液被磨损并改变性能。⑥在相当宽的温度范围内极高的稳定性，以保证磁流变液的流变性能不会在正常工作温度范围内发生改变。⑦构成磁流变液的原材料应是价廉的，而不是稀有的。

国际上关于磁流变液材料的制备方法和工艺的报道比较多。中国科技大学磁流变研究组的陈祖耀、江万权等人用 γ 辐射技术产生直径为 200 nm ～ 5 μm 的 Co 粒子，并在铁颗粒表面复合此纳米尺寸的 Co 粒子，形成悬浮粒子为铁复合物的磁流变液。在中国科技大学的旋转式磁流变液测试系统上测试，结果表明，剪切屈服应力显著增大；将直径为 2.5 ～ 8 μm 的羰基铁粉分散于硅油中，并用偶联剂预先处理，改善液态相和固态相的相容性，可有效防止粒子沉淀，该磁流变液效应显著，并且具有较大的温度稳定性。2002 年，中国科学技术大学磁流变研究组成功地制备了 KDC – 1 磁流变液。该样品实验室工艺稳定，有较大的剪切屈服强度和沉降稳定性，其主要力学性能指标与美国 Lord 公司产品的接近。现已完成对 3 家友邻研究单位 KDC – 1 MRF 小批量实验室规模供给，反映良好。

6. 磁流变液技术的应用

由于磁流变体的优异性能，由它制成的阻尼器也备受工程界的关注。磁流变阻尼器是一种智能振动控制装备。由于采用了性能优异的智能可控体——磁流变液，所以该装备结构简洁、功耗极低，并可实现对阻尼力的瞬间精确控制。其工作原理是：当给磁流变阻尼器内置励磁线圈加一定稳恒电流时，阻尼通道内便产生磁场，磁场会导致磁流变液的流变特性发生瞬间改变，从而实现了加外电流对阻尼力的精确控制，这种控制是无级、精确、迅速（响应时间为毫秒级）、连续和可逆的。磁流变阻尼减震器非常适用于重大工程结构抗振减振、大型机械设备缓冲减振、交通工具减振等领域。

目前，磁流变液阻尼减震器已经在桥梁斜拉索、海洋平台结构及汽车悬挂系统、假肢、卡车座椅、滚筒洗衣机等工程的减振方面得到了初步的应用，取得了非常好的振动控制效果。例如洗衣机中，洗桶由许多弹簧支撑，这些弹簧除了起到支撑作用外，还在滚筒高速旋转时起减振作用。

当洗衣机滚筒以 2 000 r/min 高速旋转时，高速旋转产生的离心力使得水抛向筒的四周，从而产生振动。事实上，制造商应该减小排水口的尺寸，防止小件衣物排出来。为了提高这一性能，制造商采用了磁流变液阻尼减震器，其结构如图 3.88 所示。

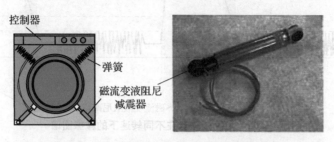

图 3.88　阻尼减震器在洗衣机中的应用示意图

结构中有一组弹簧吊起滚筒，在滚筒脚柱有一组磁流变液阻尼减震器，这种阻尼减震器是可控的。工作原理是弹簧配合阻尼器来减小滚筒高速振动的幅度。

虽然磁流变液阻尼减震器不需要密封和轴承，但是一些被动部件仍然需要一些修改。减震器的结构如图 3.89 所示，主要包括引线、钢套、铁芯、线圈、带有 MRF 的吸振泡沫或其他吸振材料。由这些元件组成一个位于轴端的活塞，可以在钢套里面沿着轴线方向运动，钢套用于阻断磁路。磁场的加载使得矩阵中的磁流变液数列形成了屈服强度和抗剪切数列，产生的力的大小与暴露在磁场中的磁流变液体泡沫海绵体的多少成正比，这种布局同时适用于线性和旋转式结构。

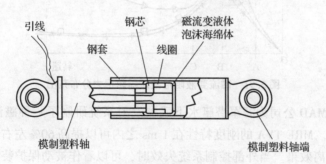

图 3.89　阻尼减震器的结构剖面图

在洗衣机滚筒高速旋转情况下，磁流变液阻尼减震器的效果会更好。在洗衣机滚筒高速运动的时候，磁流变液阻尼减震器会被关闭一段时间，目的是隔离更高一级的振动。一般来说，理想的情况下，每对阻尼器最少产生 50 ~ 150 N 的阻尼力，当振动加强或者在阻尼器的残余力低于 5 N 的时候，阻尼减震器也要产生同样大的阻尼力，如图 3.90 和图 3.91 所示。

可控阻尼力的磁流变液阻尼减震器需要的电能很少。为了有效控制共振，通常需要输入的功率为 10 W 左右，此功率要在磁流变液阻尼减震器中持续输入 5 ~ 10 s。这样的功率很容易装配在机器上。在洗衣机减振系统中，同时还需要一个低成本的继电器。

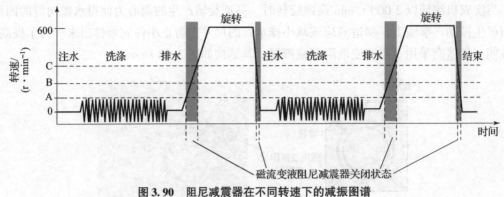

图3.90　阻尼减震器在不同转速下的减振图谱

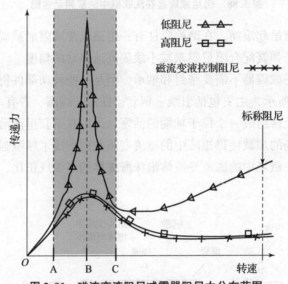

图3.91　磁流变液阻尼减震器阻尼力分布范围

据悉，美国 AMAD 公司为海军潜艇水下武器发射系统研制了一种磁流变弹性体调谐减震器（MRE TVA）。MRE TVA 的刚度特性在 1 ms 之内可以提高 60% 左右，对外部冲击载荷有着良好的冲击隔离效果。当外部控制系统失效时，可以看作被动保护装置，具有安全保险的功能。目前该装置有望用于 SSGN（巡航导弹核潜艇）武器发射防护系统。

磁流变弹性体在磁场作用下能显著改变其弹性模量，其应用装置具有无须密封、性能稳定、响应迅速等特点，在需要进行刚度控制的小振幅（小应变）振动系统中极具应用前景。磁流变液技术在减震器上的应用范围更为广阔。磁流变液的物理化学成分决定了其特定的力学特性，利用现代控制技术可以让磁流变液表现出人们所需要的性能，在洗衣机减振、汽车悬架系统、土木采矿、医疗等领域都有成功的应用，相信这项技术在我国的研究和开发会有很大的突破。

3.6.3　磁致冷材料

1. 基本概念

磁热效应：磁热效应是指在绝热条件下磁性物质（磁工质）被外磁场磁化时所发生的

温度上升或下降的现象。但狭义地应用于铁磁物质时，磁热效应是指弱磁场或中等磁场磁化时，因磁畴结构变化而伴随发生的温度变化；而磁致温差效应则指加强磁场时，由于自发磁化强度被强制增大而伴随发生的温度变化。具有磁热效应的磁性物质称为磁致冷工质材料。

致冷是指采用人工方法在一定的时间和空间内把低于环境温度的空间或物体的热量转移给环境介质，从而获得低于环境温度的空间或物体的技术。

在实际的致冷过程中，致冷剂在致冷机中循环流动，并与外界发生能量交换，实现从低温热源吸取热量、向高温热源放出热量的致冷循环。由热力学定律可知，热量只能自动地从高温物体转移到低温物体，因此，致冷的实现必须要有能量的消耗，这种被消耗的能量可以是机械能、电能、热能、太阳能、化学能等任意形式的能量。目前流行的致冷技术大多采用气体（如氟利昂）作为致冷工质，利用压缩－膨胀的循环方法，当致冷工质蒸发为气体时，通过吸收热量来获得低温环境。但是，使用氟利昂致冷剂不仅会破坏地面生物的高空臭氧层，而且排放的气体会对大气环境造成污染，引起温室效应。为了保护我们赖以生存的大气环境，联合国环境规划署已组织80个国家签署了一项协议，规定逐渐停止使用含氟致冷剂。因此，我们急需研究和发展新型的致冷技术来取代传统的致冷方法。磁致冷技术就是这样一种新兴的、绿色环保致冷技术。

磁致冷即指借助磁致冷材料（磁工质）的磁热效应，在等温磁化时向外界排放热量，退磁时从外界吸取热量，从而达到致冷的目的。

磁熵：磁熵是磁性材料中磁矩排列有序度的度量。无序度越高，磁熵就越高。当磁性材料的磁矩排列有序度发生变化时，其磁熵也随之发生变化。磁熵密度大的磁性材料的磁熵变化将伴随明显的吸热与放热效应，因而可应用于致冷技术中。

改变磁矩有序度的两个途径如下。

①通过施加外磁场来改变磁矩排列有序度，使材料的磁熵发生变化，从而引起吸热或放热，称为磁卡效应。

②加热或冷却磁性材料，使其通过磁性转变温度，磁矩排列从有序变为混乱，引起材料磁性比热容的巨大变化。

磁化使磁性体内平行的元磁体（如自旋）数量增多，从而使得交换作用能和外磁场中的静磁能降低。由于磁化是在绝热条件下进行的，降低了的那部分能量必然转化为元磁体的热能，这些热能又通过元磁体与点阵的耦合（如自旋－点阵或轨道－点阵），使整个磁性体的温度上升。相反，在绝热条件下撤去磁场，平行排列的元磁体的数量将突然减小，因而元磁体的热能减小，使磁性体变冷。

在弱磁场和中等磁场下，磁化过程通常包含畴壁位移过程和转动过程，分别又有可逆过程和不可逆过程之分，情况相当复杂。所以，至今尚无完善的磁热效应理论来对实验结果做深入的定量分析。

2. 磁致冷原理

磁致冷技术是以磁性材料为致冷工质，利用磁性材料的磁热效应来实现致冷的目的。磁致冷使用的是固态工质，它具有较大的熵密度。我们知道，物质是由原子构成的，原子是由电子和原子核构成的，电子有自旋磁矩和轨道磁矩，这使得有些物质的原子或离子带有磁矩。磁致冷材料的磁矩在无外加磁场情况下处于无序状态，磁熵较大；当磁致冷材料绝热磁化时，磁矩在磁场作用下与外磁场平行，磁有序度增加，磁熵值降低，向外界放出热量（类似于气体压缩放热的情形）；相反，当磁致冷材料绝热去磁时，材料的磁矩由于原子或离子的热运动又恢复随机排列的状态，磁有序度降低，磁熵增加，材料从外界吸收热量，使外界温度降低（类似于气体膨胀吸热的情形）。不断重复上面的循环，就可以实现致冷的目的。磁致冷原理示意图如图 3.92 所示。

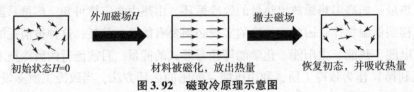

初始状态 $H=0$　　　　材料被磁化，放出热量　　　恢复初态，并吸收热量

图 3.92　磁致冷原理示意图

与通常的压缩气体致冷方式相比较，磁致冷机的体积较小。磁致冷机利用磁场变化来取代压力变化，所以在整个系统中省去了压缩机冷凝器等产生的机械运动，因此其结构相对简单，振动和噪声也大幅降低。此外，固态工质使所有的热交换能在液态和固态之间进行，因而磁致冷机的功耗低、效率高，磁致冷的效率可达到卡诺循环的 30%～60%，而气体压缩致冷一般仅为 5%～10%，节能优势显著。因此，作为磁致冷技术成败关键的磁致冷材料的研究引起了人们极大的兴趣。而室温附近的致冷与人们的生活更是息息相关，所以现在人们更为关注的是室温磁致冷。如果能实现室温磁致冷，将会产生巨大的社会效益与经济效益。实现室温磁致冷的关键是开发和研究出实用性的磁致冷工质，因此目前人类致力于寻找高效环保的室温磁致冷材料。

3. 磁致冷的发展历史

磁致冷的研究可追溯到 130 多年前，1881 年，Warburg 首先观察到金属铁在外加磁场中的热效应。1895 年，Langeviz 发现了磁热效应。Debye 和 Giauque 两位科学家分别于 1926 年和 1927 年从理论上推导出可以利用绝热去磁致冷的结论后，极大地促进了磁致冷的发展，并开始应用于低温领域。1933 年，Giauque 等人以顺磁盐 $Gd_2(SO_4) \cdot 8H_2O$ 为工质成功获得了 1 K 以下的超低温，此后磁致冷的研究得到了蓬勃发展。1954 年，Herr 等人制造出第一台半连续的磁致冷机。1966 年，荷兰的 Van Geuns 研究了顺磁材料磁热效应的应用（1 K 以下），提出并分析了 Stirling 循环。

目前在低温区（<15 K）和中温区（15～77 K）磁致冷技术研究较为成熟，但在常温区，由于磁致冷材料晶格熵的变化率很大、磁致冷循环过程中热交换较困难，以及学科交叉度高等因素造成室温磁致冷的研究进展较慢。1976 年，NASA 的 Lewis 研究中心的 G. V. Brown 首次在实验室实现了室温磁致冷。该实验装置为往复式结构，采用近似 Ericsson 循环，实现了冷源温度（272 K）、热源温度（319 K）的 47 K 温差。1978 年，Los Alamos 实验室的 W. A. Steyert 设计了一个回转式的磁致冷装置，采用 Brayton 循环磁致冷工质为 Gd，在磁场差为 1～2 T、冷热端温差为 7 K 时，获得了 500 W 的致冷功率。1996 年，美国 Carl Zimm 等人采用 Brayton 循环研制的往复式结构磁致冷机，以 Ga 为工质，在 5 T 的磁场强度下，最大可获得 600 W 的致冷功率，循环性能系数 COP 达到 15。要获得最大38 K的温度跨

度，致冷量会下降到 100 W。2001 年，美国宇航公司联合 Ames 实验室成功开发了采用永磁体提供磁场的回转式磁致冷机，在磁场强度变化范围为 0～5 T 时，获得 600 W 的致冷功率，循环性能系数 COP 达到 16，冷热端最大温差为 38 K，机组运行时间超过 1 500 h 无须维修。2002 年，Ames 实验室的科研人员研制出世界上第一台能在室温下工作的磁致冷冰箱，又与美国通用公司开发汽车磁致冷空调。目前低温（4～20 K）磁致冷机已达到实用化的程度，室温磁致冷系统的研究也有较大发展。

在磁致冷材料、技术和装置的研究开发方面，美国和日本居领先水平，这些发达国家都把磁致冷技术研究开发列为 21 世纪初的重点攻关项目，投入了大量的资金、人力和物力，竞争极为激烈，都想抢先占领这一高新技术领域。

4. 磁致冷工质的必要特征

选择实用型的室温磁致冷工质，要求磁性材料必须具有以下特征。

①由于材料在相变温度处的磁热效应最大，所以所选取的磁性工质的居里温度应处于所要求的致冷温度范围内。

②应选取热滞小或无热滞的磁性材料作为致冷工质，在磁化和退磁过程中，较大的热滞会导致较多的能量损耗，从而降低了材料的致冷效果。

③磁性材料的等温熵变与其磁矩的大小有关，因此，要求磁性材料具有较大的总角动量量子数 J 和朗德因子 g，这样可以充分利用有限的磁场获得较大的磁热效应。

④在致冷过程中，只有磁熵对磁致冷有贡献，而磁性物质还有不可忽略的晶格熵，所以应选择具有较小晶格熵和较大磁变熵的磁性材料，以保证在磁致冷循环中热负荷尽量小。

⑤致冷工质在热循环过程中要进行热交换，因此要求磁致冷材料具有较高的热导率，以减少热交换时间和热量损失，提高致冷效率。

⑥磁致冷工质还应具有较大的电阻，在外磁场变化下，较小的电阻会产生较大的涡流效应，增加热负荷，从而降低了工质的致冷能力。

⑦应尽量选取加工性能良好、价格低廉又容易获得的铁磁材料作为室温磁致冷材料。

3.6.4　磁致冷技术应用中需要解决的问题

科技的进步极大地促进了磁致冷技术的发展，然而常温磁致冷技术在应用中仍然面临许多亟待解决的问题。

1. 开发高性能磁工质

G. V. Brown 在进行他的经典性的室温磁致冷实验时，用的磁工质是 Gd。在他以后，许多专家着手研制新的室温用磁热材料，主要的寻找目标集中在 Gd 基化合物及其他重稀土和重稀土–过渡金属化合物上。在目前条件下，Gd 无疑还是一种极好的室温磁致冷工质，但是，对于希望能够实现民用化的永磁室温磁致冷来说，若仍以 Gd 为工质，显然是不合适的，一方面，低磁场（1 T 左右）下 Gd 的一次循环温降过小，不能满足实用化要求；另一方面，Gd 价格高昂，不适合大规模推广。因此，开发新型磁工质显得十分重要。

2. 磁体制造与磁场设计

按照磁场产生的方式，磁体可以分成超导磁体、电磁铁式和永磁铁式。超导磁体和电磁铁式因产生的磁场费用高，制造、维护困难等特点而逐渐不再被人们所采用。对于永磁体磁化场来说，须采用有限元方法对永磁体磁场分布进行模拟分析，根据场型分析指导磁体结构设计。另外，研究发现，磁体极内表面的平整程度对磁场分布影响很大，因此，这对磁体的加工制造也提出了更高的要求。

3. 蓄冷器及换热技术

理论和实验都已证实，在低于 1.5 K 的温区，晶格负荷很小，卡诺循环是适用的；在 1.5～4.2 K 的温区，虽然晶格熵已抵消了部分磁熵的作用，但只要工质选择合适，卡诺循环仍是可行的；当致冷温度为 4.2～20 K 时，晶格熵随温度的升高而急剧增大，造成状态变化过程中的有效熵变很小，这时必须给磁性物质施极高的外磁场（10 T 左右）方能实现致冷。随着超导磁体的发展，获得如此强的外加磁场已不再是太困难的事，同时，磁工质的性能也有了相应的改善，故在上述几个温区内的磁致冷技术在近 30 年来已日趋成熟。然而在 20 K 以上，尤其是近室温区，用提高外加场强的方法来增加系统状态变化过程中有效熵变的手段，从工艺性和经济性两方面来说无疑都是不现实的。为使致冷过程能在这种条件下得以进行，必须设法取出晶格负荷，即在原有的卡诺循环致冷机上外加一蓄冷系统。蓄冷器的作用如同一个热飞轮，在循环的某阶段它将储存由晶格释放的热量，以后再释放出来。磁致冷实际效率的高低主要取决于蓄冷器及换热器的性能，要使磁性工质产生的热（冷）量尽可能快地被带走，就要提高蓄冷器和外部换热器效率。

磁致冷系统是一项庞大的工程，涉及多个学科的交叉，并且它是一项利国利民的绿色技术。现在世界各地的科学家对此产生了很大的兴趣，积极投身到这项工程的研究当中，并取得了可观的成绩。相信在不久的将来，室温磁致冷作为一种绿色环保的致冷技术，凭借其可靠、高效的特性将会走进千家万户。

3.7　智能高分子材料

3.7.1　基本概念

智能高分子材料又称智能聚合物、机敏性聚合物、刺激响应型聚合物、环境敏感型聚合物，是一种在不同程度上能够感知或监测环境的变化，进而能进行自我判断并得出结论，最终进行或实现指令和执行功能的新型高分子材料（图 3.93）。智能高分子材料是智能材料的一个重要组成部分。

与普通功能材料相比，智能高分子材料所具备的优势就在于其具有反馈功能，能根据反馈所得信息实现对环境的响应，依据其对酸碱度、温度、光照、电磁场、内外界压力、声、离子强度、生物的敏感性与响应性，被制成各种各样的敏感元件。智能高分子材料与仿生学和生物信息的紧密联系，被誉为材料科学史上的一大飞跃。

近 10 年来，对智能高分子材料的研究已成为新型功能材料的研究热点，可以预见，在不久的将来这一研究的成功必将产生极大的波及效果，特别是将来可能左右航天航空、原子能、生物领域等尖端产业的发展。

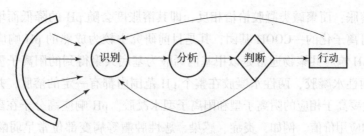

图 3. 93　智能高分子材料感知决策示意图

　　智能高分子材料的种类繁多，可以根据其形态和尺寸、来源、构成高分子的网络交联方式、对外界刺激响应的敏感度等进行分类。根据来源，可将其分为天然智能材料和合成智能材料；根据构成高分子网络交联的方式不同，可将其分为化学交联智能材料和物理交联智能材料；而根据有无外界刺激，又可将智能材料分为刺激 – 响应型智能材料和自振荡型智能材料两类。这里主要介绍刺激 – 响应型智能高分子材料。

3. 7. 2　刺激 – 响应型智能高分子材料

　　1. 刺激 – 响应型材料的概念及分类

　　刺激 – 响应型高分子材料被认为是智能高分子材料的代表之一，它也是目前最常见且研究最广泛的一类智能材料，其自身可以感知外界环境的细微变化（刺激），从而做出响应，产生相应的物理结构和化学性质的变化甚至突变，其刺激 – 响应过程如图 3.94 所示。Tanaka 等人认为诱导高分子发生相转变的作用力主要有四种：疏水相互作用、亲水相互作用（包括水的溶剂化作用和氢键）、离子间的静电相互作用及范德华力。随着外界环境的不断变化，这四种作用力之间互相竞争，从而引起高分子链段构象的变化，最终导致了相转变的发生。所以，根据其对不同外界环境、条件变化的敏感性，可以将刺激 – 响应型高分子材料分为 pH 敏感型、温度敏感型、电场敏感型、磁场敏感型、光敏感型及化学物质敏感型等。

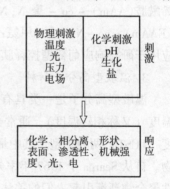

　　2. pH 响应高分子材料

　　pH 响应高分子材料的体积或形态会随着 pH 的改变而发生变化。这种应激响应变化是基于分子及大分子层面的，它具有良好的可重现特性。由于 pH 响应高分子材料的性质特

**图 3. 94　智能高分子材料的
刺激 – 响应过程**

殊，并且用途广泛，因此引起了国内外诸多专家、学者的广泛关注，并有一大批人投入时间、精力致力于开发这一类新材料。pH 响应的高分子水凝胶中四种作用力共同起作用引发pH 响应，其中起主要作用的是离子间作用力，而另外三种作用力则相互影响和制约。大体来讲，pH 响应高分子材料中都含有弱酸（碱）性基团，它们会随着介质的离子强度和 pH而改变，当基团发生电离时，会使高分子内外的离子浓度发生改变，并会引发大分子链段间的氢键断裂，导致不连续体积溶胀或溶解度变化。当 pH 较低时，聚酸类的凝胶中羧酸基团不会发生解离，凝胶相对而言不溶胀，但随着 pH 的升高，羧酸基团便会解离，电荷密度增

大，聚合物将溶胀；而聚碱类凝胶恰恰相反，即其溶胀度会随 pH 的降低而增大。丙烯酸类高分子中含有可离子化的—COOH 基团，其是目前研究中较为成熟的 pH 响应高分子材料之一。丙烯酸类 pH 响应共聚物通常是以甲基丙烯酸为基底共聚得到的阳离子型水凝胶、阴离子型水凝胶及两性水凝胶，两性水凝胶在整个 pH 范围内都有一定的溶胀，并且在中性介质中，其溶胀速度要高于相应的阴离子型和阳离子型水凝胶。pH 响应高分子在药物控制释放领域中具有重要的应用价值。例如，炎症、感染、恶性肿瘤等病变部位常呈弱酸性（pH 为 6.0 左右），pH 敏感性药物控释载体可使药物选择在病变部位释放，从而提供了一种安全有效的治愈途径；在口服给药方面，由于胃和肠道分别呈酸性和中性，利用 pH 敏感性药物控释载体可使药物在胃中不释放而在肠道中释放，提高药效，反之亦可。

IPN（互穿聚合物网络）水凝胶由于拥有不同于共聚物与接枝类聚合物的性能而成为该领域的研究热点。研究表明，PVA（聚乙烯醇）/PAA（聚丙烯酸）互穿网络结构水凝胶的溶胀性可以通过 pH 与温度共同控制，用于包覆消炎药的释放研究，药物释放方式是脉冲式的。Gupta 等用糖胶、壳聚糖、戊二醛制备了交联微球，以维生素 B_1 – HCl 作为模型药物实现控制释放，结果充分说明这种模型具有巨大的应用潜力。半互穿网络交联水凝胶壳聚糖/聚醚在不同 pH 的缓冲溶液中表现出不同的溶胀行为。交联的壳聚糖/蚕丝蛋白半互穿网络结构聚合物中形成较强的氢键作用，同时显示出优良的离子及 pH 敏感性。壳聚糖中的—NH_2 能够同果胶的—COOH 基团形成复合电解质，从而制备出分离膜，其溶胀行为的 pH 依赖性为当 pH<2 与 pH>7 时溶胀较明显。此分离膜的构成全为生物大分子，有望用于提纯生物产物的超滤膜，进行蛋白质的分离。Yuk 等合成了具有 pH、温度双重敏感性的丙烯酰胺（AAm）– co – 聚 N, N – 二甲氨乙基甲基丙烯酸酯（DMAEMA）与聚乙基丙烯酰（EAAm）– co – N, N – 二甲氨乙基甲基丙烯酸酯水凝胶。将 P（DMAEMA – co – EAAm）体系应用于研究响应葡萄糖控释胰岛素，并取得了良好的效果。

3. 温敏型高分子材料

温敏型高分子是一类具有温度敏感性的聚合物。温敏材料的最大特点就是存在临界溶液温度（又称相转温度），通常分为具有最高临界溶液温度（UCST）和具有最低临界溶液温度（LCST）两种类型。其中最具代表性的就是聚 N – 异丙基丙烯酰胺（PNIPAm）与其共聚物。自从 Scarpa 于 1967 年率先报道 PNIPAm 在水中的低临界溶解变温度约 31 ℃以来，温敏性聚合物渐渐引起人们的关注。就线型的温敏性聚合物而言，温度低于 LCST 时，聚合物可溶解在水中形成均相溶液；当环境温度高于 LCST 时，出现相分离，聚合物将会从溶剂中析出，溶液黏度显著增大。就交联的聚合物水凝胶而言，当环境温度在 LCST 以下时，会发生吸水溶胀；当温度升高至 LCST 附近时，凝胶的溶胀比（溶胀平衡的凝胶质量与干凝胶质量比）会发生不连续突变，其体积变化程度可达数倍甚至数百倍，且此现象是可逆的。PNIPAm 产生温敏特性的机理是：PNIPAm 分子内具有一定比例的亲疏水基团，它们与水在分子内和分子间产生相互作用力。低温时，PNIPAm 的分子链溶解于水时，在范德华力与氢键的作用下，大分子链附近的水分子会形成溶剂化层，这种溶剂化层的有序化程度较高，且它是通过氢键来连接的，能够使高分子结构类似于线团状结构。当温度上升时，PNIPAm 和水之间相互作用的参数会产生突变。有一部分氢键将被破坏，大分子链的疏水部分溶剂化层被破坏，随着 PNIPAm 大分子内与分子之间的疏水相互作用力加强，疏水层形成，水分子从溶剂化层排出，这时高分子会由疏松的线团结构转变为紧密的胶粒状结构，进而产生温敏性。PNIPAm 类水凝胶在物料分离、药物释放、免疫分析、固定化酶等诸多方面具有广阔的应用前景。近些年来，国内外许多学者对其进行了大量的研究。Jeong 等人将 NIPAAM 与甲基丙烯酸丁酯的共聚物凝胶作为药物吲哚美辛的载体，在 pH 为 7.4 的磷酸生理盐水的缓冲液中进行温控释药的测试，发现凝胶体系的温度在 LCST 的附近交替变化时，可开关式地控制药物释放。NIPAAm 与官能性的单体如甲基丙烯酸缩水甘油酯（GMA）或 N－丙烯酰氧基苯邻二甲酰亚胺（NAPI）的共聚，形成功能化的温敏型聚合物，通过耦合反应使聚合物和酶合成具有温度敏感性的生物大分子，从而实现酶固定化。利用 PNIPAm 的温敏特性还可以制作具有温敏性的多孔玻璃、功能膜及具有"开关"能力的温度敏感超滤膜等，这类膜具有不惧高温高压、耗能少、易再生，也不易使蛋白质中毒等优点，因此有利于分离稀溶液及生物物质，可以依据要求分离和浓缩的物质的分子尺寸或者分子性质设计凝胶交联密度与单体单元结构。PNIPAm 能够与生物大分子发生耦合反应来制备生物功能性材料。通过羟基化与接枝 PNIPAm 可以制备温敏性聚苯乙烯盒，环境温度低于 LCST 时，盒内表面表现出亲水现象，细胞得以快速生长；高于 LCST 时，则盒内表面表现出疏水现象，使得细胞脱附。

4. 电场敏感型高分子材料

电场敏感型高分子材料是一类在电刺激下可以引起构象变化的智能型材料，其主要特点是可以将电能转化为机械能，因此，在机器人、传感器、可控药物释放、人工肌肉等领域都有广泛的应用前景。Hamlen 等人发现 PAANa（聚丙烯酸钠）和 PVA 构成的凝胶纤维能够在外加直流电压下产生收缩－溶胀现象，因此最先提出利用电响应型凝胶制造人造肌肉的可能性。随后一系列具有电制动性能的聚合物凝胶材料，例如 PAM（聚丙烯酰胺）、PVA、PAA 及它们的共聚体被成功研发和制备出来。但这些凝胶普遍都有响应速度慢、需在酸碱性环境中才能实施电敏感实验等缺点。Moschou 等人在 PAA/PAM 水凝胶中掺杂具有导电性的吡咯/炭黑混合物制备了一种新型仿生学人造肌肉。这种材料有着很快的电响应制动性能，在中性溶液及很小的外加电压下也表现出优良的电响应特性。Osada 等人在 1992 年成功研制了称为 "gel looper" 的人造爬虫，率先使用凝胶材料人工实现了类似动物的动作。该人工爬虫由 PAMPS 电解质凝胶构成，将凝胶整体浸入含有低分子盐及表面活性剂的溶液里，凝胶上下各安装一对电极，在通电后，由于凝胶产生的弯曲及伸展运动而向前爬行。此外，Hirai 等人把经 DMSO（二甲基亚砜）浸渍的戊二醛交联 PVA 凝胶放入交流电场中进行测试，完美地使 PVA 板模拟翅膀的扑扇运动，如图 3.95 所示。

Nishino 等人详细报道了凝胶应用为化学阀的理论依据与实验模型。刘沿等人合成的聚合物通过调节 pH 与外加电场可改变它的渗透速率，实现可逆的控制。过俊石等人也采用聚合物共混制备了一种分子间络合物，化学阀的特性在其薄膜中也可较好地体现。电场敏感水凝胶作为一类智能型水凝胶有着广阔的应用前景。但就目前而言，制备电场敏感水凝胶的原材料绝大多数是合成高分子，它们的生物相容性较差，从而限制了这种材料应用于在生物医药等方面。因此，利用有较好生物相容性的天然高分子聚电解质材料生产具有良好力学性能、响应速度快的水凝胶已经成为电场敏感水凝胶研究的热点。

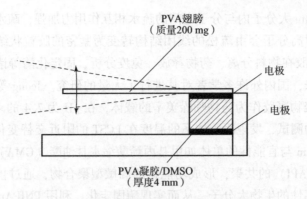

图 3.95　由交流电场引起 PVA 凝胶翅膀扑扇运动

5. 磁场响应型高分子材料

在磁性材料领域，含铁族或稀土金属元素的合金和氧化物等无机磁性材料占绝大多数，但由于密度大、脆硬、加工成型困难等原因，其在一些特殊场合下的使用受到限制。然而功能有机高分子加工性能优越、分子结构变化多端、物质柔韧质轻，具有无机材料无法取代的特性，因此，将无机磁性材料与高分子复合制成磁性高分子复合材料成为磁性材料的发展趋势。

采用磁性微球作为酶的固定载体，可以实现利用外部磁场来控制磁性材料酶固定的运动方式和运动方向，从而提高固定化酶的催化效率；并且可以重复使用，操作简单，很重要的一点是能够降低成本；还可以保持酶的稳定性和活性；可以改善酶的亲疏水性、免疫活性、生物相容性；把多种酶结合在微球之上，磁性载体固定化酶放入磁场稳定的流动床反应器中，能够减少反应体系的操作，适用于大规模的连续化生产。Bahar 等人合成了表面带有活性基团的聚苯乙烯微球，将其用于固定化葡萄糖淀粉酶，固定酶的最佳条件和酶的固定化率都非常好。Molday 等人将平均粒径为 40 nm 左右的磁性微球用于分离被标记的老鼠胸腺细胞和人体血红细胞。

磁响应性聚合物微球得到了科学家们的广泛关注，特别是在生物领域的应用得到了各国科学家的高度重视，成为生物医学材料研究领域中的一个热门课题。磁性水凝胶有望在药物载体、靶向释药研究领域有新的发展。

6. 光响应高分子材料

光响应高分子材料是一类吸收光能后，分子内或分子间能够产生物理和化学变化的功能高分子材料。随着分子结构或形态的转变，材料的宏观性质如颜色、形状、折射率等发生变化。光能具有瞬时性、远程可控性等优异的特性，是一种环保型能源，通过一定的设计，光响应高分子材料可以产生光致形变或具有形状记忆的功能。这类材料在光的刺激下会发生几何尺寸的变化，在尺寸变化的过程中，材料产生一定的宏观运动，即产生了机械能。机械能可以被直接利用，同时推动了各种自动装置及器件制备行业的发展，因此光响应高分子材料及其器件的开发和应用成为最近各国科学家们研究的热点。

研究表明，在水凝胶所包覆的大量水中溶入另一种温敏性聚合物可制备高分子光敏性遮光材料，该类材料存在一个"开关"温度 T_s，在"开关"温度以下，凝胶网络呈透明状，

当温度升至 T_s 以上时，温敏性聚合物开始脱水，不溶于水的部分沉淀，实现相分离，进而产生微粒，成为光散射中心，使透明的凝胶变为乳白色溶液，引起透光性的剧烈变化。这种材料对水溶解特性的温度依赖性是可逆的，体系的浊点在 20 ~ 100 ℃ 范围内可调节。利用光敏高分子材料的体积相变等特性，可以研究开发光传感器、光开关、光调节器等。该类光响应高分子凝胶材料功能的实现完全由光强度来控制，不需要任何外部动力的介入，使得材料容易被小型化、微型化，可以成为微型机器人与微机电系统的制动部件；此外，光具有远程和精确控制的优越性能，使该类光敏感高分子材料在航空和国防等领域也具有极大的应用潜能。因此，近年来以光响应高分子凝胶为代表的这类光响应智能高分子形变材料受到科学界的广泛关注。

7. 化学物质刺激响应型高分子

（1）CO_2 响应型

近年来 CO_2 智能响应型材料的概念被越来越多的重视，就目前来说，CO_2 智能响应型材料主要有 CO_2 智能响应型乳液、CO_2 智能响应型溶剂、CO_2 智能响应型溶质、CO_2 智能响应型凝胶、CO_2 等气体吸附性材料、CO_2 智能响应型囊泡、CO_2 智能响应型表面等（图 3.96）。根据对 CO_2 响应型基团的种类不同，其可分为胺基和脒基两大类。

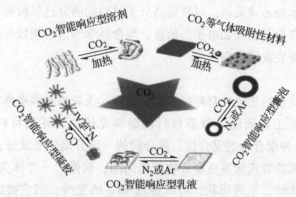

图 3.96　二氧化碳响应型智能材料的种类

（2）葡萄糖响应型

目前智能给药系统载体大多是围绕控制胰岛素释放所设计的。用于胰岛素释放系统载体的葡萄糖敏感水凝胶，是利用水凝胶载体含有对葡萄糖溶液浓度敏感的基团，在达到条件后，水凝胶进行收缩，使胰岛素释放，来模拟健康胰腺细胞释放实验的。即当溶液中葡萄糖浓度升高时，葡萄糖敏感的水凝胶可以吸收血液中的葡萄糖分子，从而使糖尿病患者能够自由地维持正常的血糖浓度。

3.7.3　智能高分子材料的发展

智能高分子材料由于其优良的性质而引起各国的重视，发展极为迅速。早在 2002 年，美国和德国科学家就研发出可自动打结的智能塑料线。这种智能塑料是由有形状记忆功能、可生物降解的聚合物制成的，具备自动打结的"智能"，并随着伤口愈合而自动"拆线"，在伤口缝合等医疗领域有潜在用途。

2011 年，美、日科学家就提出了将智能高分子材料作为新兴的高分子材料这一概念。2011 年 4 月，美国科学家发明了一种在光的作用下可自行修复的智能高分子材料。专家称这种神奇的材料不但能延长塑料的寿命，还能提高以塑料为原料的产品的持久性，如常见的家居用品袋子、储物箱、内胎，甚至是十分昂贵的医疗设备。

2011 年 6 月，在奥地利林茨电子艺术中心举行了第一届国际智能塑料会议。来自法国、德国、瑞士、荷兰和奥地利的 50 个公司参加了这次会议。专家们大胆地提出将塑料与电子相结合的想法，如设计不需要开关和按钮的仪表盘，具有灵活性的太阳能电池，或者是将医疗诊断系统与塑料技术相结合。

英国斯特拉思克莱德大学教授安德鲁·米尔斯也于 2011 年研发出一款能辨认食物是否过期、食物新鲜程度的智能高分子塑料袋。米尔斯在接受英国《每日邮报》采访时表示，如果肉、鱼和蔬菜等食物超过保质期或在冰箱外放置过长时间，这种智能塑料包装袋就会改变颜色，提醒人们把密封的食物储存在冰箱中。米尔斯表示这一项目着重于将研究理念变成商业产品，并希望它能直接地对肉类和海鲜工业产生积极影响。

3.7.4　智能高分子材料的应用

随着材料科学技术的迅速发展，对智能高分子材料的研究已经取得了一定的进展，尤其是刺激–响应型智能高分子已在如电子、信息、生命科学等诸多领域得到了广泛的应用，成为智能高分子材料的重要发展方向之一。

1. 新型建筑材料

数千年来，人们建造的建筑物都是模拟动物的壳，天花板和墙壁都密不透风，以便把建筑物内外隔开。科学家正在研制一种能自行调温调光的新型建筑材料，这种制品叫"云胶"，其成分是水和一种聚合物的混合物。聚合物的一部分是油质成分，在低温时，油质成分把水分子以一种冰冻的方式聚集在聚合物纤维周围，就像"一件冰夹克衫"。像绳子似的聚合物是成串排列起来的，呈透明状，可以透过 90% 的光线。当它被加热时，聚合物分子就像"面条在沸水里"那样翻滚，并抛弃它们的像冰似的"冰夹克衫"，使聚合纤维聚合在一起，此时"云胶"又从清澈透明变成白色，可阻挡 90% 的光。这一转变大部分情况下在两三摄氏度温差范围内就能完成，并且是可逆的。

建筑物如果具有这样的"皮肤"，就可以适应周围的环境。当天气寒冷时，它就变成透明的，让阳光照射进来。当天气暖和且必须把阳光挡住时，它就变得半透明。一个装有云胶的天窗，当太阳光从天空的一端移向另一端时，能提供比较恒定的进光量。充满云胶的多层玻璃，不仅可以做天花板，而且可以做墙壁。

2. 智能塑料

德国著名的化工集团巴斯夫公司正在研制一种智能塑料，它可以按人们的需要时而变硬时而变软，这种名为"施马蒂斯"的塑料是由这家公司的工程师舒勒发明的。他在烧杯中倒入一种乳白色流体，用一根金属棒搅拌，液体渐渐变稠，最后成为硬块，接着硬块又在顷刻之间变成液体。如果急速把金属棒从液体中抽出，那么液体就会像胶水一样把金属棒拉住，只有非常缓慢地提起，才能抽出金属棒。据舒勒说，造成这种现象的原理是，这种塑料的溶剂是水，其微小的颗粒排列整齐时呈液体状，受到干扰时就呈固体状，因而人们可通过各种外因来变换它的物理状态。这种塑料能自行消除外来的撞击，特别适用于车辆的缓冲器，用这种塑料制成的油箱即使被坦克压过，也不会破裂，用于建房则抗震性能特强。如果在桥梁钢架上套上一层用这种塑料制成的微型管道网，其中储存有防锈剂，一旦钢架生锈，管道就会自行熔解，释放出防锈剂。

3. 液晶膜

日本研制的用高分子聚碳酸酯与液晶结合而成的液晶膜或人工分离膜已在医药工业得到应用。例如，在医疗中，将薄膜做成胶囊状，把消炎剂放在里面，然后将胶囊埋入发炎部位，胶囊可依据患处发炎而引起的温度变化及时释放出药剂，达到预期的治疗目的和治疗效果。在食品工业方面，利用人工膜可研制出"辨味机器人"的味觉感知器，并可改进或制造所需的各种食品成分。又如，用薄膜技术可浓缩葡萄汁，提高葡萄酒的味质；可制造低盐分酱油、纯化果汁、给食品着色等。这既可改进食品质量，增强人的食欲，又可扩大食品销售市场，提高食品工业的经济效益。

4. 智能皮肤

把高分子材料和传感器结合起来，已成为智能材料的一个新的特点。意大利在研制有"感觉"功能的"智能皮肤"方面，已处于世界领先地位。1994 年，意大利比萨大学工程专家德·罗西根据人类皮肤有表皮和真皮（外层和内层）组织的特点，为机器人制造了一种由外层和内层构成的人造皮肤，这种皮肤不仅富有弹性，厚度也和真的皮肤差不多。为了使人造皮肤能"感知"物体表面的质感细节，德·罗西的研究小组还研制了一种特殊的表皮，这种表皮由两层橡胶薄膜组成，然后在两层橡胶薄膜之间放置只有针尖大小的传感器，这些传感器是由压电陶瓷制成的，在受到压力时，就产生电压，受压越大，产生的电压也就越大。据报道，德·罗西制成的这种针尖大小的压电陶瓷传感器很灵敏，对纸张上凸起的斑点也能感觉到，铺上德·罗西研制的人造皮的机器人，可以灵敏地感觉到一片胶纸脱离时产生的拉力，或灵敏地感觉到一个加了润滑剂的发动机轴承脱离时摩擦力突然变化的情况，迅速做出握紧反应。

5. 智能织物

美国学者将聚乙二醇与各种纤维（如棉、聚酯或聚酰胺/聚氨酯）共混物结合，使其具有热适应性与可逆收缩性。所谓热适应性，是赋予材料热记忆特性，温度升高时纤维吸热，温度降低时纤维放热，此热记忆特性源于结合在纤维上的相邻多元醇螺旋结构间的氢键相互作用。当环境温度升高时，氢键解离，系统趋于无序，线团松弛过程吸热；当环境温度降低时，氢键使系统变得有序，线团被压缩而放热。这种热适应织物可用于服装和保温系统。其中包括体温调节和烧伤治疗的生物医学制品及农作物防冻系统等领域。此类织物的另一功能是可逆收缩，即湿时收缩，干时恢复至原始尺寸，湿态收缩率可达 35%。可用于传感/执行系统、微型马达及生物医用压力与压缩装置。如压力绷带，它在血液中收缩，在伤口上所产生的压力有止血作用，绷带干燥时压力消除。当前，分子纳米技术与计算机、检测器、微米或纳米机器的结合，又使织物的智能化水平提高一大步，自动清洁织物、自动修补织物等越发引起人们的注意。

在战争中,智能织物可以赋予作战服更多功能,如安全防护功能,对于减少士兵的负重和提升战斗力都很有必要。智能服装可以集成报警、定位和传感系统于一体,从而提高对人的防护能力。美国军方研究人员用以聚乙炔和聚苯胺等为包敷层的光纤传感器镶嵌织物,利用聚苯胺吸收酸性或碱性物质后光谱吸收性能的变化来实现对战时的化学或生物物质的探测。美国科学家还研制了一种自动报警智能服装,在织物中植入一些光导纤维传感器,当传感器接触到特殊气体、生物化学物质、电磁能或放射性物质时,会发出报警声,可保证工作人员在放射性、有毒环境中及战场上的安全。美军开发的采用电致变色光敏材料的变色伪装系统,将可对电场变化做出响应的液态染料和固态颜料混合物填充到中空纤维中或改变光纤的表面涂层材料,其中噻吩衍生物聚合后特有的电和溶剂敏感性受到格外重视。电场变化由配有电脑的摄像头根据周围环境的不同而产生,这样由染料和颜料混合物共同决定的颜色就会发生改变,于是该系统便会根据士兵周围的环境而产生不同的伪装效果。

6. 智能药物释放体系

传统的低分子药物是通过口服或注射等方式全身给药的,刚投入时,体内药物的浓度急剧增高,由于代谢作用,浓度很快降低,所以必须大剂量反复地投药,这样常常会引起许多副作用。如果把低分子药物与高分子化合物结合起来,就可以将高毒的药物制成低毒的甚至无毒的制剂,可以使药物在指定的部位持续而稳定地发挥作用,或者减少药物的用量和给药次数,控制药物的吸收速度和排泄速度,维持体内所需要的浓度。所以有关智能药物释放体系的研究非常活跃,特别是高分子抗癌药物的开发日渐增多。如磁性微球制剂是国内外正在研究的一种新剂型。这种制剂是将药物和磁性物质共同包埋于载体中,在外界磁场的作用下到达并固定在病变部位,使所含药物得到定位释放,集中在病变部位发挥作用,从而达到高效、速效和低毒的治疗效果,而磁性微球可定期安全地排出体外。

7. 隐形材料

随着军用探测技术的迅速发展,军事目标面临着各种雷达探测系统、红外探测系统及光学观测系统日趋严重的威胁,导弹技术的发展使目标几乎处于"被发现即等于被命中摧毁"的程度。因此,提高军事目标的生存能力,降低被探测和发现的概率,对于现代战争来说,具有十分重要的意义。相对于目标而言,背景是十分复杂并且不断变化的,所以使用一成不变的隐身技术手段很难真正达到良好的隐身效果。20世纪80年代末,美国和日本的科学家首先提出了智能材料的概念,智能材料是一种能从自身表层或内部获取关于环境条件及其变化信息,进行判断、处理和反应,以改变自身结构与功能并使其很好地与外界协调,具有自适应的材料系统。在武器装备隐身化和新军事变革的大背景下,智能隐身材料的研究得到了各国的高度重视。智能隐身材料是伴随着智能材料的发展和装备隐身需求而发展起来的一种功能材料,它是一种具有对外界信号感知功能、信息处理功能、自动调节自身电磁特性功能、自我指令并对信号做出最佳响应功能的材料/系统。区别于传统的外加式隐身和内在式雷达波隐身思路设计,为隐身材料的发展和设计提供了崭新的思路,是隐身技术发展的必然趋势。高分子聚合物材料以其可在微观体系即分子水平上对材料进行设计,通过化学键、氢键等组装而成,具有多种智能特性,而成为智能隐身领域的一个重要发展方向。

8. 装饰娱乐

变色织物用变色纤维或将变色材料封入微胶囊后整理而得,随着外界环境改变而变色,按变色条件，可分为光敏变色、温敏变色、湿敏变色、生化变色、辐射变色等。热敏变色织物可以采用微胶囊技术，把热敏性染料颗粒封入微胶囊中，并把微胶囊涂层或通过印花工艺与织物表面相结合制成热敏变色织物。当织物周围的环境温度发生变化时，染料颗粒就会进行反应，发生各种颜色的变化。如日本御国色素公司的 Hibrid – E 是液晶微胶囊、Hibrid – S 是热敏色素微胶囊。光敏变色织物在外界光线发生变化时，颜色将发生明显变化或面料表面会巧妙浮现出各种图案和花纹，产生"动态"的效果。如提高光敏剂的抗氧化能力，可延长使用寿命。现在的光敏变色涂料主要是受紫外线照射发生色调变化，即无色变蓝色、无色变紫色。这些变色织物可用于泳衣、女士服装、滑雪服、儿童服、装饰品、趣味玩具等。英国科学家正在研制一种智能衣料，由"普通"布料和一种制作精巧、可以导电的浸碳纤维网构成，在织物施加压力后，通过导电纤维的低电压信号形式被改变，一个简单的计算机芯片就可判断出布料被触及的位置。这种材料可以洗涤，即便揉成一团，也不会损坏，该技术可以用于娱乐行业，如做成纤维键盘或儿童玩具。

9. 其他应用

美国的一些桥梁专家正在研究主动式智能材料，能使桥梁出现问题时自动加固；美国密歇根大学则在研究一种能自动加固的直升机水平旋翼叶片，当叶片在飞行中遇到疾风作用而猛烈振荡时，分布在叶片中的微小液滴就会变成固体而自动加固；人们还研究一种住宅用的"智能墙纸"，当住宅中的洗衣机等机器产生噪声时，智能墙纸可以使这种噪声减弱。

总之，高分子智能材料已成为材料科学的一个重要研究领域，各国科学家正在为此做不懈的努力。人类发展的历史证明，每一种重要材料的发现和利用，都会把人类支配和改造自然的能力提高到一个新的水平，给社会生产力和人类生活带来巨大的变化，把人类物质文明和精神文明向前推进一步。可以肯定地说，终有一天各种各样实用的智能材料会大量出现在人们的面前。

3.8　其他智能材料

材料是人类赖以生存和发展的物质基础，尤其是在现代社会中，材料已成为国民经济建设、国防建设和人民生活的重要组成部分。现代科学技术的发展，要求不同类型的材料之间能相互代替，充分发挥各类材料的优越性，以达到物尽其用的目的。现代材料科学技术的发展，促进了金属、非金属无机材料和高分子材料之间的密切联系，从而出现了一个新的材料领域——智能材料。智能材料以一种材料为基体，另一种或几种材料为增强体，可获得比单一材料更优越的性能。此外，新的智能材料也在源源不断地被发明出来，不仅在航空航天领域，还在现代民用工业、能源技术和信息技术等方面不断地扩大应用。

3.8.1　像魔毯一样神奇的新型智能材料

华盛顿州立大学科研人员研发出一种智能材料，可在光或热的刺激下改变自身形状。这种材料看上去就像魔毯一样神奇，它能够对诸如光和热之类的外界刺激做出伸缩反应。研究人员称，该材料是第一种集形状记忆、光敏形变和损伤自愈功能于一身的材料。

华盛顿州立大学的研究团队采用了一种被称为液晶网络的长分子链材料做基底，这是一种各向异性材料。研究人员利用液晶网络材料在受热时变形的特点，将其制成具有三维形变功能的材料。他们向基底中添加了其他分子，使得材料可以对偏振光做出反应。此外，研究人员还用化学处理手段来提高材料的自愈能力。因此，这种材料就具备了形状记忆、光敏变形和损伤自愈三种功能。在光或热的刺激下，最终的复合材料将展开成另外一种形状，在刺激消失后变回原状（形状记忆功能），并可以在受到损伤后自我修复。例如，用剃刀片在材料块上割开一个口子，然后用紫外光照射该材料，则该缺口可以自行修复。该材料的形变方式还可以自行设定。该材料的"变形"行为可以预先设定，其特性也可以定制。这种材料有广阔的应用前景，可用来制造机器的运动部件、药物载体和自组装设备，还可以用来改变形状，使卫星在无须电池驱动机械装置的情况下展开太阳能电池板。

3.8.2 高温下可扭动卷曲的新型智能材料

MIT Self – Assembly 实验室的研究人员发布了一种可修改的材料，它可以对热量的改变做出回应，如图 3.97 所示。就像众所周知的拉胀材料，一种与人类毛孔有着相似原理的高温活跃型材料，在不同的温度下会变得紧绷或松弛。传统材料在拉伸时有变薄的趋势，而这种材料却可以向各个方向膨胀，在压缩时也可以完全收缩，实现了低温条件下可以隔绝气流，高温环境中可以使空气流通，一切全部取决于材料的孔隙。与传统的拉胀型材料相比，高温活跃型拉胀材料展现了更强的自主性，其环境回应性、易定制性，都为设计和建造材料创造了更大的可能性。这种新型智能材料的自我意识和响应性是依靠某些编程，通过一个额外的可变能量来源，如温度、湿度、光和压力来重组和控制材料的自然结构。因其对能量的高吸收力和断裂阻力，传统拉胀材料的应用范围可以从包装到防弹衣再到海绵拖把。高温活跃型拉胀材料已经应用在服装设计之中，而这种响应型技术应用到建筑制造当中也只是一个时间问题。

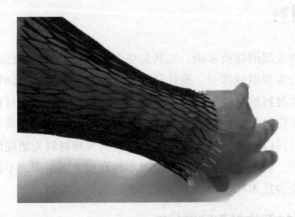

图 3.97　在温度变化作用下可扭动卷曲的新型智能材料

3.8.3 拉伸时改变颜色与透明度的新型智能材料

鱿鱼、墨鱼、章鱼等海洋动物，可以通过选择性地收缩肌肉以改变色彩。这种令人难以置信的特性，也激发了科学家们的想象。据外媒报道，康涅狄格大学的研究人员打造出一种能够在机械应力下改变颜色和透明度的新型材料。其统称为"机械色变"（mechanocromics）材料，可用于从智能门窗到设备物理加密等领域。由于分子间相互作用的中断，这种高分子聚合物可以在剪切/拉伸/摩擦力的作用下，改变其反射/吸收光线的特性。研究人员已经利用这种属性打造出了四种不同类型的机械色变装置。这种材料会在拉力强度增大时，从绿变黄再变橙。由这种材料制作的装置可以在力的作用下改变透明度——拉伸时变得更加透明，放开后又会变得不透明，并且这种变化是可逆的。研究人员指出，这种类型的设备可被用于智能门窗，其只需轻微的拉力就可以在透明和不透明间自由切换。

3.8.4　随压力变化而改变硬度的新型智能材料

爱荷华州立大学的研究人员研制了一种新的智能和敏感材料，能够像肌肉一样变硬。这种新型复合材料不需要外部能源如热量、光线或电力来改变其性能，并能够以许多形式使用，在医药和工业领域具有潜在的应用前景。研究人员指出，这种新材料可以用于医药领域，支持脆弱的组织或保护有价值的传感器；还可以用于生物启发机器人或可穿戴电子设备。

3.8.5　可根据 WiFi 信号改变颜色的毯子

WiFi 挂毯连接到控制器，它能够探测到由手机、电脑和其他智能设备发出的信号。当它检测到活动时，控制器将无线信号转换成电流，该电流通过一系列电线传送到挂毯。嵌入挂毯中的热元件将电流转换为热量，这导致热致变色纱线改变颜色。一旦有电流通过，纤维就会从蓝色变为银白色，如图 3.98 所示。

研究人员用感温变色纱线创造了一种变色的挂毯，可以显示智能设备发出的 WiFi 信号。它可以作为一种动态壁挂，将空间的无线信号可视化。

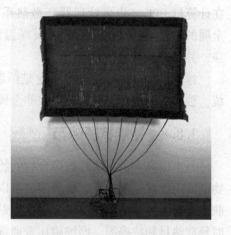

图 3.98　WiFi 信号感知挂毯

3.8.6　LCD 可控遮光板

这种特殊的玻璃面板是液晶光阀（LCD 可控遮光板），主要用于焊接头盔，因为它可以保护操作者的眼睛免受明亮的火花伤害。夹在两片玻璃之间的是一层液晶材料。当施加电压时，它会变暗并滤除强光。根据施加的电压，可以控制玻璃的色调或透明度。改变施加的电压，将改变它的透光率。从大约 1.0 V 开始，玻璃将开始变暗。在约 4.0 V 时，玻璃将是不透明的；5 V 是建议的最大电压。在两者之间会变暗。请注意，它不能阻挡 100% 的光，但看起来它至少阻挡了 95% 的光。一旦用电压激活，即使电压被移除，玻璃也将保持黑暗。因此，如果想让它打开和关闭，需要用 0 V 驱动，或者在两个引脚之间连接一个漏电阻，以便在没电时关闭电压。

3.8.7 液态金属（镓铟锡合金）

镓铟锡合金是一种低熔点合金，常温下呈液态，熔点为 10 ℃、12 ℃、16 ℃、20 ℃等。镓铟合金是能改变形状且能自我修复的液态金属。当镓与铟两者"联姻"，得到的合金在室温下为液态，并且拥有很高的表面张力。这就意味着，当将镓铟合金置于平滑的桌面上时，它将形成一个几乎完美的圆球，并且保持其形状不变，如图 3.99 所示。施加不足 1 V 的电压就可以减小表面张力，导致这种液态金属在表面上伸展平整。同时，这种效应是可逆的，如果电压从负切换为正，液态金属会恢复到球形。研究人员利用液态金属研制出一种可伸缩的导电线，竟然可以拉伸到原长度的 8 倍，拉伸后也不会影响到导电性能。未来这种导电线的用途很广泛，如制造耳机线或是手机的充电线，也可以制造可导电纺织品。

研究人员在制造可伸缩导电线时，先采用高分子聚合物打造出一条细小的可伸缩微管，之后向管内注入液态的镓铟合金，这种合金的导电性能良好。

液态金属热管理技术（在室温条件下，以镓为主要成分的液态金属可以像水一样流动），突破了传统技术观念，其本身拥有的相关特性，使其有望成为第四代芯片散热技术。液态合金成功地将其应用在计算机 CPU（中央处理器）散热系统中。此液态金属的沸点高达 2 000 ℃，抗极端温度的能力异常强，并且性质稳定、无毒。

图 3.99　镓铟锡合金液态金属

镓铟锡合金材料的典型用途是恒温器、开关、气压计、传热系统，以及致冷和致热系统。独特的一点是，它们可以在非金属表面和金属表面之间导热与导电。

3.8.8 智能抗癌纱布

日本研究人员利用智能聚合物的特殊性能研发出智能抗癌纱布。这种纱布是将智能聚合物制成内置抗癌剂的纤维状薄膜，可以将其直接贴在患癌部位。如果是皮肤癌，可以贴在皮肤上；如果是体内癌症，可在手术后贴在体内患处。在外部磁场短暂作用下，抗癌纱布能同时释放热量和抗癌剂，癌细胞比普通细胞更不耐热，这样可以增强杀灭癌细胞的效果。动物实验显示，这种纱布能够杀死 70% 的癌细胞并降低癌症复发可能性。纱布也无须取出，最终会被人体无害吸收。研究人员还利用智能聚合物的特性研发了戴在手腕上的简易尿毒症透析装置。该装置能吸附尿毒素，患者体内的血液可经过智能聚合物的过滤净化后再次回到体内。据介绍，这一智能透析装置可以实现低成本制造，因而有望造福于没有条件进行尿毒症透析治疗的患者。

第 4 章
智能材料结构与系统

4.1　引言

智能材料与智能结构系统是近些年来飞速发展的一个领域，这一领域的研究也越来越受到人们的重视。自 1998 年美国弗吉尼亚大学召开关于"智能材料结构和数学问题"专题学术讨论会以来，智能材料系统的研究成为材料科学与工程的热点之一，有人甚至称 21 世纪是智能材料的世纪。

智能材料结构又称机敏结构，泛指将传感元件、驱动元件及有关的信号处理和控制电路集成在材料结构中，通过机、热、光、化、电、磁等激励和控制，不仅具有承受载荷的能力，而且具有识别、分析、处理及控制等多种功能，并能进行数据的传输和多种参数的监测，包括应变、损伤、温度、压力、声音、光等，并且能够动作，具有改变结构的应力分布、强度、刚度、形状、电场、磁场、光学性能、化学性能、化学药品输运及透气性等多种功能，从而使结构材料本身具有自诊断、自适应、自学习、自修复、自增值、自衰减等能力。智能材料结构是一门多学科交叉的前沿学科，所涉及的专业领域非常广泛，目前世界各国都有一大批各学科的专家和学者正积极致力于这方面的研究。

将具有仿生命功能的材料（智能材料）融合于基体材料中，使制成的构件具有人们期望的智能功能，这种结构称为智能材料结构。它是一个类似于人体的神经、肌肉、大脑和骨骼组成的系统，而基体材料就相当于人体的骨骼。智能材料结构是根据外部条件和内部条件主动地改变结构特性，以最优地满足任务需要的结构。外部条件可能包括环境、载荷或已制造出及已在使用中的结构几何外形；内部条件可能包括对材料或结构的局部区域的破坏、失效的隔离和改变载荷传输途径等。因此，智能材料结构是将传感元件、驱动元件和控制系统结合或融合在机体测量中而形成的一种材料–器件的复合结构。

智能材料结构的研究就是将信息与控制融入材料本身的物性和功能之中，其研究成果涉及信息、电子、生命科学、宇宙、海洋科学技术等领域。它的研究开发孕育着新一代的技术革命。

4.2　智能材料结构的分类

智能材料结构可分为以下两种类型。

1. 嵌入式智能材料与结构

在基体材料中嵌入具有传感、动作和控制处理功能的三种原始材料，传感元件采集和监测外界环境给予的信息，控制处理器指挥激励驱动元件执行相应的动作。

2. 本身具有一定智能功能的材料

某些材料微结构本身就具有智能功能，能够随着环境和时间改变自己的性能，如光致（电致）变色玻璃和受辐射时性能自衰减的 InP 半导体等。

智能材料结构还有很多其他的分类方法，按照适用母体材料的种类，可以分为金属系智能材料结构、非金属系智能材料结构（包括智能复合材料、高分子系智能材料结构）。按照材料的智能特性，又可以分为可以改变材料特性（如力学、光学、机械特性）的智能材料结构，可以改变材料组分与结构的智能材料结构，可以监测自身健康状况的智能材料结构，可以自我调节的智能生物材料结构（如人造器官、智能药物释放系统），可以改变材料功能的智能材料结构。

4.3　智能材料结构的发展概况

智能材料结构的概念一经提出，立即引起美国、日本及欧洲等发达国家和地区重视，它们投入巨资成立专门机构开展这方面的研究。其中，美国将智能结构定位于其在 20 世纪武器处于领先地位的关键技术之一。1984 年，美国陆军科研局就首先对智能旋翼飞行器的研究给予赞助，要求研制出能自适应减小旋翼叶片振动和扭曲的结构。随后，在美国国防部 FY92～FY96 计划的支持下，美国陆军科研局和海军科研局对智能材料的研究给予了更大资助，对其进行了更广泛的研究。陆军科研局侧重于旋翼飞行器和地面运输装置的结构部件振动、损伤检测、控制和自修复等的研究，而海军科研局则计划用智能材料减小鱼雷及潜艇的振动噪声，提高其安静度。美国空军也于 1989 年提出航空航天飞行器智能蒙皮的研究计划。同时，美国战略防御计划局（SDIO）也提出将智能结构用于"针对有限攻击的全球保护系统"（GPALs）中，解决基于自主监视和防御系统难以维护及结构振动扰动等问题，以提高其对目标的跟踪和打击能力。与此同时，美国一些大学和公司如波音飞机公司、麦道飞机公司等也都投巨资从不同侧面就智能结构开展研究，并取得了一些关键性成果。

日本对智能材料结构的研究提出了将智能结构中的传感器、驱动器、处理器与结构的宏观结合变为在原子、分子层次上的微观"组装"，从而得到更为均匀的物质材料的技术路线，其研究侧重于空间结构的形状控制和主动抗振控制。此外，在形状记忆合金和高分子聚合物压电材料的研究方面，日本也处于国际领先地位。1989 年，日本航空电子技术审议会提出了从事具有对环境变化做出响应能力的智能型材料的研究，并在其科技发展预测报告中称，将在 2010 年开发出具有识别、传递、输出和环境响应功能的智能材料。英国的研究涉及智能复合材料损伤监测、结构健康监控、分布式传感器和新型驱动器及其位置优化策略、土木工程结构的安全监测等。德国宇航研究中心也制定了 ARES 计划，研究内容包括自适应结构主动控制技术、传感器和驱动器优化布置、形状记忆合金的物理特性及其在智能结构中的应用等。加拿大在其雷达卫星的合成孔径雷达（SAR）天线结构上采用智能材料，对其形状和振动进行监控。

　　我国对智能结构的研究也十分重视，国家自然基金委员会将智能结构列入国家高技术研究发展计划纲要的新概念、新构思探索课题，智能结构及其应用直接作为国家高技术研究发展计划（"863"计划）项目课题。为此，一些高等院校和科研机构紧跟国际步伐，纷纷开展了智能结构方面的研究。南京航空航天大学率先成立了智能材料与结构研究所，迄今已在强度自诊断自适应、结构损伤检测评估、光纤传感技术在结构智能化中的应用，以及利用压电元件对结构进行减振降噪等方面取得了阶段性的研究成果，并在结构自修复方面也进行了一定的研究。重庆大学从事具有分布式光纤传感系统的自适应结构研究，并使部分研究成果走出实验室，应用在桥梁、建筑等工程；西安交通大学在压电层合板、含形状记忆合金智能结构等方面做了深入的理论研究工作。此外，上海交通大学、大连理工大学、哈尔滨工业大学、北京航空航天大学、西北工业大学等院校也都从不同角度进行了研究。智能结构的研究难度较大，目前经过基础性研究与探索，已在基本原理、传感器研制、作动器研制、功能器件与复合材料之间匹配技术、智能材料成型工艺技术、智能材料在特殊环境下的性能评价、主动控制智能器件等方面开展了许多工作，取得了较大的突破。并且，已经从基础性研究进入预研和应用性研究阶段。

　　过不了多久，智能飞机的机翼就可以像鸟的翅膀一样弯曲，自动改变形状，从而提高升力和减小阻力；桥梁和电线杆在快要断裂时可以发出报警信号，然后自动加固自身的构造；空调机可以抑制振动而寂静工作；手枪只有在主人使用时才能开火；轮胎需要充气时会礼貌地通知司机；反应灵敏的人工肌肉可以以假充真。随着科技的发展，不但这些都能成为现实，而且智能材料结构实际上所能做到的将会更多。预计在若干年后将出现一批应用智能结构相关技术的国防装备与民用设施。

4.4　智能结构的发展前景

　　智能结构基于广泛的应用前景，形成了一种以材料科学、控制理论、信息理论、计算机技术、传感器技术等学科交叉综合的新兴学科，成为当今国内外工程与材料领域中最活跃的研究课题。智能结构系统的诞生是信息学科与工程及材料学科相互渗透与融合的结果。目前智能结构设计技术沿两条路线发展：一是根据智能结构的用途，从功能简单到功能复杂、从优化控制到智能控制发展；二是根据智能材料的发展而发展。智能结构已在军用航空航天、民用航空航天、汽车、船舶、土木工程及水利工程方面展现出广阔的应用前景。智能结构材料在汽车工业行业的应用，主要可能有：①结构内部损伤检测和结构完整性检测；②结构的自修复功能；③振动和噪声的主动控制。它是减灾防灾的前沿问题，已在一些重要工程的结构健康监测与控制方面展现出良好的应用前景。智能结构给各类工程结构带来重大的挑战，引起世界发达国家和许多发展中国家的极大重视，被列为优先发展的研究领域和优先培育的高新技术产业之一。对智能材料和结构理论、技术、方法、应用方面的探索，是 20 世纪工程科学技术的新学科增长点，值得我们重视。其中，智能材料的机理和设计（尤其是多相材料的剪切力学响应）、智能结构的动力学分析（尤其是对于非线性变形的实验研究）、中央控制系统快速收敛算法的本身优化，展现相当广阔的研究前景。长期以来，人们梦想工程结构能仿照生物体结构，具有生命，具有智能。它们具有神经系统，能传感结构整体形变与动态响应、局部的应力应变和受损伤的情况；它们具有肌肉，能自动改变或调节结构的形状、位置、强度、刚度、阻尼或振动频率；它们具有大脑，能实时地监测结构健康状态，迅速地处理突发事故，并自动调节和控制，以使整个结构系统始终处于最佳工作状态；还具有生存和康复能力，在危险发生时能自己保护自己，并继续存在下来。可是在过去，这只是一场梦，然而在智能结构研究蓬勃发展的今天，这已经不再只是梦，也许明天我们就能凭借智能结构来圆我们的梦。

4.5　智能材料结构的关键共性技术

智能材料结构的研究涉及材料科学、化学、力学、物理学、生物学、微电子技术、分子电子学、计算机、控制、人工智能等学科与技术，是多学科综合交叉的研究领域。传感器、驱动器、控制器及其集成是构成智能材料结构的四大关键共性技术。

1. 智能结构传感器

能感知智能结构状态或环境的材料叫作智能结构传感器。它必须能对结构状态或环境敏感，易于集成，高度分布。结构状态包括变形（应变、位移）、运动（速度、加速度）、受载（力）、温度（含温度梯度）及健康状态（运行突发损伤）等。

使用传感元件已有很长的历史。早期的传感元件都是结构型的，它们利用机械结构的位移或变形实现非电量到电量的变换。随着各种半导体材料和功能材料的发展，利用材料的压敏、光敏、热敏、气敏和磁敏等效应，可以把压力、光强、温度、气体成分和磁场强度等物理量变换成电量，由此研制成的传感元件称为物性传感元件。目前智能结构中采用的传感元件主要为物性传感元件。它们灵敏度高，易于以分布方式贴在结构表面或埋入结构内部。

理想的传感元件应能将结构内部的状态变化（应变或应变速率等）直接以电信号的形式输出。用于衡量智能结构传感元件品质优劣的主要技术指标有灵敏度、空间分辨率和带宽，此外，还有温度敏感性、电磁相容性、尺寸大小、线性度和迟滞特性等。对于长寿命的智能结构（如空间站中采用的智能结构）来讲，传感元件的性能稳定性是一个需要重点考虑的指标，因为它对系统辨识结果的准确性和正确性具有至关重要的影响。

压电材料是智能材料与结构中广泛使用的传感材料。在很多情况下，抵抗强电磁干扰是极其重要的，故光纤传感器是最佳选择。

2. 智能结构驱动器

智能结构中的驱动器应能高度分布，易于集成，并能对结构的机械状态施加足够的影响。驱动器能直接将控制器输出的电信号转变为结构的应变或位移，具有改变智能结构的形状、刚度、位置、固有频率、阻尼、摩擦、流体速率及其他机械特性的能力。其主要性能参数有最大应变量、刚度和带宽，此外，还有线性度、温度灵敏度、强度和效率等。

与传感器类似，衡量驱动元件性能优劣也有三类技术指标：第一类技术指标包括最大可用冲程或应变、弹性模量和频带宽度；第二类技术指标包括迟滞特性、线性范围、拉压强度、疲劳断裂寿命、温度敏感性、可埋入性和性能稳定性；第三类技术指标与传感器中的第三类一样。应变驱动元件的主要工作机理是致动应变，它是一种非应力引起的可控应变。目前引起致动应变的方式主要有逆压电效应、电致伸缩、磁致伸缩、光致伸缩和形状记忆效应。前三种方式可将电信号直接转换为致动应变，第四种方式利用光转换为致动应变，而第五种方式是控温相变引起致动应变。

常见的驱动器材料有形状记忆合金、压电材料、磁致伸缩材料、光致伸缩材料、电流变液及磁流变液。真正适于智能结构应用的驱动器，特别是应变大、力量大、频带宽、刚性强、效率高的驱动器尚有待发展。

3. 智能结构控制器

智能结构控制器是智能结构的神经中枢，控制对象就是结构本身。通常它是将专用芯片集成于结构之中，芯片以外接为宜，不必埋入基体之中，以免在固化中受损。由于智能结构本身是分布式强耦合的非线性系统，并且所处的环境具有不确定性和时变性，因此要求控制系统应能自己形成控制规律，快速完成优化过程，同时应有很强的鲁棒性和实时在线性。智能控制打破了传统控制系统的研究模式，把对受控对象的研究转移到对控制器本身的研究上，通过提高控制器的智能水平，减少对受控对象数学模型的依赖，增强了系统的适应能力，使控制系统在受控对象性能发生变化、漂移、环境不确知和不确定的情况下，始终能取得满意的控制效果。

分布式的传感元件、驱动元件和控制功能，意味着需要有一个与其相适应的分布式的计算结构。这一结构主要包括数据总线、连接网络的布置和分布式信息处理单元。总线结构应适合于大量数据的高速传输；连接网络的布置应适合于大量传感元件、执行元件和分布式处理单元的互连，并应考虑将对结构完整性的损害降至最低限度；信息处理器应具有分布式和中央处理方式相协调的特点，对于复杂的应变系统，还应具有一定的鲁棒性和在线学习功能。

结构之所以具有智能，源于它的自主辨识和分布控制功能。智能结构的控制分为三个层次，即局部控制、全局算法控制和智能控制。局部控制的目标是增大阻尼和（或）吸收能量并减少残留位移或应变；全局算法控制的目标是稳定结构、控制形状和抑制扰动。这两个层次是目前的技术水平可以实现的。智能控制是未来重点研究的领域，通常应具备系统辨识、故障诊断和定位、故障元件的自主隔离、修复或功能重构、在线自适应学习等功能。

4. 智能结构集成

结构的设计和集成是智能结构的又一关键问题。将结构集成为传感器、驱动器和控制器后，产生了许多新的数学、力学问题。如结构埋入或粘贴传感器、驱动器和控制器后，它们与结构本体材料之间存在着界面，从而因运动、变形、响应等产生一系列问题。为了保证结构的合理性，大体应考虑下列问题。

①采用何种埋入方式使传感器、驱动器集成在母体结构中时易于制造，并且能保持最大限度的结构完整性。

②如何使布设的传感器、驱动器能发挥自身的最大功能，并且具有最大的生存能力和维护能力。

③进行自动化生产时，传感器、驱动器及控制通信网络采用何种固定方式。

④在生产中怎样防止传感器、驱动器和通信网络受到损伤。

⑤器件如何分布才能获得最大的效益和可靠性。

智能结构的设计依赖于受控对象的类型与特征。在通常情况下，设计人员应重点考虑受控对象的规模、需要的控制动作速率、控制精度、受控对象的线性程度与变化规律、外部激励的特点及在线辨识的难易。很明显，以上几个方面是相互关联的，这就要求设计人员根据具体对象和问题进行权衡和折中。全局算法控制主要用于一些准静态和慢过程的控制，如空间站中大型挠性太阳能帆板的姿态与位形控制、太空望远镜的姿态定位与校正等。对于这类问题，控制器对执行机构的动作速率通常没有特别的要求，而系统的整体特性与控制精度应优先考虑。全局算法控制需以精确的系统模型或系统辨识结果为基础，并通过执行机构的有效动作来实现。在实际问题中，受控机构的自由度通常成千上万，具有十几万个自由度的大型空间挠性结构也不罕见，且不说各类有关机构自由度的缩聚方法是否会带来不可控的系统误差。即使缩聚是有效的，在智能结构中实际使用的传感元件和执行元件的数量也会比缩聚后的结构自由度少得多。因此，为确保系统辨识结果和执行元件动作结果的准确性和正确性，传感元件和驱动元件的最优数目选择与定位（布置）是一个必须重点研究的关键问题。这一问题在一定意义上是求解一个可行域非连通的带约束的拓扑优化问题。局部控制主要用于一些精确的数学模型难以建立或难以辨识及各部分之间的耦合关系较弱且控制精度要求不高的系统快过程的控制问题，如直升机旋翼的颤振控制、战斗机驾驶舱的噪声控制等。局部控制多采用被动式的分散控制方案，自感型智能执行元件很适合完成这类控制。如果控制过程很复杂而受控对象的规模又很庞大的话，必须采用分层递阶控制方案。分层控制的任务划分与界面协调宜通过学习的方式加以解决。从信息处理的角度讲，多层前向人工神经网络采用的实际上就是一种分层信息处理方式。通过引入一定的局部反馈环节和下线自适应学习功能，以人工神经网络模型为基础实现分层控制的智能化很有发展潜力。因此，智能化是一个需要重点研究的方向。

新型传感器和驱动器材料的研究，是智能材料系统和结构研究的基础，它的研究进展很大程度上决定了智能材料系统和结构的实用化进程。

4.6　智能材料结构的应用

1. 减振降噪

智能结构用于航空、航天系统可以消除系统的有害振动，减轻对电子系统的干扰，提高系统的可靠性。智能结构用于舰艇，可以抑制噪声传播，提高潜艇和军舰的声隐身性能。潜艇及飞机机舱的内部噪声，损害健康，危及安全，降低完成任务的概率。传统的被动降噪是通过增加质量、阻尼、刚度或通过结构的重新设计来改变系统的特性的，其降噪效果有限。目前采用扬声器、声探测器有源消声原理为基础的噪声主动控制，系统复杂庞大，难以实际应用。近年迅速发展的智能结构及智能材料，将智能材料制作的传感器、致动器集成在结构上，传感器传感内外环境变化，控制致动器输入，能直接降低结构的振动和噪声。

2. 结构监测和寿命预测

智能结构可用于实时测量结构内部的应变、温度、裂纹，探测疲劳和受损伤情况，从而能够对结构进行监测和寿命预测。例如，采用光纤传感器阵列和聚偏氟乙烯传感器的智能结构可对机翼、机架及可重复使用的航天运载器进行全寿命期实时监测、损伤评估和寿命预测；空间站等大型在轨系统采用光纤智能结构，实时探测由于交会对接碰撞、陨石撞击或其他原因引起的损伤，对损伤进行评估，实施自诊断。正在研究的自诊断智能结构技术有光纤传感器自诊断技术、可以测量裂纹的"声音"传感器自诊断技术，以及其他可监测复合材料层裂的传感器自诊断技术等。

3. 环境自适应结构

用智能结构制成自适应机翼，能实时传感外界环境的变化，并能驱动机翼弯曲、扭转，从而改变翼型和攻角，以获得最佳气动特性，降低机翼阻力系数，延长机翼的疲劳寿命。美国的一项研究表明，在机翼结构中使用磁致伸缩致动器，可使机翼阻力降低 85%。美国波音公司和麻省理工学院联合研究在桨叶中嵌入智能纤维、电致流变体，可使桨叶扭转变形达几度。美国陆军正在开发直升机旋翼主动控制技术，将用于 RAH-6 武装直升机。美国防部和航空航天局也正在研究自适应结构，包括翼片弯曲/控制面造型等。

4. 目前的具体应用

（1）20 世纪 80 年代以来，欧美、日本等国家和地区及中国在建筑物、铁路、桥梁、海洋平台、水坝和高速公路等结构的健康监测与安全评定的智能结构系统研究等方面形成了多学科交叉研究热点，并取得了一些实质性的进展。美国 20 世纪 80 年代中后期开始在多座桥梁上布设监测传感器，用于验证设计假定、监视施工质量和服役安全状态。例如，美国在佛罗里达州的一座大桥上安装了 500 多个传感器；英国 20 世纪 80 年代后期开始研制和安装大型桥梁的监测仪器和设备，并调查和比较了多种长期监测系统的方案；我国香港的 Lantau Fixed Crossing 大桥、青马大桥及内陆的虎门桥和江阴长江大桥也都在施工期间安装了传感装置，用于检测建成后的服役安全状态；渤海石油公司为了确保海洋采油平台的服役安全，将智能材料结构应用到空间工作台，在工作台上使用光纤智能结构作为状态监视系统，以监视在对接、碰撞或是在轨道运行时整体结构所发生的变化，它还能与执行器系统连接起来控制振动，以隔离出需要失重环境的部分，消减那些影响指示和跟踪准确性的振动。

（2）有一些智能结构还应用到医学产品上。例如，利用传感器来测定血液中的药剂量，重新调节药剂静脉注射的速率。

（3）智能结构最成熟的应用应该是结构声波主动控制。结构声波主动控制的一种方式是简单地使结构完全停止振动，为达到减少系统所需能量和质量的目的，用分布在整个结构中的执行器控制高辐射模式。这种解决方法的有效性是建立在工程师对系统相互作用的基本物理现象和智能结构的自适应能力的理解基础之上的。

（4）有一种新的应用领域，它是运用基于 Signac 干涉仪的长距离光纤应变传感器对大型自然结构进行监测。这种应用包括监测地壳板块之间的发生引起地震的滑动之前的应力积累、引起岩浆喷发形成火山的应力，以及能源设备和含有危险废料容器下的周围地面的运动。

参 考 文 献

[1] Amend J R, Brown E, Rodenberg N, et al. A positive pressure universal gripper based on the jamming of granular material [J]. IEEE Transactions on Robotics, 2012, 28 (2): 341 –350.

[2] Derkevorkian A, Alvarenga J, Masri S F. Sensitivity studies of a fiber – optic strain sensor based deformation shape prediction algorithm for control and monitoring applications [J]. Aiaa Journal, 2013, 51 (9): 2231 –2240.

[3] Bohse J. Acoustic emission characteristics of micro – failure processes in polymer blends and composites [J]. Composites Science & Technology, 2000, 60 (8): 1213 –1226.

[4] Derkevorkian A, Masri S F, Alvarenga J, et al. Strain – based deformation shape – estimation equalizers [J]. Optics Letters, 1996, 21 (5): 336 –338.

[5] Fayemi P E, Wanieck K, Zollfrank C, et al. Biomimetics: process, tools and practice [J]. Bioinspiration & Biomim, 2017, 12 (1): 011002.

[6] Frank A, Bohnert K, Haroud K, et al. Distributed feedback fiber laser sensor for hydrostatic pressure [J]. IEEE Photonics Technology Letters, 2003, 15 (12): 1758 –1760.

[7] Gao D, Wang Y, Wu Z, et al. Design of a sensor network for structural health monitoring of a full – scale composite horizontal tail [J]. Smart Materials and Structures, 2014, 23 (5): 055011.

[8] Gohari S, Sharifi S, Vrcelj Z. New explicit solution for static shape control of smart laminated cantilever piezo – composite – hybrid plates/beams under thermo – electro – mechanical loads using piezoelectric actuators [J]. Composite Structures, 2016, 145: 89 – 112.

[9] Hill K O, Malo B, Bilodeau F, et al. Bragg gratings fabricated in monomode photosensitive optical fiber by UV exposure through a phase mask [J]. Applied Physics Letters, 1993, 62 (10): 1035 –1037.

[10] Jiang Y, Zhao Y, Qin B, et al. Dielectric and piezoelectric properties of $(1 - x)(Bi_1 - yLi_y)(Sc_1 - ySb_y) O_3 - xPbTiO_3$ high – temperature relaxor ferroelectric ceramics [J]. Applied Physics Letters, 2008, 93 (2): 022904.

[11] Hill K O, Fujii Y, Johnson D C. Photosensitivity in optical fiber waveguides: Application to reflection filter fabrication [J]. Applied Physics Letters, 1978, 32 (10): 647 –649.

[12] Ma K Y, Chirarattananon P, Fuller S B, et al. Controlled flight of a biologically inspired, insect – scale robot [J]. Science, 2013, 340 (6132): 603 –607.

[13] Lau K. Structural health monitoring for smart composites using embedded FBG sensor

technology [J]. Materials Science and Technology, 2014, 30 (13): 1642 –1654.

[14] Lee J R, Ryu C Y, Koo B Y, et al. In – flight health monitoring of a subscale wing using fiber Bragg grating sensor system [J]. Smart Materials & Structures, 2002, 12 (1): 147 – 155.

[15] Lee J R, Ryu C Y, Koo B Y. In – flight health monitoring of a subscale wing using a fiber Bragg grating sensor system [J]. Smart Materials & Structures, 2003, 12 (1): 147 –151.

[16] Liu Y, Zhang L, Williams J A R. Optical bend sensor based on measurement of resonance mode splitting of long – period fiber grating [J]. IEEE Photonics Technology Letters, 2000, 12 (5): 531 –533.

[17] Von Bibra M L, A. Roberts, J. Canning. Fabrication of long – period fiber gratings by use of focused ion – beam irradiation [J]. Optics Letters. 2001, 26 (11): 765 –787.

[18] Mayergoyz I D. Mathematical models of hysteresis and their applications [J]. IEEE Transactions on Magnetics, 2003, 22 (5): 1518 –1521.

[19] Mcgowan A M R, Washburn A E, Horta L G, et al. Recent results from NASA's morphing project [C] //International Symposium on Smart Structures and Materials. Bellingham: International Society for Optics and Photonics, 2002, 4698: 97 –111.

[20] Meltz G, Morey W W, Glenn W H. Formation of Bragg gratings in optical fibers by a transverse holographic method [J]. Optics Letters, 1989, 14 (15): 823 –825.

[21] Mousavi M, Soma A, Pescarmona F. Effects of substituting anthropometric joints with revolute joints in humanoid robots and robotic hands: a case study [J]. Robotica, 2014, 32 (4): 501 –513.

[22] Rao Y J, Wang Y P, Zhu T, et al. Simultaneous measurement of transverse load and temperature using a single long – period fiber grating element [J]. Chinese Physics Letters, 2003, 20 (1): 72 –75.

[23] Sadedel M, Yousefi – Koma A, Khadiv M, et al. Adding low – costpassive to ejoints to the feet structure of SURENAIII humanoid robot [J]. Robotica, 2017, 35 (11): 2099 –2121.

[24] Schoeftncr J, Buchberger G, Brandl A, et al. Theoretical prediction and experimental verification of shape control of beams with piezoelectric patches and resistive circuits [J]. Composite Structures, 2015, 133 (1): 746 –755.

[25] Shao L Y, Dong X, Zhang A P, et al. High – resolution strain and temperature sensor based on distributed Bragg reflector fiber laser [J]. IEEE Photonics Technology Letters, 2007, 19 (20): 1598 –1600.

[26] Shepherd F, Ilievski F, Choi W, et al. Multigait soft robot [J]. Proceedings of the National Academy of Sciences, 2011, 108 (51): 20400 –20403.

[27] Swiderski W. Lock – in thermography to rapid evaluation of destruction area in composite materials used in military application [C] //TOBIN K W, MERIAUDEAU J F. Proc SPIE –

Sixth International Conference on Quality Control by Artificial Version. Bellingham, WA：SPIE, 2003：506 –517.

[28] Tong L, Luo Q. Exact dynamic solutions to piezoelectric smart beams including peel stresses I：theory and application [J]. International Journal of Solids & Structures, 2003, 40 (18)：4789 –4812.

[29] Vincent J F, Bogatyreva O A, Bogatyrev N R, et al. Biomimetics：its practice and theory [J]. Journal of the royal society interlace, 2006, 3 (9)：471 –482.

[30] Williams J C, Starke E A. Progress in structural materials for aerospace systems [J]. Acta Materialia, 2003, 51 (19)：5775 –5799.

[31] Zhang J H, Zhang H, Wang H, et al. Extruded conductive silicone rubber with high compression recovery and good aging resistance for electromagnetic shielding applications [J]. Polymer Composites, 2019, 40 (3)：1078 –1086.

[32] Zhang S, Eitel R E, Randall C A, et al. Manganese – modified $BiScO_3$ – $PbTiO_3$ piezoelectric ceramic for high – temperature shear mode sensor [J]. Applied Physics Letters, 2005, 86 (26)：262904.

[33] Zhu Y, Zu J W, Guo L. A magnetoelectric generator for energy harvesting from the vibration of magnetic levitation [J]. IEEE Transactions on Magnetics, 2012, 48 (11)：3344 –3347.

[34] 蔡坤, 张洪武, 罗阳军, 等. 三维连续体结构仿生拓扑优化新方法 [J]. 工程力学, 2007, 24 (2)：15 –21.

[35] 曾克俭, 刘珊. 蜂窝纸板动态缓冲性能分析研究 [J]. 包装工程, 2014, 35 (17)：15 –18.

[36] 陈莉. 智能高分子材料 [M]. 北京：化学工业出版社, 2005.

[37] 陈绍杰. 我国先进复合材料产事业发展 [J]. 玻璃钢, 2014 (1)：13 –26.

[38] 陈英杰, 姚素玲. 智能材料 [M]. 北京：机械工业出版社, 2013.

[39] 丁琪, 李明熹, 杨芳, 等. 含银微纳米复合材料在生物医学应用的研究进展 [J]. 中国材料进展, 2016, 35 (1)：10 –16.

[40] 杜家纬. 二十一世纪仿生学研究对我国高新技术产业的影响 [J]. 世界科学, 2004 (2)：14 –17.

[41] 杜善义, 张博明. 先进复合材料智能化研究概述 [J]. 航空制造技术, 2002 (9)：17 –20.

[42] 杜善义. 先进复合材料与航空航天 [J]. 复合材料学报, 2007, 24 (1)：1 –12.

[43] 杜彦良, 孙宝臣, 张光磊. 智能材料与结构健康监测 [M]. 武汉：华中科技大学出版社, 2011.

[44] 段少飞. 论仿生学在建筑设计中的应用 [J]. 山西建筑, 2019 (2)：12 –13.

[45] 高飞, 唐宁, 李晓. 智能材料与结构在土木工程领域的应用 [J]. 上海建材, 2016 (3)：15 –17.

[46] 高峰, 郭为忠. 中国机器人的发展战略思考 [J]. 机械工程学报, 2016 (7)：1 –5.

[47] 高洁, 王香梅, 李青山. 功能纤维与智能材料 [M]. 北京：中国纺织出版社, 2004.

[48] 高琳. 智能复合材料在航空、航天领域的研究应用 [J]. 纤维复合材料, 2014, 31 (1): 22 – 25.

[49] 郭保全, 侯宏花, 潘玉田. 智能材料和结构的应用及展望 [J]. 科技情报开发与经济, 2005, 15 (6): 131 – 132.

[50] 郭洪刚, 刘静, 李峰坦, 等. 基于三维 CT 图像辅助研制表面纳米化的仿生椎间融合器 [J]. 中国组织工程研究, 2012, 16 (21): 3851 – 3854.

[51] 郭林峰. 状态实时监控与损伤快速修复的光纤智能结构研究 [D]. 南京: 南京航空航天大学, 2007.

[52] 韩铭. 智能材料的研究应用及发展趋势 [J]. 河南建材, 2011 (3): 147 – 150.

[53] 韩涛, 曹仕秀, 杨鑫. 光电材料与器件 [M]. 北京: 科学出版社, 2017.

[54] 郝鸣. 基于 Preisach 模型的磁控形状记忆合金执行器磁滞非线性研究 [D]. 长春: 吉林大学, 2014.

[55] 何玉庆, 赵忆文, 韩建达. 与人共融 – 机器人技术发展的新趋势 [J]. 机器人产业, 2015, (5): 74 – 80.

[56] 黄斌. 基于堆栈式压电换能器的路面能量收集技术研究 [D]. 北京: 交通运输部公路科学研究院, 2016.

[57] 江雷. 从自然中来——仿生智能多尺度界面材料的设计与制备思想 [J]. 新材料产业, 2011 (4): 9 – 12.

[58] 姜竹青. 材料艺术 [M]. 北京: 清华大学出版社, 2014.

[59] 蒋建军, 胡毅, 陈星, 等. 形状记忆智能复合材料的发展与应用 [J]. 材料工程, 2018, 46 (8): 1 – 13.

[60] 景甜甜. 基于磁流变液的被动自适应机器人灵巧手研究 [D]. 马鞍山: 安徽工业大学, 2016.

[61] 冷劲松, 刘立武, 吕海宝, 等. 形状记忆聚合物基复合材料在航空航天领域的应用 [J]. 航空制造技术, 2012 (18): 58 – 59.

[62] 李川. 光纤光栅: 原理、技术与传感应用 [M]. 北京: 科学出版社, 2005.

[63] 李宏男, 李军, 宋钢兵. 采用压电智能材料的土木工程结构控制研究进展 [J]. 建筑结构学报, 2005, 26 (3): 1 – 8.

[64] 李坚, 李莹莹. 木质仿生智能响应材料的研究进展 [J]. 森林与环境学报, 2019 (4): 337 – 343.

[65] 李山青, 刘正兴. 压电材料在智能结构形状和振动控制中的应用 [J]. 力学进展, 1999, 29 (1): 66 – 76.

[66] 李雪晨, 李庆涛. 试论仿生学在建筑设计中的应用 [J]. 工程技术 (引文版), 2017 (4): 282.

[67] 梁宇岱, 徐志超, 袁欣, 等. 电流变液智能材料的研究进展 [J]. 中国材料进展, 2018, 37 (10): 803 – 810.

[68] 廖延彪, 黎敏. 光纤光学 [M]. 2 版. 北京: 清华大学出版社, 2013.

[69] 林超，陈凤，袁莉，等. 智能复合材料研究进展 [J]. 玻璃钢/复合材料，2012 (2)：74－77.

[70] 刘俊聪，王丹勇，李树虎，等. 智能材料设计技术及应用研究进展 [J]. 航空制造技术，2014 (1)：130－133.

[71] 刘平. 基于压电陶瓷的俘能技术研究 [D]. 南京：南京邮电大学，2013.

[72] 刘奇. 建筑设计中仿生学的应用研究 [D]. 延吉：延边大学，2010.

[73] 刘松. 磁流变阻尼器的研究及其应用 [D]. 南京：南京航空航天大学，2015.

[74] 刘新华. 磁流变液传动技术 [M]. 北京：科学出版社，2015

[75] 路甬祥. 仿生学的意义与发展 [J]. 科学中国人，2004 (4)：22－24.

[76] 马洪忠，彭建平，吴维，等. 智能变形飞行器的研究与发展 [J]. 飞航导弹，2006 (5)：8－11.

[77] 马立. 形状记忆复合材料的最新研究进展 [J]. 宇航材料工艺，2013，43 (5)：11－16.

[78] 马立敏，张嘉振，岳广全，等. 复合材料在新一代大型民用飞机中的应用 [J]. 复合材料学报，2015，32 (2)：317－322.

[79] 马场浩，杜晓渊，胡仁伟，等. 微脉管型自修复复合材料研究进展 [J]. 高分子材料科学与工程，2018，34 (1)：166－172.

[80] 毛翠萍. 纳米功能化蚕丝织物的制备及其在可穿戴领域的应用研究 [D]. 重庆：西南大学，2016.

[81] 苗冰杰，左祺，王春红，等. 电子智能纺织品在人体监测方面的研究进展 [J]. 纺织导报，2019 (5)：46－50.

[82] 欧进萍，关新春，吴斌，等. 智能型压电－摩擦耗能器 [J]. 地震工程与工程振动，2000，20 (1)：81－86.

[83] 戚艳红. 新型磁流变阻尼器结构设计与性能分析 [D]. 北京：北京交通大学，2013.

[84] 邱荣文，饶建锋，韦经杰，等. 仿生学在建筑设计中的应用探究 [J]. 山西建筑，2013，39 (33)：4－5.

[85] 裘进浩，边义祥，季宏丽，等. 智能材料结构在航空领域中的应用 [J]. 航空制造技术，2009 (3)：26－29.

[86] 任天宁，朱光明，聂晶. 形状记忆聚合物复合材料可展开结构的研究进展 [J]. 航空材料学报，2018，38 (4)：47－55.

[87] 石顺祥等. 光纤技术及应用 [M]. 北京：科学出版社，2016.

[88] 孙光飞，强文江. 磁功能材料 [M]. 北京：化学工业出版社，2007.

[89] 孙敏，冯典英. 智能材料技术 [M]. 北京：国防工业出版社，2014.

[90] 唐见茂. 航空航天复合材料发展现状及前景 [J]. 航天器环境工程，2013 (4)：352－359.

[91] 陶宝祺. 智能材料结构 [M]. 北京：国防工业出版社，1997.

[92] 涂亚庆，刘兴长. 光纤智能结构 [M]. 北京：高等教育出版社，2005.

[93] 宛德福，马兴隆. 磁性物理学 [M]. 北京：电子工业出版社，1999.

[94] 汪泽浩. 一种基于压电陶瓷晶体的振动能量回收装置的研究 [D]. 杭州：浙江大

学, 2015.

[95] 王博, 张雷鹏, 徐高平, 等. 仿生新材料的应用及展望 [J]. 科技导报, 2019 (12): 74 – 78.

[96] 王飞翔, 杨昆, 张诚. 光纤传感智能纺织品监测呼吸心跳的研究进展 [J]. 针织工业, 2017 (4): 20 – 25.

[97] 王高峰, 赵增茹. 磁致冷材料的相变与磁热效应 [M]. 哈尔滨: 哈尔滨工业大学出版社, 2017.

[98] 王国彪, 陈殿生, 陈科位, 等. 仿生机器人研究现状与发展趋势 [J]. 机械工程学报, 2015 (13): 27 – 44.

[99] 王军, 苏洪波, 杨亚东. 智能结构的压电片位置优化及主动控制研究 [J]. 控制工程, 2013, 20 (3): 529 – 532.

[100] 王珂. 智能选材系统的研究实现 [D]. 北京: 北京交通大学, 2012.

[102] 王荣贤. 智能材料的健康检测研究 [J]. 当代化工, 2014 (10): 2203 – 2205.

[103] 王耀先. 复合材料力学与结构设计 [M]. 上海: 华东理工大学出版社, 2012.

[104] 王友钊, 黄静. 光纤传感技术 [M]. 西安: 西安电子科技大学出版社, 2015.

[105] 闻力生. 服装企业智能制造的实践 [J]. 纺织高校基础科学学报, 2017, 30 (4): 468 – 474.

[106] 吴大方, 刘安成, 麦汉超, 等. 压电智能柔性梁振动主动控制研究 [J]. 北京航空航天大学学报, 2004, 30 (2): 160 – 163.

[107] 吴天琦, 杨春喜. 可用于骨修复的 3 – D 打印多孔支架研究进展 [J]. 中国修复重建外科杂志, 2016 (4): 509 – 513.

[108] 武湛君, 渠晓溪, 高东岳, 等. 航空航天复合材料结构健康监测技术研究进展 [J]. 航空制造技术, 2016 (15): 92 – 102.

[109] 咸家玉. 杜仲胶/聚乙烯形状记忆复合材料的制备与性能研究 [D]: 青岛: 青岛科技大学, 2018.

[110] 向炼, 陈刚, 符春林, 等. 超高温压电陶瓷研究进展 [J]. 中国陶瓷, 2013, 49 (7): 1 – 5.

[111] 谢建宏, 张为公, 梁大开. 智能材料结构的研究现状及未来发展 [J]. 材料导报, 2006, 20 (11): 6 – 9.

[112] 邢丽英, 包建文, 礼嵩明, 等. 先进树脂基复合材料发展现状和面临的挑战 [J]. 复合材料学报, 2016 (7): 1327 – 1338.

[113] 徐红胜. 浅析智能材料及其在绿色建材中的应用 [J]. 工程技术 (文摘版), 2016 (9): 105.

[114] 徐惠彬, 仲伟虹, 田莳. 智能复合材料的发展现状及应用前景 [J]. 航空精密制造技术, 1997 (4): 11 – 14.

[115] 薛阳, 赵凌云, 唐劲天, 等. 金磁纳米复合材料在生物医学中的应用研究进展 [J]. 生物医学工程学杂志, 2014 (2): 462 – 466.

[116] 闫晓军, 张小勇. 形状记忆合金智能结构 [M]. 北京: 科学出版社, 2015.

[117] 阎云聚, 姜节胜, 任礼行. 智能材料结构及在振动控制中的应用研究评述和展望 [J]. 西北工业大学学报, 2000 (1): 35-40.

[118] 杨柳. 压电陶瓷作动器的纳米定位与跟踪控制方法研究 [D]. 哈尔滨: 哈尔滨工程大学, 2015.

[119] 杨正岩, 张佳奇, 高东岳, 等. 航空航天智能材料与智能结构研究进展 [J]. 航空制造技术, 2017 (17): 36-48.

[120] 殷青英, 翁光远. 智能材料在结构振动控制中的应用研究 [J]. 科技导报, 2009 (12): 93-97.

[121] 于佐君, 张冰洁, 孙健. 功能性材料创新在智能服装发展中的应用 [J]. 西安工程大学学报, 2019, 33 (2): 129-135.

[122] 余淼. 刚柔并济——具有磁敏特性的黏弹性智能材料 [J]. 中国材料进展, 2018 (10): 26-30.

[123] 郁国良. 基于磁致伸缩/压电层状复合材料的磁电效应研究 [D]. 成都: 电子科技大学, 2018.

[124] 张博明, 郭艳丽. 基于光纤传感网络的航空航天复合材料结构健康监测技术研究现状 [J]. 上海大学学报 (自然科学版), 2014 (1): 33-42.

[125] 张福学, 王丽坤. 现代压电学 [M]. 北京: 科学出版社, 2001.

[126] 张光磊, 杜彦良. 智能材料与结构系统 [M]. 北京: 北京大学出版社, 2010.

[127] 张菊. 超磁致伸缩执行器磁滞建模与控制技术研究 [D]. 大连: 大连理工大学, 2004.

[128] 张卫东, 吴伶芝, 冯小云, 等. 纳米雷达隐身材料研究进展 [J]. 宇航材料工艺, 2001, 31 (3): 1-3.

[129] 张新民. 智能材料研究进展 [J]. 玻璃钢/复合材料, 2013 (Z2): 57-63.

[130] 张玉红, 严彪. 形状记忆合金的发展 [J]. 上海有色金属, 2013, 33 (4): 192-195.

[131] 赵鸿铎, 梁颖慧, 凌建明. 基于压电效应的路面能量收集技术 [J]. 上海交通大学学报, 2011 (S1): 62-66

[132] 赵永霞, 施楣梧. 新型电子智能纺织品的开发及应用 [J]. 纺织导报, 2010 (7): 106-110.

[133] 赵勇. 光纤传感原理与应用技术 [M]. 北京: 清华大学出版社, 2007.

[134] 郑威, 王亚立, 张风华, 等. 形状记忆聚合物微纳米纤维膜在生物医学中的应用进展 [J]. 中国科学: 技术科学, 2018, 48 (8): 811-826.

[135] 钟轶峰, 矫立超, 周小平, 等. 智能材料电-磁-热-弹耦合性能的细观力学模型 [J]. 复合材料学报, 2016, 33 (8): 1725-1732.

[136] 周寿增, 高学绪. 磁致伸缩材料 [M]. 北京: 冶金工业出版社, 2017.

[137] 周天璇. 建筑设计中仿生学的相关应用探讨 [J]. 四川水泥, 2016 (8): 92.

[138] 周忠祥, 等. 光电功能材料与器件 [M]. 北京: 高等教育出版社, 2017.

[139] 朱光明. 形状记忆聚合物及其应用 [M]. 北京：化学工业出版社，2002.

[140] 朱孟花. 微胶囊自修复复合材料的制备及性能研究 [D]. 哈尔滨：哈尔滨工业大学，2012.

[141] 朱屯，王福明，王习东. 国外纳米材料技术进展与应用 [M]. 北京：化学工业出版社，2002.